信息科学技术学术著作丛书

形式概念分析中的知识表示与推理

翟岩慧 著

科学出版社

北京

内 容 简 介

本书主要研究决策蕴涵的逻辑理论及形式概念分析中的知识表示与推理. 具体内容包括: 决策蕴涵、模糊决策蕴涵和可变决策蕴涵的逻辑理论, 决策蕴涵规范基和模糊决策蕴涵规范基的逻辑理论, 决策蕴涵规范基的生成方法和性能分析, 决策蕴涵的知识表示能力及其与概念规则和粒规则的比较, 模糊属性约简等.

本书可供高等院校信息科学高年级本科生和研究生学习, 也可供形式概念分析相关领域的研究人员参考.

图书在版编目(CIP)数据

形式概念分析中的知识表示与推理/翟岩慧著. —北京: 科学出版社, 2023.6
(信息科学技术学术著作丛书)

ISBN 978-7-03-075702-9

Ⅰ. ①形… Ⅱ. ①翟… Ⅲ. ①数据处理-研究 Ⅳ. ①TP274

中国国家版本馆 CIP 数据核字(2023)第 102363 号

责任编辑: 魏英杰 / 责任校对: 崔向琳
责任印制: 赵 博 / 封面设计: 陈 敬

科 学 出 版 社 出版
北京东黄城根北街 16 号
邮政编码: 100717
http://www.sciencep.com
北京富资园科技发展有限公司印刷
科学出版社发行 各地新华书店经销
*
2023 年 6 月第 一 版 开本: 720 × 1000 1/16
2024 年 8 月第二次印刷 印张: 11 1/2
字数: 232 000

定价: 98.00 元

(如有印装质量问题, 我社负责调换)

《信息科学技术学术著作丛书》序

21 世纪是信息科学技术发生深刻变革的时代, 一场以网络科学、高性能计算和仿真、智能科学、计算思维为特征的信息科学革命正在兴起. 信息科学技术正在逐步融入各个应用领域并与生物、纳米、认知等交织在一起, 悄然改变着我们的生活方式. 信息科学技术已经成为人类社会进步过程中发展最快、交叉渗透性最强、应用面最广的关键技术.

如何进一步推动我国信息科学技术的研究与发展; 如何将信息技术发展的新理论、新方法与研究成果转化为社会发展的新动力; 如何抓住信息技术深刻发展变革的机遇, 提升我国自主创新和可持续发展的能力? 这些问题的解答都离不开我国科技工作者和工程技术人员的求索和艰辛付出. 为这些科技工作者和工程技术人员提供一个良好的出版环境和平台, 将这些科技成就迅速转化为智力成果, 将对我国信息科学技术的发展起到重要的推动作用.

《信息科学技术学术著作丛书》是科学出版社在广泛征求专家意见的基础上, 经过长期考察、反复论证之后组织出版的. 这套丛书旨在传播网络科学和未来网络技术, 微电子、光电子和量子信息技术、超级计算机、软件和信息存储技术, 数据知识化和基于知识处理的未来信息服务业, 低成本信息化和用信息技术提升传统产业, 智能与认知科学、生物信息学、社会信息学等前沿交叉科学, 信息科学基础理论, 信息安全等几个未来信息科学技术重点发展领域的优秀科研成果. 丛书力争起点高、内容新、导向性强, 具有一定的原创性;体现出科学出版社“高层次、高质量、高水平”的特色和“严肃、严密、严格”的优良作风.

希望这套丛书的出版, 能为我国信息科学技术的发展、创新和突破带来一些启迪和帮助. 同时, 欢迎广大读者提出好的建议, 以促进和完善丛书的出版工作.

中国工程院院士

原中国科学院计算技术研究长

序

随着人工智能、机器学习和深度学习的快速发展及其在各个领域的广泛应用, 智能和学习的可解释性问题越来越突出, 也越来越制约人工智能的发展. 一般认为, 可解释性问题必须结合语义知识和语义推理才可能解决. 因此, 知识表示和推理已经成为人工智能领域的研究热点和难点.

翟岩慧博士长期从事形式概念分析、知识表示与推理等领域的研究, 在形式概念分析的理论研究、基于决策蕴涵的知识表示与推理、决策蕴涵规范基的生成方法等方面完成了一些有特色的研究工作, 取得了一批具有重要学术价值的研究成果.

该著作以决策蕴涵的逻辑研究为主线, 全面介绍基于形式概念分析的知识表示与推理理论, 主要内容包括决策蕴涵、模糊决策蕴涵和可变决策蕴涵的逻辑理论, 决策蕴涵规范基和模糊决策蕴涵规范基的逻辑理论, 决策蕴涵规范基的生成方法和性能分析, 决策蕴涵的知识表示能力及其与概念规则和粒规则的比较, 模糊属性约简等. 该著作内容丰富、结构清晰、论证严谨.

该著作取得的研究成果不仅丰富和发展了粒计算和形式概念分析理论, 同时也为人工智能中的知识表示和推理提供了一种新颖的理论框架, 具有较高的潜在应用价值.

相信该著作的出版将有力地推动该研究领域的发展.

是为序!

2022 年 7 月

前　言

形式概念分析是 Wille 提出的一种数据分析理论. 概念格是其核心代数结构. 概念格理论描述了内涵和外延之间的数据联系, 并通过 Hasse 图来可视化概念之间的泛化和例化关系. 目前, 形式概念分析已被广泛应用于机器学习、数据挖掘、信息检索、软件工程、认知学习和特征选择等领域.

形式概念分析中对知识获取的研究就是对蕴涵 (包括模糊属性蕴涵、决策蕴涵、模糊决策蕴涵、可变决策蕴涵等) 的研究. 本书是作者团队近年来在形式概念分析及基于决策蕴涵的知识表示与推理等方面研究工作的总结. 这些内容自成体系, 可供形式概念分析及相关领域的研究人员参考.

本书的相关研究成果得到国家自然科学基金 (No. 61972238. 62072294) 的资助, 在此表示感谢!

在本书付梓之际, 向我的导师李德玉教授和曲开社教授表达衷心的感谢和崇高的敬意. 感谢梁吉业教授的鼓励和帮助. 感谢山西大学计算机信息与技术学院的王文剑教授和其他老师给予的支持和帮助. 感谢本书部分内容的合作者张少霞博士和贾楠硕士.

在研究过程中, 作者先后得到许多专家和老师的帮助. 在此特别感谢浙江海洋大学的吴伟志教授和李同军教授、河北师范大学的米据生教授、华北电力大学的陈德刚教授、西北大学的魏玲教授、西安电子科技大学的祁建军教授、中国石油大学的邵明文教授、西南大学的徐伟华教授和张晓燕教授、昆明理工大学的李金海教授等.

限于作者水平, 书中难免存在不妥之处, 恳请各位读者批评指正.

翟岩慧

目　录

第 1 章 绪　　论

1.1 研 究 现 状

形式概念分析是德国 Wille 教授于 1982 年提出的一种数据分析理论[1]. 该理论可以根据数据集 (即形式背景) 中对象和属性之间的二元关系获取数据中隐含的概念 (由外延和内涵组成), 并由此构建数据集的代数结构 (概念格), 从而完成概念的发现、排序和可视化. 形式概念分析以其具有坚实的数学理论支撑、可以清晰反映数据的代数结构、获取的知识层次清晰、逻辑性强、可解释性好等优点吸引了广大研究者[2-6]. 下面从 6 个方面简述形式概念分析的研究进展和现状.

1. 概念格构建

概念格的构建是形式概念分析的研究基础之一. 概念格生成算法主要包括两类, 即批处理算法[7] 和增量算法[8]. 关于概念格中的节点数估计与建格算法的详细描述可参考文献 [2], [3]. 另外, 由于概念格中的节点数可能与数据集中的对象数 (或属性数) 呈指数关系, 因此有不少研究者从格简化[9] 和背景简化[10-14] 的角度研究概念格简化.

2. 蕴涵获取

形式概念分析中对知识获取的研究就是对蕴涵的研究[2].

Qu 等[15] 提出决策蕴涵, 并引入一种直观的推理规则. 该推理规则通过增加决策蕴涵的前提或减小决策蕴涵的结论来导出新的决策蕴涵. Li 等[16-20] 也分别在决策背景、不完备决策背景和实决策背景中考虑类似推理规则的应用. 文献 [21]-[27] 完整研究了决策蕴涵及其扩展形式 (模糊决策蕴涵和可变决策蕴涵) 的逻辑理论. 本书后续章节将详细介绍相关理论成果.

3. 模糊概念格

模糊概念格是概念格在模糊形式背景下的扩展. Burusco 等[28,29] 首先研究了 L-模糊形式背景和 L-模糊概念格. Belohlávek 等[30-33] 构建了完备剩余格上的模糊概念格, 并证明模糊概念格模型泛化了许多模糊概念格模型, 如变精度模糊概念格[34] (包括模糊概念格[35] 和基于 T 蕴涵子的模糊概念格[36])、原始模糊概念格[37] 和单边模糊概念格[38] 等, 因此被认为是最灵活的模糊概念格模型.

基于该模糊概念格模型, Belohlávek 等[39] 研究了模糊属性蕴涵, 提出伪内涵系统 (a system of pseudo-intents), 证明该系统是伪内涵在模糊情形下的扩展[40]. Medina 等[41,42] 提出非交换模糊逻辑, 研究了非交换逻辑在概念格模型扩展等方面的应用.

4. 三支概念格

祁建军等将三支决策的思想[43,44] 引入形式概念分析, 建立了三支概念分析理论与方法[5]. 目前, 三支概念分析理论已被广泛地关注和研究[46-56], 并成功应用于冲突分析[57]、基于角色的访问控制[58]、知识获取[59,60]、概念学习[61-63] 和医疗诊断[64] 等领域.

5. 属性约简

特征选择 (属性约简) 是机器学习的基础问题之一. 在形式概念分析中, 张文修等[65] 首先考虑基于格同构的属性约简. 杨彬等[66] 研究了分布式概念格上的属性约简. Wu 等[67] 研究了基于粒计算的属性约简. Mi 等[68] 考虑基于 axialities 的属性约简. Wang 等[69] 研究了属性约简的启发式算法. Wei 等[70] 研究了概念格属性约简和粗糙集属性约简之间的关系. 基于保持蕴涵的不变性, 魏玲等[71] 研究了强协调与弱协调下的属性约简. Li 等分别考虑决策背景[16-18] 和实决策背景[19] 上的属性约简.

模糊形式背景下的属性约简研究相对比较少. 在使用 Łukasiewicz 蕴涵子的情形下, Elloumi 等[35] 讨论了一种基于阈值的模糊概念格对象约简方法. Li 等[36] 扩展了该方法, 构建了一种基于 T 蕴涵子的模糊概念格, 并讨论了概念格同构意义下的属性约简. Zhai 等[72] 考虑上述约简是以保持代数结构的不变性为准则进行的, 可能改变数据中的知识结构, 为此提出保持知识结构不变的模糊属性约简框架. 该框架基于最宽泛的完备剩余格和语气真值算子, 能为每个属性产生一个重要度.

6. 应用

形式概念分析已经广泛应用于机器学习[73,74]、数据挖掘[75,76]、信息检索[3,77]、软件工程[78,79]、认知学习[80-83]、特征选择[17,18,84,85] 等领域.

1.2　研 究 内 容

如前所述, 形式概念分析中对知识获取的研究就是对蕴涵及其扩展形式 (决策蕴涵) 的研究. 蕴涵可以从逻辑和数据两个角度进行研究和解释. 数据角度的研究始于数据集 (形式背景), 通过获取给定数据集上成立的蕴涵和蕴涵集来研究蕴涵相对于数据集的完备性和无冗余性, 如图 1.1 所示. 逻辑角度的研究始于蕴涵和蕴涵集, 通过讨论蕴涵集的模型来研究蕴涵集的封闭性、完备性和无冗余性, 如图 1.2 所示.

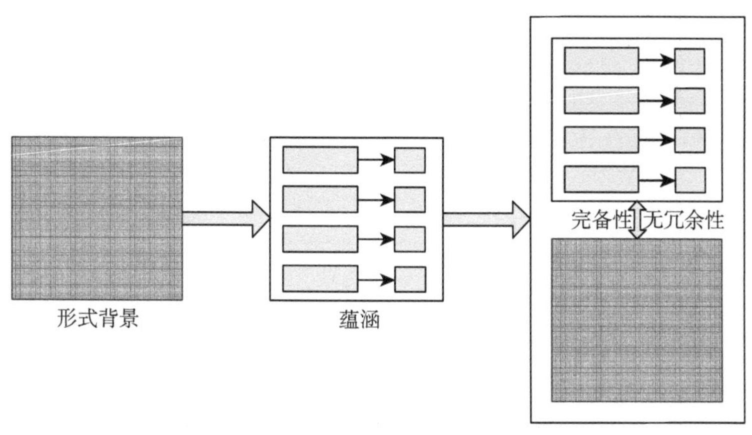

图 1.1 蕴涵的数据角度研究

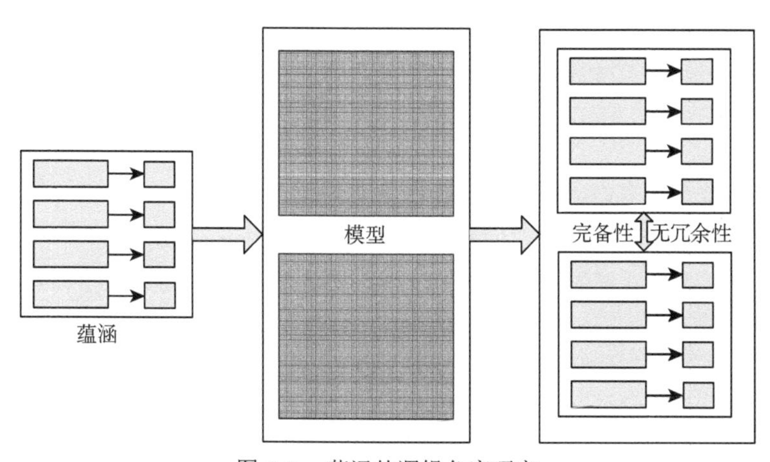

图 1.2 蕴涵的逻辑角度研究

事实上, 对蕴涵进行数据角度的研究 (简称数据研究) 是对其进行逻辑角度研究 (简称逻辑研究) 的特例. 这是因为逻辑研究并不限于特定的形式背景, 因此更能揭示蕴涵的本质, 以及蕴涵之间的关系, 而且对蕴涵进行完整的语义和语构讨论只能从逻辑角度进行.

本书全面介绍了决策蕴涵及其扩展形式 (模糊决策蕴涵和可变决策蕴涵) 的逻辑理论, 决策蕴涵规范基和模糊决策蕴涵规范基的逻辑理论, 决策蕴涵规范基的生成方法和性能分析, 决策蕴涵的知识表示能力及其与概念规则和粒规则的比较, 模糊属性约简等内容.

本书章节安排如图 1.3 所示.

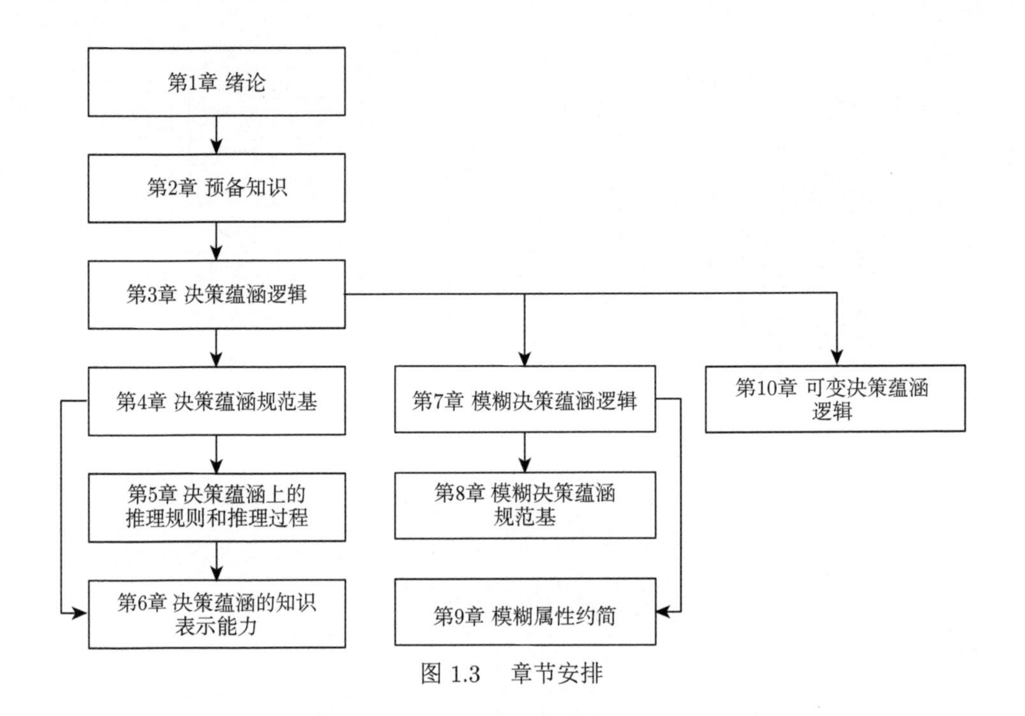

图 1.3 章节安排

第 1 章主要介绍形式概念分析的研究现状和本书的研究内容.

第 2 章给出理解本书所需的格论和形式概念分析等预备知识.

第 3~10 章是本书的主体, 分别介绍决策蕴涵、模糊决策蕴涵和可变决策蕴涵的逻辑理论.

第 3 章从逻辑角度和数据角度研究决策蕴涵.

第 4 章定义决策蕴涵规范基, 证明该决策蕴涵规范基是完备无冗余和最优的, 并给出基于最小生成子和真前提的决策蕴涵规范基生成方法.

第 5 章研究决策蕴涵上的推理过程. 为此, 首先研究推理规则的次数和次序对推理的影响, 然后提出四种推理方法, 并通过实验验证这些推理方法的效率.

第 6 章比较决策蕴涵和其他两种知识表示形式, 即概念规则和粒规则的知识表示能力. 研究结果显示, 相比粒规则和概念规则, 决策蕴涵具有更强的知识表示能力.

第 7 章从逻辑角度和数据角度研究模糊决策蕴涵.

第 8 章引入模糊决策前提和模糊决策蕴涵规范基, 证明模糊决策蕴涵规范基是完备无冗余和最优的. 该章还将模糊决策前提和模糊决策蕴涵规范基引入模糊决策背景中, 给出模糊决策蕴涵规范基的数据解释.

第 9 章提出基于完备剩余格的模糊属性约简, 并给出基于 Łukasiewicz 伴随对的模糊属性约简方法.

第 10 章研究可变决策蕴涵的语义特征和语构特征, 提出基于可变决策蕴涵的完备推理规则集. 同时, 对决策蕴涵和可变决策蕴涵进行比较性研究.

第 2 章　预备知识

为了研究需要, 本章叙述一些必要的概念. 关于序论和格论的详细描述可参考文献 [86], 关于形式概念分析的详细描述可参考文献 [2]. 初次阅读时, 读者可以略过本章, 需要时再来参考.

2.1　格　　论

定义 2.1　设 L 为一集合, $x, y, z \in L$. L 上的一个偏序是二元关系 $\leqslant$, 满足

(1) $x \leqslant x$ (自反性).

(2) 若 $x \leqslant y$ 且 $y \leqslant x$, 则 $x = y$ (反对称性).

(3) 若 $x \leqslant y$ 且 $y \leqslant z$, 则 $x \leqslant z$ (传递性).

具有偏序的集合 L 称为偏序集, 记为 $(L, \leqslant)$.

定义 2.2　设 $(L, \leqslant)$ 为一偏序集, $A \subseteq L$, $s \in L$. 如果对于任意的 $a \in A$, 都有 $s \leqslant a$, 则称 s 为 A 的一个下界. 同样有 A 的上界的定义. 若 A 的下界集合中存在一个最大元, 那么这个元素被称为 A 的下确界, 记为 $\bigwedge A$; 若 A 的上界集合中存在一个最小元, 那么这个元素被称为 A 的上确界, 记为 $\bigvee A$. 如果对于任意 $x, y \in L$, $x \wedge y$ 和 $x \vee y$ 均存在, 则称 $(L, \leqslant)$ 为格. 对于 L 的任意子集 A, 如果 $\bigwedge A$ 和 $\bigvee A$ 均存在, 则称 $(L, \leqslant)$ 为完备格.

2.2　形式概念分析

形式概念分析中的数据集表示为形式背景.

定义 2.3　形式背景是一个三元组 $K = (G, M, I)$, 其中 G 为对象集, M 为属性集, $I \subseteq G \times M$ 为 G 和 M 上的二元关系. 对于 $g \in G$, $m \in M$, $(g, m) \in I$ 或 gIm 表示对象 g 具有属性 m.

例 2.1　形式背景可以表示为一个二维表. 表 2.1描述了 6 位顾客的买书记录[87], 其中对象集为顾客 $\{1, 2, \cdots, 6\}$, 属性集为 {a,d,t,c,w}, 分别表示作家 Jane Austen、Sir Arthur Conan Doyle、Mark Twain、Agatha Christie 和 P. G. Wodehouse, 表中 $\times$ 表示相应的顾客购买了相应作家的书籍.

表 2.1 形式背景

对象	a	d	t	c	w
1	×		×	×	×
2		×		×	×
3	×		×	×	×
4	×	×		×	×
5	×	×	×	×	×
6		×	×	×	

在形式概念分析中, 从形式背景可以获取两方面的数据表示, 即概念格和蕴涵. 概念格以代数格的形式保存数据; 蕴涵以属性逻辑的形式保存数据, 详细解释可参考文献 [2].

定义 2.4 设 K 为一形式背景. 对于 $X \subseteq G$, 记 X 共有的属性集为

$$X^I = \{m \in M \mid gIm, \forall g \in X\}$$

对于 $A \subseteq M$, 记具有 A 中所有属性的对象集为

$$A^I = \{g \in G \mid gIm, \forall m \in A\}$$

K 上的一个形式概念 (简称概念)$\mathfrak{C}$ 是一个序偶 (X, A), 满足 $X^I = A$ 和 $A^I = X$. 此时, 称 X 为该概念的外延, 称 A 为该概念的内涵. 用 $\mathfrak{B}(K)$ 表示 K 上所有概念的集合. 对于概念 $\mathfrak{C}_1 = (X_1, A_1) \in \mathfrak{B}(K)$ 和 $\mathfrak{C}_2 = (X_2, A_2) \in \mathfrak{B}(K)$, 定义偏序为

$$\mathfrak{C}_1 \leqslant \mathfrak{C}_2 \Leftrightarrow X_1 \subseteq X_2 \Leftrightarrow A_1 \supseteq A_2$$

此时称 $\mathfrak{C}_2$ 为 $\mathfrak{C}_1$ 的超概念, $\mathfrak{C}_1$ 为 $\mathfrak{C}_2$ 的子概念. 概念集合连同其上的偏序称为形式背景 K 的概念格.

我们有下面的结论 [2].

定理 2.1 设 K 为一形式背景, $(X_t, A_t) \in \mathfrak{B}(K)$, $t \in T$ 为一指标, 定义

$$\bigvee_{t\in T}(X_t, A_t) = \left(\left(\bigcup_{t\in T} X_t\right)^{II}, \bigcap_{t\in T} A_t\right)$$

$$\bigwedge_{t\in T}(X_t, A_t) = \left(\bigcap_{t\in T} X_t, \left(\bigcup_{t\in T} A_t\right)^{II}\right)$$

则 $(\mathfrak{B}(K), \bigvee, \bigwedge)$ 为完备格.

概念格可以以哈斯图的方式进行可视化[2].

例 2.2 表 2.1 的概念格的哈斯图如图 2.1 所示. 该哈斯图由软件 Concept Explorer 绘制.

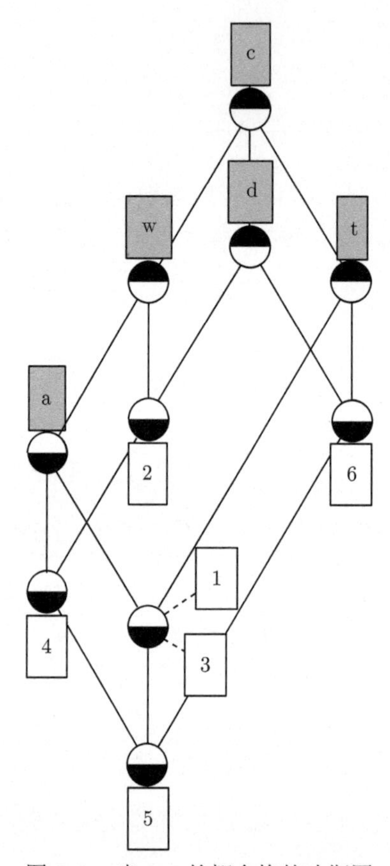

图 2.1 表 2.1 的概念格的哈斯图

下面的结论成立[2].

引理 2.1 设 $K=(G,M,I)$ 为一形式背景, $X, X_1, X_2 \subseteq G$, $A, A_1, A_2 \subseteq M$, 则有

(1) 若 $X_1 \subseteq X_2$, 则 $X_2^I \subseteq X_1^I$.

(2) 若 $A_1 \subseteq A_2$, 则 $A_2^I \subseteq A_1^I$.

(3) $X \subseteq X^{II}$, $A \subseteq A^{II}$.

(4) $X^I = X^{III}$, $A^I = A^{III}$.

(5) $X \subseteq A^I$ 当且仅当 $A \subseteq X^I$.

第 3 章 决策蕴涵逻辑

类似于蕴涵[2], 决策蕴涵也可以从逻辑角度和数据角度进行研究. 逻辑角度的研究是在给定两个集合 (条件属性集和决策属性集) 后定义决策蕴涵, 然后定义决策蕴涵的模型, 最后给出决策蕴涵的语义特征和语构特征. 数据角度的研究需要首先定义决策背景, 然后基于决策背景定义决策蕴涵, 最后给出基于决策背景的决策蕴涵解释.

目前关于决策蕴涵的研究主要包括文献 [15],[16]-[20], [85]. 文献 [15] 定义了 α 推理规则, 讨论了该推理规则的合理性, 并引入 α 极大决策规则、α 完备性和 α 无冗余性, 证明一个由 α 极大决策规则组成的规则集是 α 完备和 α 无冗余的, 最后给出一种基于最小生成子[88] 的 α 极大决策规则集生成算法. 文献 [16]-[20], [85] 分别在决策背景、不完备决策背景和实决策背景中考虑该推理规则的应用.

从研究角度看, 文献 [15] 从逻辑角度考虑决策蕴涵的一种特殊情形, 给出与 α 推理规则相关的语义特征和语构特征; 文献 [16]-[20], [85] 从数据角度而非逻辑角度研究决策蕴涵, 因此没有给出决策蕴涵的语义特征和语构特征. 这些研究的主要不足表现在以下方面.

(1) 有些文献获取决策蕴涵需要首先构建概念格, 如文献 [16]-[20], [85]. 一方面, 概念格中节点的个数可能与决策背景中的对象数 (或属性数) 呈指数关系[2], 因此从构建好的概念格中获取决策蕴涵即使对中等规模的数据集也是不可行的. 另一方面, 即使概念格可以快速构建, 如果实际应用中并无可视化需求, 则直接从决策背景中获取决策蕴涵可能更为有效.

(2) 已有研究均缺乏完整的决策蕴涵逻辑语义描述. 虽然文献 [15] 给出了 α 完备性和 α 无冗余性的定义, 但是这种语义描述仅限于特殊的决策蕴涵——α 极大决策规则, 缺乏完整的决策蕴涵逻辑语义描述.

(3) 已有研究均缺乏完备的推理规则. 文献 [15]-[20], [85] 均讨论了 α 推理规则, 但并未深入研究推理规则的相关问题. 例如, α 推理规则是否是完备的? 换言之, 是否存在其他合理的推理规则 (设为 β) 可以与 α 推理规则构成推理规则集? 显然, 如果存在这样的推理规则, 而且该推理规则与 α 推理规则不能互相导出 (即 α 和 β 组成的推理规则集是无冗余的), 则文献 [15] 给出的相对于 α 推理规则无冗余的规则集 (α 极大决策规则集) 是存在冗余的. 因为此时可以使用 β 推理规则或者交互使用 α 推理规则和 β 推理规则, 从 α 极大决策规则集的一个子集导

出全部的 α 极大决策规则. 因此, 文献 [15] 给出的 α 无冗余规则集实际上是冗余的, 可以进一步精简.

针对以上不足, 本章从逻辑角度对决策蕴涵进行研究, 并结合决策背景研究决策蕴涵在决策背景中的表现. 类似于对函数依赖[89] 和蕴涵[2] 的逻辑研究, 对决策蕴涵的逻辑研究也分为语义和语构两部分. 语义部分的研究包括以下几个方面.

(1) 决策蕴涵的合理性. 怎样判断决策蕴涵是否合理, 或者说决策蕴涵在什么情况下是成立的?

(2) 决策蕴涵集的封闭性. 决策蕴涵集是否包含所有合理的决策蕴涵?

(3) 决策蕴涵集的完备性. 如何在不损失信息的前提下生成一个决策蕴涵集?

(4) 决策蕴涵集的无冗余性. 一个决策蕴涵集是否是紧致的, 即是否存在某些决策蕴涵可以从决策蕴涵集中的其他决策蕴涵推导出来?

(5) 决策蕴涵规范基. 如何生成完备无冗余的决策蕴涵集?

本章主要研究决策蕴涵的合理性、完备性和冗余性. 第 4 章研究决策蕴涵规范基及其生成方法.

在语构方面, 首先给定一个决策蕴涵集和一些 (决策) 推理规则, 然后研究如何应用这些推理规则从给定的决策蕴涵集中推导新的决策蕴涵. 这方面的研究需要回答下列问题.

(1) 决策推理规则的合理性. 是否决策推理规则推导出的任何决策蕴涵都是合理的?

(2) 决策推理规则集的完备性. 是否可以由给定的决策推理规则集推导出所有合理的决策蕴涵?

(3) 决策推理规则集的无冗余性. 决策推理规则集是否是紧致的, 即是否某些决策推理规则可以由其他决策推理规则导出?

事实上, 本章的研究结果表明, α 推理规则在语构上并非是完备的. 为了使其完备, 需要一个新的推理规则——合并推理规则 (combination). 我们将证明合并推理规则和 α 推理规则 (本章称为扩增推理规则 (augmentation)) 是完备的推理规则集.

如 1.2 节所示, 本书的研究路线是首先从逻辑角度研究决策蕴涵 (包括模糊决策蕴涵和可变决策蕴涵), 然后将逻辑结果应用到数据中, 其中会使用形式概念分析这些逻辑结果的具体含义.

3.1 逻辑研究: 决策蕴涵的语义

3.1.1 决策蕴涵

本节描述决策蕴涵的语义特征. 下面给出决策蕴涵的定义.

定义 3.1 设 C 和 D 为两个属性集, $C \cap D = \varnothing$, 称 C 为条件属性集, D 为决策属性集. 一个基于 C 和 D 的决策蕴涵 (简称决策蕴涵) 是形如 $A \Rightarrow B$ 的公式, 满足 $A \subseteq C$ 和 $B \subseteq D$, 此时称 A 为该决策蕴涵的前提 (或前件), B 为该决策蕴涵的结论 (或后件).

下面对定义 3.1 进行解释, 以便读者领会从逻辑角度 (语义方面) 研究决策蕴涵的基本思路.

在定义 3.1 中, 决策蕴涵 $A \Rightarrow B$ 仅仅是一个没有任何意义 (语义) 的形式化公式, 其语义要通过后面定义的"模型"或"满足"来定义. 例如, 给定 $C = \{a_1, a_2, a_3\}$、$D = \{d_1, d_2\}$, 则 $a_1 \Rightarrow d_1$ 和 $\{a_2, a_3\} \Rightarrow d_2$ 均为基于 C 和 D 的决策蕴涵.

做一个简单的类比. 当我们需要定义等式时, 可以定义等式为具有 $A = B$ 形式的公式 (正如决策蕴涵为具有 $A \Rightarrow B$ 形式的公式). 特别地, 我们说 $1 = 1$ 和 $2 = 1$ 都是等式 (正如 $a_1 \Rightarrow d_1$ 和 $\{a_2, a_3\} \Rightarrow d_2$ 均为决策蕴涵), 但此时的 $1 = 1$ 和 $2 = 1$ 并没有对错之分 (正如 $a_1 \Rightarrow d_1$ 和 $\{a_2, a_3\} \Rightarrow d_2$ 无法判断是否成立), 这是因为其语义, 即 $1 = 1$ 和 $2 = 1$ 成立的条件并没有给出, 因此不能判断其成立性.

下面给出决策蕴涵成立的条件, 后面将继续对该定义进行解释.

定义 3.2 一个属性集 $T \subseteq C \cup D$ 满足决策蕴涵 $A \Rightarrow B$, 或称 T 是 $A \Rightarrow B$ 的一个模型, 若 $A \not\subseteq T \cap C$ 或者 $B \subseteq T \cap D$ 成立 (等价地, 称 T 是 $A \Rightarrow B$ 的一个模型, 若 $A \subseteq T \cap C$ 成立时, $B \subseteq T \cap D$ 也成立), 记为 $T \models A \Rightarrow B$. 设 $\mathcal{L}$ 为一决策蕴涵集, 称 T 满足 $\mathcal{L}$, 或称 T 是 $\mathcal{L}$ 的一个模型. 若 T 满足 $\mathcal{L}$ 中的所有决策蕴涵, 记为 $T \models \mathcal{L}$. $\mathcal{L}$ 的所有模型集合记为 $\mathrm{Mod}(\mathcal{L})$. 设 $T_1, T_2, \cdots, T_n \subseteq C \cup D$, 决策蕴涵 $A \Rightarrow B$ 在 $\{T_1, T_2, \cdots, T_n\}$ 中成立, 若每个 T_i 都满足 $A \Rightarrow B$.

为了理解定义 3.2, 需要首先理解属性集 $T \subseteq C \cup D$ 为一行数据. 为此, 下面引入决策背景的概念[15].

定义 3.3 [15] 决策背景为三元组 $K = (G, C \cup D, I_C \cup I_D)$, 其中 G 为对象集, C 为条件属性集, D 为决策属性集, $I_C \subseteq G \times C$ 为条件二元关系, $I_D \subseteq G \times D$ 为决策二元关系.

例3.1 表 3.1为某超市的购物记录 (决策背景), 其中对象集 $G = \{x_1, x_2, \cdots, x_8\}$ 代表 8 个顾客, 条件属性集 $C = \{a_1, a_2, \cdots, a_6\}$ 和决策属性集 $D = \{d_1, d_2\}$ 代表 8 个商品, 表中的 $\times$ 表明相应的顾客购买了相应的商品.

首先, 可以认为, 表 3.1 中的一行数据 (即一次购买行为) 可以等价表示为 $C \cup D$ 的一个属性子集. 例如, 顾客 x_1 购买的商品集合为 $T_{x_1} = \{a_1, a_2, a_5, a_6\} \subseteq C \cup D$. 反之, 属性集 $\{a_3, a_5\}$ 代表顾客 x_6 的购买行为. 因此, 属性集 $T \subseteq C \cup D$ 等价于表中的一行数据. 当然, 并非所有的 $T \subseteq C \cup D$ 均在表中出现. 例如, 属性

集 $T=\{a_1,a_2\}$ 并非表 3.1 的某行数据. 然而, 容易想象一个数据表, $T=\{a_1,a_2\}$ 为其中的数据, 即有某位顾客购买了商品 a_1 和 a_2. 换句话说, 决策蕴涵的逻辑研究考虑的并不仅仅是某个数据集, 而是所有可能的数据集. 后面谈语义导出时会强调这一点.

表 3.1　决策背景

对象	a_1	a_2	a_3	a_4	a_5	a_6	d_1	d_2
x_1	×	×			×	×		
x_2			×					×
x_3	×		×			×	×	
x_4		×						
x_5		×	×	×	×	×	×	×
x_6			×		×			
x_7		×	×	×		×		×
x_8	×	×		×	×	×	×	

总之, 可以认为, 决策蕴涵的逻辑理论虽然不是基于数据集构建的, 但是通过考虑 $C\cup D$ 的所有属性子集, 决策蕴涵的逻辑研究已经考虑了所有可能的数据集.

其次, 称 T 是 $A\Rightarrow B$ 的一个模型就表示 $A\Rightarrow B$ 在 $T\subseteq C\cup D$ 这行数据上成立. 为了理解该结论, 需要一些命题逻辑的知识, 即下列的命题是等价的.

(1) $A\nsubseteq T\cap C$ 或者 $B\subseteq T\cap D$ 成立.

(2) 若 $A\subseteq T\cap C$, 则 $B\subseteq T\cap D$.

记 $A\nsubseteq T\cap C$ 为命题 P 成立, $B\subseteq T\cap D$ 为命题 Q 成立, 则上述两个复合命题可记为

(1) P 成立或者 Q 成立.

(2) 若 P 不成立, 则 Q 成立.

我们说两个复合命题等价, 就表示它们具有相同的真值. 表 3.2 展示了可能的四种情形.

表 3.2　复合命题分析

情形	P	Q	P 或者 Q	若 P 不成立, 则 Q 成立
情形 1	成立	成立	成立	成立
情形 2	成立	不成立	成立	成立
情形 3	不成立	成立	成立	成立
情形 4	不成立	不成立	不成立	不成立

复合命题 (P 或者 Q) 的真值很容易理解. 对于条件复合命题 (若 P 不成立, 则 Q 成立), 只要条件复合命题中的条件不满足, 则该条件复合命题成立, 即只要 P 成立, 则条件复合命题 (若 P 不成立, 则 Q 成立) 的条件不满足, 因此该条件复

合命题成立. 这种定义条件命题真值的方式称为实质蕴含. 它在逻辑哲学方面有很多争议和讨论[90].

从上面的论述可以看出, 两个复合命题是等价的. 因此, T 是 $A \Rightarrow B$ 的模型当且仅当复合命题 (P 或者 Q) 成立, 当且仅当复合命题 (若 P 不成立则 Q 成立) 成立. 只要 P 或者 Q 之一成立, T 就是 $A \Rightarrow B$ 的模型, 这是表 3.2 的前三种情形. 类似地, T 不是 $A \Rightarrow B$ 的模型当且仅当复合命题 (P 或者 Q) 不成立, 当且仅当复合命题 (若 P 不成立则 Q 成立) 不成立, 对应于上表的最后一种情形.

下面以 $A = \{a_1, a_2\}$, $B = \{d_1\}$ 说明上面的四种情形. 决策蕴涵 $\{a_1, a_2\} \Rightarrow \{d_1\}$ 的含义是, 若对象具有属性 $\{a_1, a_2\}$, 则对象也具有属性 $\{d_1\}$. 表 3.3 所示为决策蕴涵 $\{a_1, a_2\} \Rightarrow \{d_1\}$ 分析.

表 3.3 决策蕴涵 $\{a_1, a_2\} \Rightarrow \{d_1\}$ 分析

对象	A		B	情形	模型
	a_1	a_2	d_1		
g_1	0	0	0	情形 2	是
g_2	0	0	1	情形 1	是
g_3	0	1	0	情形 2	是
g_4	0	1	1	情形 1	是
g_5	1	0	0	情形 2	是
g_6	1	0	1	情形 1	是
g_7	1	1	0	情形 4	否
g_8	1	1	1	情形 3	是

以 $T := T_{g_4} = \{a_2, d_1\}$ 为例, $A = \{a_1, a_2\} \nsubseteq T \cap C = \{a_2\}$, 因此 P 成立, 复合命题 (若 P 不成立则 Q 成立) 成立, 即决策蕴涵 $\{a_1, a_2\} \Rightarrow \{d_1\}$ 在 g_4 这行数据上成立. 这是因为该对象并不具有属性集 $\{a_1, a_2\}$, 这行数据不满足复合命题的条件, 所以按照实质蕴含的定义, 该复合命题成立; 或者可以认为, 这行数据并没有否认该决策蕴涵的正确性. 前 6 行数据都可以这样解释. 我们可以考虑一种极端情形进一步理解这种情况. 假设有一个结论, 所有的情形都没有否认该结论的正确性, 那这个结论是错的吗? 当然不能, 我们可以说该结论没有用, 但不能说该结论是错的.

再以 $T := T_{g_7} = \{a_1, a_2\}$ 为例, $A = \{a_1, a_2\} \subseteq T \cap C = \{a_1, a_2\}$, 因此 P 不成立. 此时, 复合命题 (若 P 不成立则 Q 成立) 的条件已经满足, 需要进一步考虑 Q 命题是否成立, 因为 $B = \{d_1\} \nsubseteq T \cap D = \varnothing$, Q 命题不成立, 所以决策蕴涵 $\{a_1, a_2\} \Rightarrow \{d_1\}$ 在 g_7 这行数据上不成立. 这是因为该对象具有属性集 $\{a_1, a_2\}$, 但不具有属性 $\{d_1\}$, 所以这行数据否认了该决策蕴涵的正确性.

最后以 $T := T_{g_8} = \{a_1, a_2, d_1\}$ 为例, $A = \{a_1, a_2\} \subseteq T \cap C = \{a_1, a_2\}$, 因此 P 不成立, 复合命题 (若 P 不成立则 Q 成立) 的条件已经满足. 进一步考虑 Q 命

题, 因为 $B=\{d_1\}\subseteq T\cap D=\{d_1\}$, Q 命题成立, 所以决策蕴涵 $\{a_1,a_2\}\Rightarrow\{d_1\}$ 在 g_8 这行数据上成立. 因此, g_8 确认了该决策蕴涵的正确性.

总之, 从决策蕴涵逻辑的角度看, 除 g_7 外的所有数据均可认为是决策蕴涵 $\{a_1,a_2\}\Rightarrow\{d_1\}$ 的模型. 事实上, 因为 T 定义为 $C\cup D$ 的子集, 因此 T 可能并不仅仅只有这 8 种情况. 但容易验证, 当 T 包含除 $\{a_1,a_2,d_1\}$ 外的其他属性时, 这些属性对验证 $\{a_1,a_2\}\Rightarrow\{d_1\}$ 是否成立没有任何影响, 即只有 $T\cap\{a_1,a_2,d_1\}$ 中的属性才能验证 $\{a_1,a_2\}\Rightarrow\{d_1\}$ 是否成立, 而 $T\cap\{a_1,a_2,d_1\}$ 只有 8 种可能的情况.

进一步, 由定义 3.2 可以看出, T 是 $\mathcal{L}$ 的一个模型. 这意味着, $\mathcal{L}$ 中的所有决策蕴涵在 T 这行数据上成立. $\mathrm{Mod}(\mathcal{L})$ 为 $\mathcal{L}$ 中的所有决策蕴涵都可以成立的数据集合.

一般来说, 决策蕴涵数量比较多, 这是因为决策蕴涵中有大量的冗余决策蕴涵.

定义 3.4 设 $\mathcal{L}$ 为一决策蕴涵集, 决策蕴涵 $A\Rightarrow B$ 可以从 $\mathcal{L}$ 中语义导出, 若对于任意的 $T\subseteq C\cup D$, $T\models\mathcal{L}$ 蕴含 $T\models A\Rightarrow B$, 记为 $\mathcal{L}\vdash A\Rightarrow B$. 决策蕴涵集 $\mathcal{D}$ 可以从 $\mathcal{L}$ 中语义导出, 若任意的 $A\Rightarrow B\in\mathcal{D}$ 都可以从 $\mathcal{L}$ 中语义导出. 决策蕴涵集 $\mathcal{L}$ 是无冗余的, 若对任意的 $A\Rightarrow B\in\mathcal{L}$, $\mathcal{L}\backslash\{A\Rightarrow B\}\nvdash A\Rightarrow B$. $\mathcal{L}$ 是封闭的, 若任意可以从 $\mathcal{L}$ 中语义导出的决策蕴涵都包含在 $\mathcal{L}$ 中. 对于封闭的决策蕴涵集 $\mathcal{L}$, 称 $\mathcal{D}\subseteq\mathcal{L}$ 相对于 $\mathcal{L}$ 是完备的, 若 $\mathcal{L}$ 可以从 $\mathcal{D}$ 中语义导出.

首先需要注意定义 3.4 中 “蕴含” 与 “蕴涵” 的区别. 蕴含是一种不属于本书研究范围的逻辑术语, 可以等价地替换为 “意味着” 或者 “若 $\cdots$, 则 $\cdots$” 的结构. 如定义 3.4 中的语义导出可以等价地表达为, 若 $T\models\mathcal{L}$ 成立, 则 $T\models A\Rightarrow B$ 成立. 在讨论模糊决策蕴涵时, 类似的术语也可作此解.

定义 3.2 定义了决策蕴涵与模型或数据的关系. 定义 3.4 进一步定义了决策蕴涵之间的联系. 从目前的逻辑框架看, 决策蕴涵之间只有一种联系, 即决策蕴涵之间的语义推导关系, 也就是决策蕴涵之间是否可以相互代替的关系. 从信息的角度看, 每一条决策蕴涵都可以看作是一条决策知识, 如果决策知识 $A\Rightarrow B$ 可以从一系列决策知识 $\mathcal{L}$ 中语义导出, 则说明 $A\Rightarrow B$ 中的信息已经包含在 $\mathcal{L}$ 中, 因为该决策蕴涵 (信息) 可以从 $\mathcal{L}$ 中依据语义推导出来. 在这个意义上, 也可以说, 决策知识 $A\Rightarrow B$ 相对于 $\mathcal{L}$ 并没有增加新的知识, 即 $A\Rightarrow B$ 相对于 $\mathcal{L}$ 是冗余的.

下面结合例 3.2 进一步解释定义 3.4 的细节, 特别是语义导出的概念.

例 3.2 令 $C=\{a_1,a_2,a_3\}$, $D=\{d_1,d_2\}$, $\mathcal{L}=\{a_1\Rightarrow d_1,\{a_2,a_3\}\Rightarrow d_2\}$. 因为 $\mathcal{L}$ 的任意模型也必然是 $\{a_1,a_2,a_3\}\Rightarrow\{d_1,d_2\}$ 的模型, 所以 $\mathcal{L}$ 可以语义导出 $\{a_1,a_2,a_3\}\Rightarrow\{d_1,d_2\}$. 另外, 决策蕴涵集 $\mathcal{L}$ 是无冗余的, 因为任一决策蕴涵都不能从其他决策蕴涵导出.

结合前面的论述, 称决策蕴涵 $A\Rightarrow B$ 可以从 $\mathcal{L}$ 中语义导出, 若在 $\mathcal{L}$ 成立的

任意行数据 T 中, $A \Rightarrow B$ 也成立. 进一步, 考虑"$\mathcal{L}$ 成立的任意行 T"与考虑"$\mathcal{L}$ 成立的任意数据集"是等价的. 首先, "$\mathcal{L}$ 成立的任意数据集"中必然包括如下这些数据集, 其中每个数据集仅包含 $\mathcal{L}$ 成立的某一行 T, 因此考虑"$\mathcal{L}$ 成立的任意数据集"似乎比"$\mathcal{L}$ 成立的任意行 T"要求更多.

作为例子, 考虑解释决策蕴涵 $\{a_1, a_2\} \Rightarrow \{d_1\}$ 时提到的 8 行数据. 令 $\mathcal{L} = \{\{a_1, a_2\} \Rightarrow \{d_1\}\}$, 则"满足 $T \models \mathcal{L}$ 的任意 T"或"$\mathcal{L}$ 成立的任意行 T"事实上相当于考虑除 g_7 外的其他 7 行. 如果以这 7 行中的每一行作为一个数据集, 则可得到 7 个数据集, 因此"$\mathcal{L}$ 成立的任意数据集"就包含这 7 个数据集.

其次, 因为"$\mathcal{L}$ 成立的任意数据集"包含的所有行必然是 $\mathcal{L}$ 成立的行, 因此考虑"$\mathcal{L}$ 成立的任意数据集"事实上考虑的还是"$\mathcal{L}$ 成立的任意行 T", 即其要求并不严格.

接前面的例子. 因为"$\mathcal{L}$ 成立的任意数据集"中不能包含 g_7 这一行, 所以可以认为, 除前面谈到的只有一行数据组成的数据集外, 其他数据集都是由 g_7 外的行组成. 例如, 一个数据集可能由 $\{g_1, g_2\}$ 两行数据构成, 另一个数据集可能由 $\{g_3, g_4, g_8\}$ 三行数据构成, 行最多的数据集可能由 $\{g_1, g_2, g_3, g_4, g_5, g_6, g_8\}$ 构成. 当然, 这些数据集中可能包含重复行, 但这些重复行并不会对语义导出的验证有任何影响. 此时, 考虑这些数据集事实上就相当于考虑这些数据集中的所有行, 因为验证 $A \Rightarrow B$ 是否成立是在每一行上进行的.

因此, 从验证结果来看, 考虑"$\mathcal{L}$ 成立的任意数据集"和考虑"$\mathcal{L}$ 成立的任意行 T"结果是一致的, 但从验证过程来看, 考虑"$\mathcal{L}$ 成立的任意数据集"可能需要多次重复验证"$\mathcal{L}$ 成立的任意行 T", 这浪费了时间. 在研究决策蕴涵的语构时, 我们并不会从语义的角度验证决策蕴涵能否语义导出, 所以效率从来不是语义要考虑的因素.

当我们将语义导出使用数据集的概念重新表述时, 语义导出的意义可能会更清楚, 即决策蕴涵 $A \Rightarrow B$ 可以从 $\mathcal{L}$ 中语义导出, 若在 $\mathcal{L}$ 成立的所有数据集中, $A \Rightarrow B$ 也成立. 基于此, 我们可以进一步解释这个定义中涉及的两个含义.

第一个含义是, 是否必须考察 $\mathcal{L}$ 中所有决策蕴涵均成立的数据集中的 $A \Rightarrow B$ 是否也成立, 才能判断 $\mathcal{L}$ 是否可以语义导出 $A \Rightarrow B$? 只考察 $\mathcal{L}$ 中的部分决策蕴涵成立的所有数据集, 或只考察 $\mathcal{L}$ 中所有决策蕴涵均成立的部分数据集, 能不能判断语义导出? 这些都是不行的. 直觉上来说, 这样定义的语义导出因为只涉及部分决策蕴涵或者部分数据集, 语义导出的概念难免会依赖这些决策蕴涵或数据集, 因此 $\mathcal{L}$ 中的其他决策蕴涵和 $A \Rightarrow B$ 的关系, 或在 $\mathcal{L}$ 成立的其他数据集上, $\mathcal{L}$ 和 $A \Rightarrow B$ 的关系就难以判断了. 感兴趣的读者可以自行举例验证.

第二个含义是, 为什么只要考察 $\mathcal{L}$ 中所有决策蕴涵均成立的所有数据集中, $A \Rightarrow B$ 是否也成立, 就可以判断 $\mathcal{L}$ 是否可以语义导出 $A \Rightarrow B$? 换言之, 这个定义为什么是合理的? 直觉上来说, 我们至多可以说在 $\mathcal{L}$ 成立的所有场景中, $A \Rightarrow B$ 也成立, 但为什么可以判断这就是逻辑上的语义导出? 实际情况是, 从研究的角度看, 我们可能没有办法判断 $A \Rightarrow B$ 与 $\mathcal{L}$ 是否有因果上的关系, 所以也没有办法判断二者是否有意义上的联系. 因此, 此处的语义事实上也是一种形式上的规定. 这种规定与模型或数据有关, 所以就认为与语义相关了, 但事实上这种研究是难以达到语义或者因果联系的. 事实上, 因果联系是一种很复杂的关联, 哲学中对此有极其激烈的争论[90].

然而, 即使是这种形式上的联系, 也有一些需要深入研究的问题. 例如, 我们现在将 $A \Rightarrow B$ 伴随 $\mathcal{L}$ 同时出现的关系定义为语义导出, 但是如果 $A \Rightarrow B$ 与 $\mathcal{L}$ 没有任何关系, 那么就不太可能在 $\mathcal{L}$ 成立的所有场景中, $A \Rightarrow B$ 也成立, 因此需要进一步研究二者是否真的具有某种明确的联系. 后续的语构研究将从形式上进一步确定 $A \Rightarrow B$ 与 $\mathcal{L}$ 中的决策蕴涵确实具有某种形式上的明确联系, 由此才能具有这种语义上的导出关系.

基于以上对语义导出的分析, 并结合从信息角度对定义 3.4的分析, 容易理解, 决策蕴涵集 $\mathcal{L}$ 是无冗余的, 当且仅当 $\mathcal{L}$ 中任意决策蕴涵信息 $A \Rightarrow B$ 都不包含在 $\mathcal{L}\backslash\{A \Rightarrow B\}$ 中, 其中决策信息 $A \Rightarrow B$ 是否包含在 $\mathcal{L}\backslash\{A \Rightarrow B\}$ 中就是从语义导出的角度讲的. 因此, 决策信息 $A \Rightarrow B$ 不包含在 $\mathcal{L}\backslash\{A \Rightarrow B\}$ 中就相当于 $A \Rightarrow B$ 的成立不伴随 $\mathcal{L}\backslash\{A \Rightarrow B\}$ 的成立, 即至少存在一行数据 T 或者一个数据集 (包含 T 这一行即可) 使得 $\mathcal{L}\backslash\{A \Rightarrow B\}$ 成立, 但 $A \Rightarrow B$ 不成立.

类似地, 称决策蕴涵集 $\mathcal{L}$ 是封闭的, 若 $\mathcal{L}$ 可以语义导出的任意决策蕴涵都包含在 $\mathcal{L}$ 中. 我们称此时的决策蕴涵集 $\mathcal{L}$ 是封闭的, 意味着不在 $\mathcal{L}$ 中的决策蕴涵都不伴随 $\mathcal{L}$ 成立. 在第 3.3 节将看到, 一个封闭的决策蕴涵集必然是某个数据集中成立的所有决策蕴涵组成的集合, 反之亦然, 即一个数据集中成立的所有决策蕴涵组成的集合是封闭的. 从这个意义上来讲, “封闭的” 和 “所有的” 含义类似.

最后, 称 $\mathcal{D} \subseteq \mathcal{L}$ 相对于封闭集 $\mathcal{L}$ 是完备的, 若 $\mathcal{L}$ 可以从 $\mathcal{D}$ 中语义导出. 从信息角度容易看出, $\mathcal{D}$ 中的任意决策信息都必然包含于 $\mathcal{D}$. 这说明, $\mathcal{D}$ 中的决策蕴涵可以从 $\mathcal{D}$ 语义导出, 因此 $\mathcal{D}$ 相对于 $\mathcal{L}$ 是完备的, 意味着 $\mathcal{D}$ 保留了 $\mathcal{L}\backslash\mathcal{D}$ 中的所有决策信息. 因为封闭集对应于某个数据集中成立的所有决策蕴涵, 所以完备集对应该数据集的部分决策蕴涵, 但这部分决策蕴涵保留了数据集的全部决策蕴涵信息.

事实上, 决策蕴涵的逻辑研究就是研究语义导出, 并基于语义导出研究如何获取数据集中的部分决策蕴涵, 同时保留决策蕴涵拥有的全部信息, 因此完备集是决策蕴涵逻辑研究的重点. 进一步, 如果可以获取一个完备集, 同时该完备集又是无冗余的, 就表示该完备集中的决策蕴涵不能进一步精简, 因为无冗余就意味着精简某个决策蕴涵必然导致信息的缺失 (精简的决策蕴涵不能由精简后的决策蕴涵语义导出, 因此被精简的决策蕴涵的信息就缺失了), 所以完备无冗余的决策蕴涵集被称为决策蕴涵基. 此处 “基” 的含义类似于线性代数中坐标基的含义, 一方面要求决策蕴涵之间是无冗余的 (相当于要求各坐标基向量是正交的), 另一方面要求是完备的 (相当于要求坐标基向量的个数等于维数, 此时才能表示空间内的所有点, 即这样的坐标基是完备的). 事实上, 一个封闭集可能存在多个决策蕴涵基, 因此我们希望进一步研究是否存在最优的决策蕴涵基, 即是否存在一个决策蕴涵基, 其含有的决策蕴涵数比所有的决策蕴涵基都少. 在这个意义上, 就相当于说, 该决策蕴涵基在所有的决策蕴涵基中是最精简的. 在第 4 章, 我们将给出肯定的答案. 该决策蕴涵基被称为决策蕴涵规范基.

3.1.2 模型判定

本节和下节进一步研究语义概念, 并得出一些用于判定完备性和无冗余性的判定定理.

首先引入条件子集的闭包和一致闭包的概念, 通过该概念对模型和语义导出进行刻画.

定义 3.5 对于决策蕴涵集 $\mathcal{L}$, $A \subseteq C$ 在 $\mathcal{L}$ 上的闭包定义为

$$A^{\mathcal{L}} = \bigcup\{B' | A' \Rightarrow B' \in \mathcal{L} \text{ 且} A' \subseteq A\}$$

集合 $A \cup A^{\mathcal{L}}$ 称为 A 在 $\mathcal{L}$ 上的一致闭包.

我们将在定理 3.3 证明, $A^{\mathcal{L}}$ 为 A 从 $\mathcal{L}$ 可以推导出的最大结论, 或者说 $A^{\mathcal{L}}$ 即给定条件 A 的情况下, 由 $\mathcal{L}$ 可以获得的最多的决策信息.

另外, 由定义 3.5 可以看出, 若 $A_1 \subseteq A_2 \subseteq C$, 则有 $A_1^{\mathcal{L}} \subseteq A_2^{\mathcal{L}}$.

例 3.3 令 $C = \{a_1, a_2, a_3\}$, $D = \{d_1, d_2\}$, $\mathcal{L} = \{a_1 \Rightarrow d_1, \{a_2, a_3\} \Rightarrow d_2\}$. 若 $A = \{a_1\}$, 则 A 在 $\mathcal{L}$ 上的闭包为 $\{d_1\}$, 一致闭包为 $\{a_1, d_1\}$. 其含义为, 给定条件 $A = \{a_1\}$, 则由 A 依据 $\mathcal{L}$ 可推导出的最大结论或可以采取的最大决策是 $\{d_1\}$. 类似地, 若 $A = \{a_1, a_2, a_3\}$, 则 A 在 $\mathcal{L}$ 上的闭包为 $\{d_1, d_2\}$, 一致闭包为 $\{a_1, a_2, a_3, d_1, d_2\}$. 其含义为, 给定条件 $A = \{a_1, a_2, a_3\}$, 则由 A 依据 $\mathcal{L}$ 可推导出的最大结论或可以采取的最大决策是 $\{d_1, d_2\}$. 这是因为给定条件 a_1, 可以采取决策 d_1, 给定条件 a_2 和 a_3, 可以采取决策 d_2, 因此给定条件 $\{a_1, a_2, a_3\}$, 可以采取决策 $\{d_1, d_2\}$.

下面的定理首先验证闭包 $A^{\mathcal{L}}$ 确实是由 A 可以得到的正确信息或结论, 这是因为 $A \Rightarrow A^{\mathcal{L}}$ 可以从 $\mathcal{L}$ 中语义导出.

定理 3.1 对于决策蕴涵集 $\mathcal{L}$ 和 $A \subseteq C$, 我们有 $\mathcal{L} \vdash A \Rightarrow A^{\mathcal{L}}$.

证明 设 $T \subseteq C \cup D$ 且 $T \models \mathcal{L}$, 为证明结论, 需要证明 $T \models A \Rightarrow A^{\mathcal{L}}$. 假设 $A \subseteq T \cap C$, 下面证明 $A^{\mathcal{L}} \subseteq T \cap D$. 对满足 $A' \subseteq A$ 的任意 $A' \Rightarrow B' \in \mathcal{L}$, 因

为 $T \models \mathcal{L}$, 所以 $T \models A' \Rightarrow B'$; 再由 $A' \subseteq A \subseteq T \cap C$ 可知, $B' \subseteq T \cap D$ 成立. 由 $A' \Rightarrow B'$ 的任意性有 $A^{\mathcal{L}} = \bigcup\{B'|A' \Rightarrow B' \in \mathcal{L}, A' \subseteq A\} \subseteq T \cap D$. 因此, 若 $A \subseteq T \cap C$, 则 $A^{\mathcal{L}} \subseteq T \cap D$, 即有 $T \models A \Rightarrow A^{\mathcal{L}}$. □

下面的定理说明, 一致闭包也是决策蕴涵集的最小模型.

定理 3.2　设 $\mathcal{L}$ 为一决策蕴涵集, 则 $T \models \mathcal{L}$ 当且仅当 $(T \cap C)^{\mathcal{L}} \subseteq T \cap D$. 特别地, 对任意的 $A \subseteq C$, 我们有 $A \cup A^{\mathcal{L}} \models \mathcal{L}$.

证明　**必要性.** 若 T 满足 $\mathcal{L}$, 则由定理 3.1可知, $T \models T \cap C \Rightarrow (T \cap C)^{\mathcal{L}}$, 因此有 $(T \cap C)^{\mathcal{L}} \subseteq T \cap D$.

充分性. 若 $(T \cap C)^{\mathcal{L}} \subseteq T \cap D$, 则对任意的 $A \Rightarrow B \in \mathcal{L}$, 若 $A \not\subseteq T \cap C$, 则有 $T \models A \Rightarrow B$; 若 $A \subseteq T \cap C$, 则由 $(T \cap C)^{\mathcal{L}}$ 的定义可得

$$B \subseteq \bigcup\{B'|A' \Rightarrow B' \in \mathcal{L}, A' \subseteq T \cap C\} = (T \cap C)^{\mathcal{L}} \subseteq T \cap D$$

因此, 也有 $T \models A \Rightarrow B$. 由 $A \Rightarrow B$ 的任意性可知, $T \models \mathcal{L}$.

又因为 $((A \cup A^{\mathcal{L}}) \cap C)^{\mathcal{L}} = A^{\mathcal{L}} \subseteq (A \cup A^{\mathcal{L}}) \cap D = A^{\mathcal{L}}$, 所以 $A \cup A^{\mathcal{L}} \models \mathcal{L}$. □

定理 3.2说明, 只包含 $A \subseteq C$ 的 $\mathcal{L}$ 的最小模型, 即满足 $T \cap C = A$ 的 $\mathcal{L}$ 的最小模型 T, 正好是 A 的一致闭包. 事实上, 若 $T \cap C = A$ 且 $T \models \mathcal{L}$, 由定理 3.2可知, $(T \cap C)^{\mathcal{L}} \subseteq T \cap D$, 即 $A^{\mathcal{L}} \subseteq T \cap D$, 因此 $T = A \cup A^{\mathcal{L}}$ 为满足 $T \cap C = A$ 的 $\mathcal{L}$ 的最小模型.

定理 3.3　设 $\mathcal{L}$ 为一决策蕴涵集, 则决策蕴涵 $A \Rightarrow B$ 可以从 $\mathcal{L}$ 中语义导出, 当且仅当 $B \subseteq A^{\mathcal{L}}$.

证明　**必要性.** 假设 $A \Rightarrow B$ 可以从 $\mathcal{L}$ 中语义导出. 令 $T = A \cup A^{\mathcal{L}}$, 由定理 3.2可知 $T \models \mathcal{L}$. 根据假设有 $T \models A \Rightarrow B$, 再由 $A \subseteq T \cap C = A$ 可知, $B \subseteq T \cap D = A^{\mathcal{L}}$.

充分性. 假设 $B \subseteq A^{\mathcal{L}}$, $T \models \mathcal{L}$, 我们来证明 $T \models A \Rightarrow B$. 若 $A \not\subseteq T \cap C$, 则有 $T \models A \Rightarrow B$; 若 $A \subseteq T \cap C$, 则有 $A^{\mathcal{L}} \subseteq (T \cap C)^{\mathcal{L}}$, 由 $T \models \mathcal{L}$ 和定理 3.2有 $(T \cap C)^{\mathcal{L}} \subseteq T \cap D$, 因此 $B \subseteq A^{\mathcal{L}} \subseteq (T \cap C)^{\mathcal{L}} \subseteq T \cap D$, 即有 $T \models A \Rightarrow B$. □

定理 3.3有两个含义. 一个含义是从集合的角度刻画语义导出概念, 即通过判断集合包含关系, 判断一个决策蕴涵是否可以从给定的决策蕴涵集中语义导出. 另一个含义是, 论证由 A 依据 $\mathcal{L}$ 获得的最大结论正是 $A^{\mathcal{L}}$. 因此, 任意包含于 $A^{\mathcal{L}}$ 的结论都可以从 $\mathcal{L}$ 获取 (语义导出).

总之, 从信息角度看, $A^{\mathcal{L}}$ 是基于 A 可以从 $\mathcal{L}$ 获得的最大结论. 它收集了在给定 A 的条件下, 可以从 $\mathcal{L}$ 获得的所有信息; 从模型角度看, $A^{\mathcal{L}}$ 也对所有具有 A 中条件属性的数据进行了限制, 即它要求所有成为 $\mathcal{L}$ 模型的数据必须至少具有 $A^{\mathcal{L}}$ 中的决策属性, 否则 $\mathcal{L}$ 中具有的信息 $A \Rightarrow A^{\mathcal{L}}$ 将不能在该模型上成立.

3.1.3 完备性判定

完备的决策蕴涵集可以保留封闭决策蕴涵集的全部信息. 特别地, 完备的决策蕴涵集可以保留封闭决策蕴涵集的全部模型.

定理 3.4 设 $\mathcal{L}$ 为一封闭决策蕴涵集, 则 $\mathcal{D} \subseteq \mathcal{L}$ 是完备的, 当且仅当 $\mathrm{Mod}(\mathcal{D}) = \mathrm{Mod}(\mathcal{L})$.

证明 **必要性.** 因为 $\mathcal{D} \subseteq \mathcal{L}$, 容易看出 $\mathrm{Mod}(\mathcal{D}) \supseteq \mathrm{Mod}(\mathcal{L})$. 又因为 $\mathcal{D}$ 是完备的, 所以 $\mathcal{L}$ 可以由 $\mathcal{D}$ 语义导出. 这意味着, 若 $T \models \mathcal{D}$, 则 $T \models \mathcal{L}$, 即 $\mathrm{Mod}(\mathcal{D}) \subseteq \mathrm{Mod}(\mathcal{L})$. 因此, 有 $\mathrm{Mod}(\mathcal{D}) = \mathrm{Mod}(\mathcal{L})$.

充分性. 由 $\mathrm{Mod}(\mathcal{D}) = \mathrm{Mod}(\mathcal{L})$ 可知, 若 $T \models \mathcal{D}$, 则 $T \models \mathcal{L}$. 这意味着, $\mathcal{L}$ 可以由 $\mathcal{D}$ 语义导出, 即 $\mathcal{D}$ 是完备的. □

定理 3.4 还说明, 模型集合和封闭集是一一对应的. 结合前面的论述可以进一步得出, 一个数据集必然有一个封闭的决策蕴涵集, 这又对应唯一一个模型集合, 除了一些重复的行, 该模型集合与数据应该是对应的. 读者可以参考 3.3 节.

引理 3.1 令 $\mathcal{L}$ 为一决策蕴涵集, 定义 $\overline{\mathcal{L}} = \{A \Rightarrow B | \mathcal{L} \vdash A \Rightarrow B\}$, 则 $\overline{\mathcal{L}}$ 是封闭的且 $\mathcal{L} \subseteq \overline{\mathcal{L}}$ 相对于 $\overline{\mathcal{L}}$ 是完备的.

证明 令 $\overline{\mathcal{L}} \vdash A \Rightarrow B$, 要证明 $\overline{\mathcal{L}}$ 是封闭的, 只需证明 $A \Rightarrow B \in \overline{\mathcal{L}}$, 即 $\mathcal{L} \vdash A \Rightarrow B$. 设 $T \models \mathcal{L}$, 由 $\overline{\mathcal{L}}$ 的定义可知 $T \models \overline{\mathcal{L}}$, 再由 $\overline{\mathcal{L}} \vdash A \Rightarrow B$ 可知 $T \models A \Rightarrow B$, 即有 $\mathcal{L} \vdash A \Rightarrow B$.

另外, 显然有 $\mathcal{L} \subseteq \overline{\mathcal{L}}$. 由 $\overline{\mathcal{L}}$ 的定义可知, $\mathcal{L} \vdash \overline{\mathcal{L}}$, 因此 $\mathcal{L}$ 是完备的. □

引理 3.2 设 $\mathcal{L}_1$ 和 $\mathcal{L}_2$ 为封闭的决策蕴涵集, 且有 $\mathrm{Mod}(\mathcal{L}_1) = \mathrm{Mod}(\mathcal{L}_2)$, 则 $\mathcal{L}_1 = \mathcal{L}_2$.

证明 不妨设存在 $A \Rightarrow B \in \mathcal{L}_1 \backslash \mathcal{L}_2$. 若 $T \in \mathrm{Mod}(\mathcal{L}_1)$, 则有 $T \models A \Rightarrow B$. 这说明, $T \in \mathrm{Mod}(\mathcal{L}_2) = \mathrm{Mod}(\mathcal{L}_1)$ 蕴含 $T \models A \Rightarrow B$, 即 $A \Rightarrow B$ 可由 $\mathcal{L}_2$ 语义导出, 但 $A \Rightarrow B \notin \mathcal{L}_2$, 与 $\mathcal{L}_2$ 是封闭的决策蕴涵集矛盾. 因此有 $\mathcal{L}_1 = \mathcal{L}_2$. □

下面的定理扩展了定理 3.4. 定理表明, 具有相同模型的决策蕴涵集必然都是某一封闭决策蕴涵集的完备子集.

定理 3.5 设 $\mathcal{D}_1$ 和 $\mathcal{D}_2$ 为两个决策蕴涵集, 则存在一个封闭的决策蕴涵集 $\mathcal{L}$ 使得 $\mathcal{D}_1, \mathcal{D}_2 \subseteq \mathcal{L}$ 是完备的, 当且仅当 $\mathrm{Mod}(\mathcal{D}_1) = \mathrm{Mod}(\mathcal{D}_2)$.

证明 **必要性.** 显然, 若存在一个封闭的决策蕴涵集 $\mathcal{L}$ 使得 $\mathcal{D}_1, \mathcal{D}_2 \subseteq \mathcal{L}$ 是完备的, 则由引理 3.1 和封闭的定义, 有 $\overline{\mathcal{D}_1} = \overline{\mathcal{D}_2} = \mathcal{L}$. 由引理 3.1 和定理 3.4 可得, $\mathrm{Mod}(\mathcal{D}_1) = \mathrm{Mod}(\overline{\mathcal{D}_1}) = \mathrm{Mod}(\overline{\mathcal{D}_2}) = \mathrm{Mod}(\mathcal{D}_2)$, 即 $\mathrm{Mod}(\mathcal{D}_1) = \mathrm{Mod}(\mathcal{D}_2)$.

充分性. 设 $\mathrm{Mod}(\mathcal{D}_1) = \mathrm{Mod}(\mathcal{D}_2)$, 由引理 3.1 可知, $\mathcal{D}_1 \subseteq \overline{\mathcal{D}_1}$, $\mathcal{D}_2 \subseteq \overline{\mathcal{D}_2}$ 都是完备的. 由定理 3.4 有 $\mathrm{Mod}(\overline{\mathcal{D}_1}) = \mathrm{Mod}(\mathcal{D}_1)$ 和 $\mathrm{Mod}(\mathcal{D}_2) = \mathrm{Mod}(\overline{\mathcal{D}_2})$; 由假设有 $\mathrm{Mod}(\overline{\mathcal{D}_1}) = \mathrm{Mod}(\mathcal{D}_1) = \mathrm{Mod}(\mathcal{D}_2) = \mathrm{Mod}(\overline{\mathcal{D}_2})$, 因此 $\mathrm{Mod}(\overline{\mathcal{D}_1}) = \mathrm{Mod}(\overline{\mathcal{D}_2})$. 由

引理 3.2 可得 $\overline{\mathcal{D}_1} = \overline{\mathcal{D}_2}$. 令 $\mathcal{L} = \overline{\mathcal{D}_1} = \overline{\mathcal{D}_2}$, 可知 $\mathcal{D}_1 \subseteq \mathcal{L}$, $\mathcal{D}_2 \subseteq \mathcal{L}$ 相对于 $\mathcal{L}$ 是完备的. □

下面定理说明, 任意条件子集的一致闭包可以通过封闭集得到, 也可以通过给定封闭集的任意完备集得到.

定理 3.6　设 $\mathcal{D}_1$ 和 $\mathcal{D}_2$ 为两个决策蕴涵集, 则存在一个封闭的决策蕴涵集 $\mathcal{L}$, 使得 $\mathcal{D}_1, \mathcal{D}_2 \subseteq \mathcal{L}$ 是完备的, 当且仅当对任意的 $P \subseteq C$, 有 $P^{\mathcal{D}_1} = P^{\mathcal{D}_2}$.

证明　**必要性.** 假设 $P^{\mathcal{D}_1} \neq P^{\mathcal{D}_2}$. 不妨设存在 $m \in P^{\mathcal{D}_1} \backslash P^{\mathcal{D}_2}$. 由 $P^{\mathcal{D}_1}$ 和 $P^{\mathcal{D}_2}$ 的定义, 此时必然存在决策蕴涵 $A \Rightarrow B \in \mathcal{D}_1$ 满足 $A \subseteq P$ 和 $m \in B$, 但不存在满足 $m \in B'$ 和 $A' \subseteq P$ 的决策蕴涵 $A' \Rightarrow B' \in \mathcal{D}_2$. 特别地, 我们有 $A \Rightarrow B \notin \mathcal{D}_2$. 记 $T = P \cup P^{\mathcal{D}_2}$, 由定理 3.2 有 $T \models \mathcal{D}_2$. 由于 $m \in B$ 和 $m \notin P^{\mathcal{D}_2}$, 因此 $B \not\subseteq P^{\mathcal{D}_2} = T \cap D$. 结合 $A \subseteq P = T \cap C$ 可知, $T \not\models A \Rightarrow B$, 因此 $T \not\models \mathcal{D}_1$. 这表明, $\mathrm{Mod}(\mathcal{D}_1) \neq \mathrm{Mod}(\mathcal{D}_2)$, 与定理 3.5 矛盾. 同理, 若存在 $m \in P^{\mathcal{D}_2} \backslash P^{\mathcal{D}_1}$ 时也必有 $\mathrm{Mod}(\mathcal{D}_1) \neq \mathrm{Mod}(\mathcal{D}_2)$, 从而与定理 3.5 矛盾.

充分性. 根据定理 3.5, 可以假设 $\mathrm{Mod}(\mathcal{D}_1) \neq \mathrm{Mod}(\mathcal{D}_2)$. 此时, 不妨假设存在 $T \in \mathrm{Mod}(\mathcal{D}_1) \backslash \mathrm{Mod}(\mathcal{D}_2)$. 由条件 $P^{\mathcal{D}_1} = P^{\mathcal{D}_2}$ 可知, 对于 $T \cap C$ 也有 $(T \cap C)^{\mathcal{D}_1} = (T \cap C)^{\mathcal{D}_2}$. 因为 $T \in \mathrm{Mod}(\mathcal{D}_1)$, 由定理 3.2 可知 $(T \cap C)^{\mathcal{D}_1} \subseteq T \cap D$, 即有 $(T \cap C)^{\mathcal{D}_2} \subseteq T \cap D$. 由定理 3.5 可知, $T \in \mathrm{Mod}(\mathcal{D}_2)$, 与 $T \in \mathrm{Mod}(\mathcal{D}_1) \backslash \mathrm{Mod}(\mathcal{D}_2)$ 矛盾. 同理, 当存在 $T \in \mathrm{Mod}(\mathcal{D}_2) \backslash \mathrm{Mod}(\mathcal{D}_1)$ 时也可推出矛盾. □

因为无冗余性是基于语义导出定义的, 所以上述结论也可以运用到无冗余性的判定上, 容易证明下面的推论.

推论 3.1　设 $\mathcal{L}$ 为一决策蕴涵集, 则下列条件等价.

(1) $\mathcal{L}$ 是无冗余的.

(2) 对任意的 $A \Rightarrow B \in \mathcal{L}$, 存在 $T \subseteq C \cup D$ 满足 $T \models \mathcal{L} \backslash \{A \Rightarrow B\}$, 但 $T \not\models A \Rightarrow B$.

(3) 对任意的 $A \Rightarrow B \in \mathcal{L}$, 都有 $B \not\subseteq A^{\mathcal{L} \backslash \{A \Rightarrow B\}}$.

(4) 对任意的 $A \Rightarrow B \in \mathcal{L}$, $\mathcal{L} \backslash \{A \Rightarrow B\}$ 相对于 $\overline{\mathcal{L}}$ 都不是完备的.

(5) 对任意的 $A \Rightarrow B \in \mathcal{L}$, 都有 $\mathrm{Mod}(\mathcal{L} \backslash \{A \Rightarrow B\}) \neq \mathrm{Mod}(\mathcal{L})$.

(6) 对任意的 $A \Rightarrow B \in \mathcal{L}$, 存在 $P \subseteq C$, 有 $P^{\mathcal{L} \backslash \{A \Rightarrow B\}} \neq P^{\mathcal{L}}$.

3.2　逻辑研究: 决策蕴涵的语构

在决策蕴涵的语义研究中, 我们将决策蕴涵 $A \Rightarrow B$ 伴随 $\mathcal{L}$ 同时出现的关系定义为语义导出, 并希望进一步研究是否 $A \Rightarrow B$ 和 $\mathcal{L}$ 会存在一些形式上的联系, 然后就可以直接从形式上判断是否决策蕴涵可以从决策蕴涵集语义导出了. 这就是决策蕴涵语构研究的动机之一. 另外, 借助这种形式上的联系, 我们可以设计一些称为推理规则的运算. 该运算可以从决策蕴涵集直接 (语构) 导出新的决策蕴涵. 进一步, 推理规则可以将决策蕴涵推理构建为一种逻辑上的演算系统, 这就是第 5章要介绍的推理过程研究.

下面提出两条推理规则.

扩增推理规则

$$\frac{A_1 \Rightarrow B_1, A_2 \subseteq C, B_2 \subseteq D}{A_1 \cup A_2 \Rightarrow B_1 \cap B_2}$$

合并推理规则

$$\frac{A_1 \Rightarrow B_1, A_2 \Rightarrow B_2}{A_1 \cup A_2 \Rightarrow B_1 \cup B_2}$$

扩增推理规则表明, 若 $A_1 \Rightarrow B_1$ 是某数据集的决策蕴涵, 且有 $A_2 \subseteq C$ 和 $B_2 \subseteq D$, 则 $A_1 \cup A_2 \Rightarrow B_1 \cap B_2$ 也是该数据集的决策蕴涵. 换句话说, 若 T 是 $A_1 \Rightarrow B_1$ 的模型, 且有 $A_2 \subseteq C$ 和 $B_2 \subseteq D$, 则 T 也是 $A_1 \cup A_2 \Rightarrow B_1 \cap B_2$ 的模型.

合并推理规则表明, 若 $A_1 \Rightarrow B_1$ 和 $A_2 \Rightarrow B_2$ 是某数据集的决策蕴涵, 则 $A_1 \cup A_2 \Rightarrow B_1 \cup B_2$ 也是该数据集的决策蕴涵. 换句话说, 若 T 是 $A_1 \Rightarrow B_1$ 和 $A_2 \Rightarrow B_2$ 的模型, 则 T 也是 $A_1 \cup A_2 \Rightarrow B_1 \cup B_2$ 的模型.

容易证明这两条推理规则的合理性.

定理 3.7 (合理性定理) *扩增推理规则和合并推理规则是合理的.*

(1) *若* $A_2 \subseteq C$ *且* $B_2 \subseteq D$, *则* $\{A_1 \Rightarrow B_1\} \vdash A_1 \cup A_2 \Rightarrow B_1 \cap B_2$.

(2) $\{A_1 \Rightarrow B_1, A_2 \Rightarrow B_2\} \vdash A_1 \cup A_2 \Rightarrow B_1 \cup B_2$.

定理 3.7保证了从扩增推理规则和合并推理规则导出的任何决策蕴涵都是合理的. 因此, 我们可以使用扩增推理规则和合并推理规则从一些决策蕴涵直接 (语构) 推导出新的决策蕴涵, 而无需从模型的角度 (语义) 验证是否可以导出.

例 3.4 (续例 3.2) *可以看出, 决策蕴涵* $\{a_1, a_2, a_3\} \Rightarrow \{d_1, d_2\}$ *是由* $\mathcal{L} = \{a_1 \Rightarrow d_1, \{a_2, a_3\} \Rightarrow d_2\}$ *中的决策蕴涵通过合并推理规则导出的.*

推理规则集的无冗余性意味着推理规则之间不能互相导出. 这说明, 每个推理规则在进行推理时都是不可替代的.

令 $\varPhi$ 为推理规则集, $\mathcal{L}$ 为决策蕴涵集, $\phi \in \varPhi$, 使用推理规则 ϕ 在 $\mathcal{L}$ 上得到的决策蕴涵集记为 $\mathcal{L}_\phi$, 使用推理规则集 $\varPhi \backslash \{\phi\}$ 在 $\mathcal{L}$ 上得到的决策蕴涵集记为 $\mathcal{L}_{-\phi}$.

定义 3.6 *称推理规则集* $\varPhi$ *是无冗余, 若对任意的* $\phi \in \varPhi$, *存在决策蕴涵集* $\mathcal{L}$ *和* $\mathcal{D}$, *使得* $\mathcal{L}_\phi \not\subseteq \mathcal{L}_{-\phi}$ *且* $\mathcal{D}_\phi \not\supseteq \mathcal{D}_{-\phi}$.

条件 $\mathcal{L}_\phi \not\subseteq \mathcal{L}_{-\phi}$ 保证了存在决策蕴涵 $A \Rightarrow B \in \mathcal{L}_\phi \backslash \mathcal{L}_{-\phi}$, 使得决策蕴涵 $A \Rightarrow B$ 可以由推理规则 ϕ 推出, 但不能由推理规则集 $\varPhi \backslash \{\phi\}$ 推出. 类似地, 条件 $\mathcal{D}_\phi \not\supseteq \mathcal{D}_{-\phi}$ 保证了存在决策蕴涵 $A \Rightarrow B \in \mathcal{D}_{-\phi} \backslash \mathcal{D}_\phi$, 使得决策蕴涵 $A \Rightarrow B$ 可以由推理规则集 $\varPhi \backslash \{\phi\}$ 推出, 但不能由推理规则 ϕ 推出.

定理 3.8 (无冗余性定理) 扩增推理规则和合并推理规则是无冗余的.

证明 令 $\mathcal{L} = \{A_1 \Rightarrow B_1\}$, 其中 $B_1 \neq \varnothing$. 令 $A_2 = A_1$, $B_2 = \varnothing$, 则由扩增推理规则可得决策蕴涵 $A_1 \Rightarrow \varnothing$. 显然, 该决策蕴涵不能由合并推理规则导出.

令 $\mathcal{L} = \{A \Rightarrow B_1, A \Rightarrow B_2\}$, 其中 $B_1 \neq \varnothing$, $B_2 \neq \varnothing$, 并且 $B_1 \cap B_2 = \varnothing$. 由合并推理规则可得决策蕴涵 $A \Rightarrow B_1 \cup B_2$. 显然, 该决策蕴涵不能由扩增推理规则导出. □

下面证明这两条推理规则相对于决策蕴涵的语义是完备的.

定理 3.9 (完备性定理) 对任意封闭的决策蕴涵集 $\mathcal{L}$, 扩增推理规则和合并推理规则相对于决策蕴涵的语义是完备的, 即任意完备集 $\mathcal{D} \subseteq \mathcal{L}$ 都可以使用扩增推理规则和合并推理规则从 $\mathcal{D}$ 推出 $\mathcal{L}$.

证明 设 $A \Rightarrow B \in \mathcal{L} \backslash \mathcal{D}$. 若 $A \Rightarrow A^{\mathcal{L}} \in \mathcal{D}$, 因为 $B \subseteq A^{\mathcal{L}}$, 可应用扩增推理规则得到 $A \Rightarrow B$; 否则, 假设 $A \Rightarrow A^{\mathcal{L}} \notin \mathcal{D}$, 由于 $\mathcal{D} \subseteq \mathcal{L}$ 是完备的, 由定理 3.6可得 $A^{\mathcal{L}} = A^{\mathcal{D}}$, 即 $A \Rightarrow A^{\mathcal{D}} \notin \mathcal{D}$. 在决策蕴涵集 $\mathcal{D}$ 中, 由合并推理规则, 我们可以合并满足 $A' \subseteq A$ 的所有决策蕴涵 $A' \Rightarrow B'$, 并得到 $\bigcup A' \Rightarrow \bigcup B'$, 即 $\bigcup A' \Rightarrow A^{\mathcal{D}}$. 因为 $\bigcup A' \subseteq A$, 由扩增推理规则可推出 $A \Rightarrow A^{\mathcal{D}}$, 即 $A \Rightarrow A^{\mathcal{L}}$, 应用扩增推理规则可得 $A \Rightarrow B$. □

定理 3.9 证明了两条推理规则相对于决策蕴涵的语义是完备的, 即从任意决策蕴涵集开始, 重复应用这两条推理规则, 若 C 和 D 是有限的, 那么可以得到给定决策蕴涵集的封闭集, 并且给定的决策蕴涵集相对于该封闭集是完备的.

3.3 数据研究: 决策背景中的决策蕴涵

如前所述, 在给出决策蕴涵的语义特征和语构特征后, 基于决策背景的决策蕴涵研究将变为对决策蕴涵进行逻辑研究的一个特例. 本节研究如何将决策蕴涵的逻辑研究应用到基于决策背景的决策蕴涵上, 从而完成决策蕴涵的数据研究. 我们还将证明, 给定一个决策蕴涵集 $\mathcal{L}$, 可以构建一个决策背景, 并且 $\mathcal{L}$ 是该决策背景的完备决策蕴涵集, 即该决策背景上的任意决策蕴涵都可以从 $\mathcal{L}$ 中的语义导出.

3.3.1 决策背景中的决策蕴涵

我们已在定义 3.3 引入决策背景的概念[15]. 显然, 一个决策背景包含两个子形式背景, 即条件子背景 $K_C = (G, C, I_C)$ 和决策子背景 $K_D = (G, D, I_D)$. 对于 $X \subseteq G$, $A \subseteq C$ 和 $B \subseteq D$, 符号 X^{I_C}, X^{I_D}, A^{I_C}, B^{I_D} 简记为 X^C, X^D, A^C, B^D.

定义 3.7[67] 决策背景 $K = (G, C \cup D, I_C \cup I_D)$ 是协调的, 若对于任意的 g, $h \in G$, $g^C \subseteq h^C$ 蕴含 $g^D \subseteq h^D$.

定义 3.7 意味着, 在决策背景中, 拥有更多条件属性的对象也拥有更多的决策属性集 (即 $g^D = h^D$). 也就是说, 当我们进行决策时 (即生成决策蕴涵时), 条件越多, 需要执行的决策也越多. 若无特别说明, 我们将假定所处理的决策背景都是协调的.

下面引入决策背景上的决策蕴涵.

定义 3.8[15] 设 $K = (G, C \cup D, I_C \cup I_D)$ 为决策背景, $A \subseteq C$, $B \subseteq D$. $A \Rightarrow B$ 被称为 K 的决策蕴涵, 若 $A^C \subseteq B^D$.

例 3.5 表 3.1中成立的部分决策蕴涵如表 3.4 所示.

表 3.4 表 3.1中成立的部分决策蕴涵

决策蕴涵	决策蕴涵	决策蕴涵
$\varnothing \Rightarrow \varnothing$	$\{a_1, a_4\} \Rightarrow \{d_1\}$	$\{a_5, a_6\} \Rightarrow \{d_1\}$
$\{a_1\} \Rightarrow \{d_1\}$	$\{a_1, a_5\} \Rightarrow \{d_1\}$	$\{a_1, a_2, a_3\} \Rightarrow \{d_1, d_2\}$
$\{a_2\} \Rightarrow \varnothing$	$\{a_2, a_3\} \Rightarrow \{d_2\}$	$\{a_1, a_3, a_4\} \Rightarrow \{d_1, d_2\}$
$\{a_3\} \Rightarrow \varnothing$	$\{a_2, a_4\} \Rightarrow \{d_1\}$	$\{a_1, a_3, a_5\} \Rightarrow \{d_1, d_2\}$
$\{a_4\} \Rightarrow \varnothing$	$\{a_1, a_2\} \Rightarrow \{d_1\}$	$\{a_2, a_3, a_5\} \Rightarrow \{d_1, d_2\}$
$\{a_5\} \Rightarrow \varnothing$	$\{a_3, a_4\} \Rightarrow \{d_2\}$	$\{a_3, a_4, a_5\} \Rightarrow \{d_1, d_2\}$
$\{a_6\} \Rightarrow \varnothing$	$\{a_1, a_3\} \Rightarrow \{d_1\}$	$\{a_3, a_5, a_6\} \Rightarrow \{d_1, d_2\}$
$\{a_2, a_6\} \Rightarrow \varnothing$	$\{a_3, a_6\} \Rightarrow \varnothing$	
$\{a_3, a_5\} \Rightarrow \varnothing$	$\{a_4, a_5\} \Rightarrow \{d_1\}$	

可以看出, 所有在条件属性之间和决策属性之间的蕴涵都不是决策蕴涵, 因此在进行决策时, 决策蕴涵要比蕴涵更为紧凑, 更容易理解.

可以证明决策蕴涵具有如下性质.

定理 3.10[67] 设 $K = (G, C \cup D, I_C \cup I_D)$ 为决策背景, 则 $A \Rightarrow B$ 为 K 的决策蕴涵, 当且仅当 $B \subseteq A^{CD}$.

下面考虑如何将决策蕴涵的逻辑研究应用到决策蕴涵的数据研究中. 首先将定义 3.2 和决策背景相关联, 我们有下面的定义.

定义 3.9 一个决策蕴涵在决策背景 K 中成立, 若它在 $\{g^C \cup g^D | g \in G\}$ 中成立.

显然, 一个决策蕴涵在决策背景中成立, 当且仅当对于任意的 $g \in G$, $g^C \cup g^D$ 都是该决策蕴涵的模型. 进一步, 我们可以得到以下性质.

性质 3.1 设 $K = (G, C \cup D, I_C \cup I_D)$ 为一决策背景, $A \subseteq C$, $B \subseteq D$, 下列条件等价.

(1) 集合 $\{A^C \cup A^D | A \subseteq G\}$ 满足 $A \Rightarrow B$(该条件比定义 3.9 严格).

(2) $A \Rightarrow B$ 在 K 中成立 (定义 3.9).

(3) $A \Rightarrow B$ 为 K 的决策蕴涵 (定义 3.8).

(4) 对于任意的 $P \subseteq C$, $P \cup P^{CD} \models A \Rightarrow B$.

证明 (1) $\Longleftrightarrow$ (2) $\Longleftrightarrow$ (3): 作为练习.

(3) $\Longrightarrow$ (4): 为证明 $P \cup P^{CD} \models A \Rightarrow B$, 只需证明, 若 $A \subseteq P$, 则 $B \subseteq P^{CD}$. 因为 $A \subseteq P$, 所以 $A^{CD} \subseteq P^{CD}$. 又因为 $A \Rightarrow B$ 为 K 的决策蕴涵, 由定理 3.10 可得 $B \subseteq A^{CD}$, 即 $B \subseteq P^{CD}$.

(4) $\Longrightarrow$ (3): 因为对任意的 $P \subseteq C$, $P \cup P^{CD} \models A \Rightarrow B$ 成立, 令 $P = A$, 可得 $A \cup A^{CD} \models A \Rightarrow B$, 所以 $B \subseteq A^{CD}$. 由定理 3.10 可知, $A \Rightarrow B$ 为 K 的决策蕴涵. □

性质 3.1 说明定义 3.8 和定义 3.9 的等价性. 这表明, 决策蕴涵的数据定义 (定义 3.8) 可由决策蕴涵的逻辑定义 (定义 3.9) 完整表示. 这也进一步说明决策蕴涵的数据研究是逻辑研究的特例.

容易验证例 3.5 中所示的决策蕴涵集并非封闭的. 从数据角度考虑, 这是因为例 3.5 并未包括表 3.1 成立的所有决策蕴涵. 从逻辑角度考虑, 这是因为并非所有可以从该决策蕴涵集导出的决策蕴涵都在例 3.5 中. 容易证明, 决策背景上成立的所有决策蕴涵组成的集合是封闭的. 进一步, 将定义 3.4 应用到决策背景上, 我们有相对于决策背景的完备性和无冗余性定义.

定义 3.10 设 $K = (G, C \cup D, I_C \cup I_D)$ 为一决策背景. 决策蕴涵集 $\mathcal{L}$ 是 K 上的完备集, 若 K 的所有决策蕴涵都可以从 $\mathcal{L}$ 中语义导出. K 上的决策蕴涵集合 $\mathcal{L}$ 是无冗余的, 若任意的 $A \Rightarrow B \in \mathcal{L}$ 均不能从 $\mathcal{L} \backslash \{A \Rightarrow B\}$ 中语义导出.

下面的定理可以进一步建立决策蕴涵的逻辑研究和数据研究之间的联系.

定理 3.11 设 K 为一决策背景, $\mathcal{L}$ 为 K 上的完备决策蕴涵集, 则对任意的 $A \subseteq C$, 我们有 $A^{CD} = A^{\mathcal{L}}$.

证明 由定理 3.10 可知, $A \Rightarrow A^{CD}$ 为 K 的决策蕴涵, 因此由 $\mathcal{L}$ 是完备的可知, $A \Rightarrow A^{CD}$ 可由 $\mathcal{L}$ 语义导出. 因为 $A \cup A^{\mathcal{L}}$ 为 $\mathcal{L}$ 的模型 (定理 3.2), 所以 $A \cup A^{\mathcal{L}}$ 也是 $A \Rightarrow A^{CD}$ 的模型, 这意味着 $A^{CD} \subseteq A^{\mathcal{L}}$.

反过来, 因为 $\mathcal{L}$ 中的所有决策蕴涵在 K 中成立, 由性质 3.1(4) 可知, $A \cup A^{CD} \models \mathcal{L}$. 因为 $\mathcal{L} \vdash A \Rightarrow A^{\mathcal{L}}$(定理 3.1), 所以 $A \cup A^{CD} \models A \Rightarrow A^{\mathcal{L}}$, 即 $A^{\mathcal{L}} \subseteq A^{CD}$. □

由定理 3.11, 基于决策背景的决策蕴涵研究退化为逻辑研究的特例. 特别地, 我们有下面的推论.

推论 3.2 设 $\mathcal{L}$ 为 K 上的完备决策蕴涵集, 则以下结论成立.

(1) $A \Rightarrow B$ 为 K 的决策蕴涵当且仅当 $\mathcal{L} \vdash A \Rightarrow B$.

(2) $\mathcal{D}$ 为 K 的完备决策蕴涵集, 当且仅当 $\mathrm{Mod}(\mathcal{D}) = \mathrm{Mod}(\mathcal{L})$, 当且仅当对任意的 $P \subseteq C$, $P^{\mathcal{L}} = P^{\mathcal{D}}$ 成立.

证明 由定理 3.11、定理 3.10、定理 3.3、定理 3.4 和定理 3.6 可得. □

3.3.2 基于决策蕴涵集构建决策背景

传统形式概念分析的研究思路是, 给定 (模糊) 形式背景, 研究如何生成概念格 (及其扩展模型) 或如何产生蕴涵. 具体来说, 目前基于形式概念分析的研究的一般方法是 (图 3.1), 首先根据领域知识得到一个形式背景, 若得到的背景为多值背景, 则将其梯级 (scale) 为形式背景. 然后, 基于形式背景得到相应的内涵集合、概念格和蕴涵. 最后, 蕴涵作为实用的规则应用到各领域中.

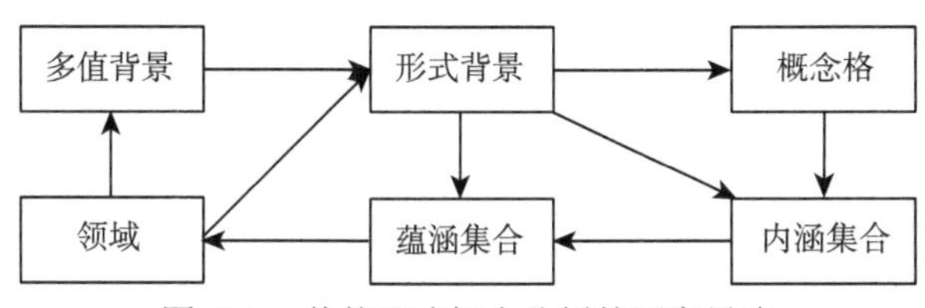

图 3.1 传统形式概念分析的研究思路

我们在文献 [91] 中考虑形式概念分析的另一种研究方法——形式概念分析的逆向研究. 其基本思路为 (图 3.2), 首先由领域知识得到一个蕴涵集合, 然后根据蕴涵集合得到形式背景、内涵集和概念格, 最后参考形式背景对领域知识进行验证或补充. 依据领域特点, 也可以由得到的形式背景通过选用不同的梯级方式得到多值背景, 并使用得到的多值背景对领域知识进行验证或补充.

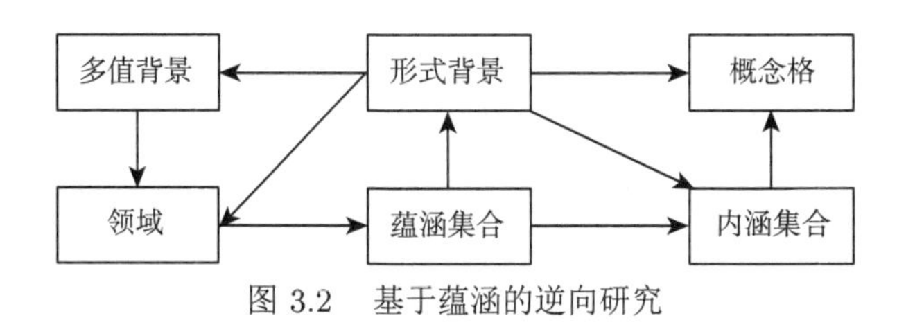

图 3.2 基于蕴涵的逆向研究

同理, 也可以考虑基于内涵的逆向研究. 其基本思路是 (图 3.3), 从领域知识也可能得到一个内涵集合, 然后根据该内涵集合获取相应的形式背景、蕴涵集和概念格, 最后参考形式背景对领域知识进行验证或补充. 同样, 可依据领域特点, 将得到的形式背景通过梯级得到多值背景, 并使用得到的多值背景对领域知识进行验证或补充.

作为逆向研究思路的应用, 本节考虑如何从给定的决策蕴涵集 $\mathcal{L}$ 生成与之关联的决策背景 $K_{\mathcal{L}}(G, C \cup D, I_C \cup I_D)$, 其中关联的含义为 $\mathcal{L}$ 是决策背景 $K_{\mathcal{L}}(G, C \cup D, I_C \cup I_D)$ 的完备决策蕴涵集.

设 $\mathcal{L}$ 为 C 和 D 上的决策蕴涵集, 我们可以生成一个新的完备决策蕴涵集, 即

$$\tilde{\mathcal{L}} = \{P \Rightarrow P^{\mathcal{L}} | P \subseteq C\}$$

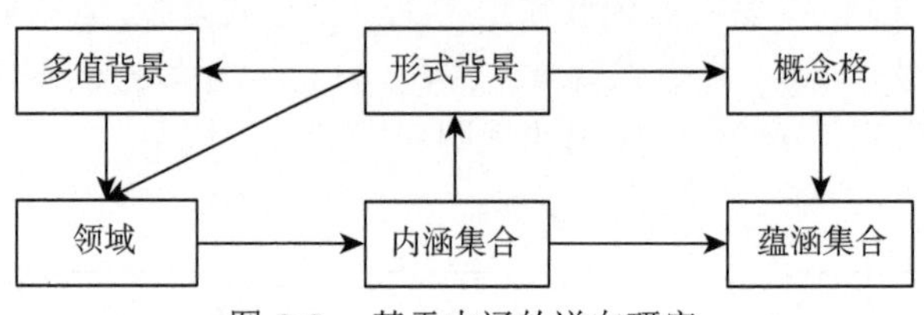

图 3.3　基于内涵的逆向研究

由定理 3.1 可以看出, 集合 $\tilde{\mathcal{L}}$ 中的任意决策蕴涵都可以从 $\mathcal{L}$ 中语义导出. 反过来, 由定理 3.3, 应用扩增推理规则, $\mathcal{L}$ 中的每一个决策蕴涵都可以由 $\tilde{\mathcal{L}}$ 中与该决策蕴涵具有相同前提的决策蕴涵导出.

给定 $\mathcal{L}$, 我们可以生成一个决策背景 $K_{\mathcal{L}}(G, C \cup D, I_C \cup I_D)$, 其中 G 和 $I_C \cup I_D$ 由以下方法生成, 即对于每一个 $A \Rightarrow A^{\mathcal{L}} \in \tilde{\mathcal{L}}$, 生成一个对象 g, 若 $m \in A$, 则 gI_Cm; 若 $m \in A^{\mathcal{L}}$, 则 gI_Dm. 我们称 $K_{\mathcal{L}}$ 为 $\mathcal{L}$ 的导出背景.

定理 3.12　决策背景 $K_{\mathcal{L}}$ 是协调的, $\mathcal{L}$ 相对于 $K_{\mathcal{L}}$ 是完备的.

证明　对于任意的 $g, h \in G$, 由 $K_{\mathcal{L}}$ 的构造过程可知, 若 $A_1 = g^C \subseteq h^C = A_2$, 则有 $g^D = A_1^{\mathcal{L}} \subseteq A_2^{\mathcal{L}} = h^D$, 因此 $K_{\mathcal{L}}$ 是协调的.

现证明 $\mathcal{L}$ 中的所有决策蕴涵都是 $K_{\mathcal{L}}$ 上的决策蕴涵. 对于任意的 $A \Rightarrow B \in \mathcal{L}$, 若 $A \subseteq g^C$, 其中 $g \in G$, 由 $K_{\mathcal{L}}$ 的构造过程可知, 存在 P 满足 $g^C = P$ 和 $g^D = P^{\mathcal{L}}$. 因为 $A \subseteq g^C = P$, 所以 $A^{\mathcal{L}} \subseteq P^{\mathcal{L}}$. 又因为 $A \Rightarrow B \in \mathcal{L}$, 所以 $\mathcal{L} \vdash A \Rightarrow B$, 因此可得 $B \subseteq A^{\mathcal{L}}$. 此时, $B \subseteq A^{\mathcal{L}} \subseteq P^{\mathcal{L}} = g^D$, 这说明 $A \Rightarrow B$ 在 $K_{\mathcal{L}}$ 中成立. 因此, $\mathcal{L}$ 的任意决策蕴涵在 $K_{\mathcal{L}}$ 中都成立.

反之, 假设 $A \Rightarrow B$ 为 $K_{\mathcal{L}}$ 的决策蕴涵. 由定理 3.10有 $B \subseteq A^{CD}$. 我们断言 $A^{CD} = A^{\mathcal{L}}$. 事实上, 我们有

$$\begin{aligned} A^{CD} &= \bigcap\{g^D | g \in A^C\} = \bigcap\{g^D | A \subseteq g^C\} \\ &= \bigcap\{A'^{\mathcal{L}} | A \subseteq A'\} \\ &= \bigcap\{A'^{\mathcal{L}} | A \subset A'\} \cap A^{\mathcal{L}} \\ &= A^{\mathcal{L}} \end{aligned}$$

此时有 $B \subseteq A^{CD} = A^{\mathcal{L}}$, 因此 $A \Rightarrow B$ 可由 $A \Rightarrow A^{\mathcal{L}}$ 使用扩增推理规则推出. 因此, $\tilde{\mathcal{L}}$ 是完备的 (等价地, $\mathcal{L}$ 也是完备的). □

3.4 小　结

本章研究决策蕴涵的语义和语构特征, 给出判定决策蕴涵集完备性的充要条件, 提出扩增推理规则和合并推理规则, 并证明这两条推理规则对于决策蕴涵的语义是完备的. 最后, 我们还从数据角度研究决策蕴涵, 并验证对决策蕴涵进行数据研究是对其进行逻辑研究的特例. 同时, 给出生成与给定的决策蕴涵集相关联的决策背景的一种方法.

另外, 本章虽然给出扩增推理规则和合并推理规则, 并证明这两条推理规则的完备性, 但在实际应用中, 交互使用两条推理规则会增加应用的复杂度, 因此我们将在第 5 章提出一个更简洁的推理规则——后件合并推理规则, 并研究扩增推理规则、合并推理规则和后件合并推理规则的交互和推理过程.

我们还注意到, 在决策蕴涵的数据研究中, 假设所有的决策背景都是协调的. 一方面, 现实中的数据集不一定都是协调的, 因此如何将不协调的数据集协调化, 是一个值得研究的问题. 另一方面, 对协调性的假定也意味着本章的逻辑框架不能处理不协调的数据集. 换句话说, 不协调数据集中的决策蕴涵研究并非本章逻辑结论的特例, 因此如何进一步扩展现有的框架以纳入对不协调的研究是我们下一步的研究工作. 有意义的工作还包括将本章的结果推广到信息系统[92] 或多值背景[2].

第 4 章　决策蕴涵规范基

对完备无冗余蕴涵集 (即蕴涵基) 的研究始终是蕴涵研究的热点之一. 文献 [2] 给出一个基于恰当前提 (proper premises) 的完备集和基于伪内涵的完备无冗余蕴涵集. 文献 [93] 给出一个完备但冗余的蕴涵集, 并提出一个基于 Next-Closure[7] 的算法生成该蕴涵集. 在这些研究中, 由 Duquenne 等[94] 引入的伪内涵在蕴涵基的研究中占核心位置[95-98]. 伪内涵对应于蕴涵基的一个最优表示, 即蕴涵规范基. 该规范基由前提为伪内涵, 结论为伪内涵对应的内涵组成的蕴涵构成. 已经证明[2], 该规范基是一个完备无冗余的蕴涵集, 并且在所有的完备蕴涵集中其所含的蕴涵最少. 然而, 生成伪内涵并非易事, 在此方面有一些公开问题[99]. 文献 [96], [100] 证明, 判定一个集合是否是伪内涵是一个 coNP 问题. 文献 [95], [98] 证明, 伪内涵的计数问题是一个 #P 难问题.

类似于蕴涵规范基, 如何生成基于决策蕴涵的规范基是一个值得研究的问题. 文献 [15] 提出 α 极大决策规则集, 并证明 α 极大决策规则集是 α 完备的和 α 无冗余的. 第 3 章的研究结果表明, α 推理规则并不是完备的, 因此 α 极大决策规则集是完备但冗余的蕴涵集, 可以进一步精简.

本章给出决策蕴涵下的规范基. 该规范基基于决策前提, 即由决策前提作为这些决策蕴涵的前提, 由决策前提相对于决策子背景的闭包作为这些决策蕴涵的结论. 此外, 我们还证明该决策蕴涵规范基是完备无冗余的, 在所有完备的决策蕴涵集中, 其所含的决策蕴涵最少. 因此, 决策蕴涵规范基不但比 α 极大决策规则集所含的决策蕴涵少, 而且比所有可能的完备决策蕴涵集所含的决策蕴涵都少, 因此是最精简的、最优的.

本章首先从逻辑角度引入决策前提 ($\mathcal{L}$ 决策前提) 和决策蕴涵规范基, 并证明决策蕴涵规范基是完备的、无冗余的和最优的. 然后, 将这些逻辑结论应用到数据研究中, 引入基于决策背景的决策前提和决策蕴涵规范基, 并证明决策蕴涵规范基相对于决策背景是完备的、无冗余的和最优的. 最后, 提出基于最小生成子和真前提的决策蕴涵规范基生成方法, 并通过实验验证这些方法的有效性.

4.1　决策前提和决策蕴涵规范基

本节引入 $\mathcal{L}$ 决策前提, 并生成一个基于 $\mathcal{L}$ 决策前提的决策蕴涵规范基. 此外, 还证明该决策蕴涵规范基是完备的、无冗余的和最优的.

定义 4.1 设 $\mathcal{L}$ 为 C 和 D 上的决策蕴涵集, 一个 $\mathcal{L}$ 决策前提是一个子集 $P \subseteq C$, 满足

(1) P 相对于 $P^{\mathcal{L}}$ 是极小的, 即若 $Q \subset P$, 则 $Q^{\mathcal{L}} \subset P^{\mathcal{L}}$.

(2) P 是恰当的, 即 $P^{\mathcal{L}} \neq \bigcup\{Q^{\mathcal{L}}|Q$ 为 $\mathcal{L}$ 决策前提且 $Q \subset P\}$.

称决策蕴涵集 $\mathcal{D}_{\mathcal{L}} = \{P \Rightarrow P^{\mathcal{L}}|P$ 为 $\mathcal{L}$ 决策前提$\}$ 为 $\mathcal{L}$ 的决策蕴涵规范基 (简称决策规范基或规范基).

定义 4.1 的基本思路是, 极小性保证用最少的条件可以获得最多的结论. 恰当性说明, 若由 P 获取的信息 (即 $P^{\mathcal{L}}$) 不能由 P 的所有子条件 Q 获取 (即 $\bigcup Q^{\mathcal{L}}$), 则该信息需要单独列出. 我们将在 4.3.1 节证明, 恰当性事实上已经蕴含了极小性.

下面证明决策蕴涵规范基是完备的和无冗余的.

定理 4.1 设 $\mathcal{L}$ 为 C 和 D 上的决策蕴涵集, $\overline{\mathcal{L}}$ 为引理 3.1 定义的 $\mathcal{L}$ 对应的封闭集, 即 $\overline{\mathcal{L}} = \{A \Rightarrow B|\mathcal{L} \vdash A \Rightarrow B\}$, 则 $\mathcal{D}_{\mathcal{L}}$ 相对于 $\overline{\mathcal{L}}$ 是完备的和无冗余的.

证明 为证明 $\mathcal{D}_{\mathcal{L}}$ 是完备的, 只需证明任意的 $A \Rightarrow B \in \overline{\mathcal{L}}$ 均可从 $\mathcal{D}_{\mathcal{L}}$ 中语义导出, 也就是, 如果 $T \models \mathcal{D}_{\mathcal{L}}$, 则 $T \models A \Rightarrow B$, 而由扩增推理规则, 只需证明 $T \models A \Rightarrow A^{\mathcal{L}}$ 即可.

分三种情况讨论.

(1) A 相对于 $A^{\mathcal{L}}$ 是极小且恰当的. 此时 A 是 $\mathcal{L}$ 决策前提, 因此 $A \Rightarrow A^{\mathcal{L}} \in \mathcal{D}_{\mathcal{L}}$, 断言成立, 即 $T \models A \Rightarrow A^{\mathcal{L}}$(因为 $T \models \mathcal{D}_{\mathcal{L}}$).

(2) A 相对于 $A^{\mathcal{L}}$ 是极小的, 但不是恰当的. 因为 A 不是恰当的, 所以

$$A^{\mathcal{L}} = \bigcup\{Q^{\mathcal{L}}|Q\text{是 } \mathcal{L} \text{ 决策前提且}Q \subset A\}$$

为证明 $T \models A \Rightarrow A^{\mathcal{L}}$, 假设 $A \subseteq T$. 由假设 $T \models \mathcal{D}_{\mathcal{L}}$ 可知, 对于满足 $Q \subset A$ 的 $\mathcal{L}$ 决策前提 Q, 我们有 $T \models Q \Rightarrow Q^{\mathcal{L}}$. 注意到, $Q \subset A \subseteq T$, 我们有 $Q^{\mathcal{L}} \subseteq T$, 因此 $A^{\mathcal{L}} = \bigcup Q^{\mathcal{L}} \subseteq T$, 从而 $T \models A \Rightarrow A^{\mathcal{L}}$.

(3) A 相对于 $A^{\mathcal{L}}$ 不是极小的. 此时, 我们可以找到满足 $A'^{\mathcal{L}} = A^{\mathcal{L}}$ 的极小集合 $A' \subset A$. 接下来, 使用 A' 代替 A, 并按照情形 (2) 进行处理, 可以得到 $T \models A' \Rightarrow A^{\mathcal{L}}$. 为证明 $T \models A \Rightarrow A^{\mathcal{L}}$, 假设 $A \subseteq T$. 因此有 $A' \subset A \subseteq T$. 由 $T \models A' \Rightarrow A^{\mathcal{L}}$ 可得 $A^{\mathcal{L}} \subseteq T$, 因此 $T \models A \Rightarrow A^{\mathcal{L}}$.

下面证明 $\mathcal{D}_{\mathcal{L}}$ 是无冗余的, 即对任意的 $A \Rightarrow A^{\mathcal{L}} \in \mathcal{D}_{\mathcal{L}}$, 我们有 $\mathcal{D}_{\mathcal{L}}\backslash\{A \Rightarrow A^{\mathcal{L}}\} \nvdash A \Rightarrow A^{\mathcal{L}}$. 此时, 只需找到一个模型满足 $\mathcal{D}_{\mathcal{L}}\backslash\{A \Rightarrow A^{\mathcal{L}}\}$ 但不满足 $A \Rightarrow A^{\mathcal{L}}$ 即可. 记 $T = A \cup \bigcup\{Q^{\mathcal{L}}|Q$ 是 $\mathcal{L}$ 决策前提且 $Q \subset A\}$, 我们断言

(1) $T \models \mathcal{D}\backslash\{A \Rightarrow A^{\mathcal{L}}\}$.

(2) $T \not\models A \Rightarrow A^{\mathcal{L}}$.

这意味着, $\mathcal{D}\backslash\{A \Rightarrow A^{\mathcal{L}}\} \nvdash A \Rightarrow A^{\mathcal{L}}$.

对于第一条断言, 令 $Q \Rightarrow Q^{\mathcal{L}} \in \mathcal{D}\backslash\{A \Rightarrow A^{\mathcal{L}}\}$, 下面证明 $T \models Q \Rightarrow Q^{\mathcal{L}}$. 若 $Q \subseteq T \cap C = A$, 那么由 $Q \subset A$(显然 $Q \neq A$), 可得

$$Q^{\mathcal{L}} \subseteq \bigcup\{Q'^{\mathcal{L}} | Q' \text{是 } \mathcal{L} \text{ 决策前提且} Q' \subset A\} = T \cap D$$

对于第二条断言, 记 $V = \bigcup\{Q^{\mathcal{L}} | Q \text{是 } \mathcal{L} \text{ 决策前提且} Q \subset A\}$, 因为 $Q \subset A$ 时有 $Q^{\mathcal{L}} \subseteq A^{\mathcal{L}}$, 因此 $V \subseteq A^{\mathcal{L}}$. 又因为 A 为 $\mathcal{L}$ 决策前提, 所以 $A^{\mathcal{L}} \neq V$, 因此 $V \subset A^{\mathcal{L}}$. 此时存在 $m \in A^{\mathcal{L}}\backslash V$. 因为 $A \subseteq T \cap C = A$, 且 $m \in A^{\mathcal{L}} \nsubseteq T \cap D = V$, 所以 $T \nvDash A \Rightarrow A^{\mathcal{L}}$. □

对于决策蕴涵来说, $\mathcal{L}$ 决策前提正如伪内涵在蕴涵集上的作用一样. 定理 4.1 已经证明 $\mathcal{D}_{\mathcal{L}}$ 是完备的和无冗余的. 下面证明 $\mathcal{D}_{\mathcal{L}}$ 是最优的, 即在所有完备集中, $\mathcal{D}_{\mathcal{L}}$ 所含的决策蕴涵是最少的. 为此, 考察封闭的决策蕴涵集 $\overline{\mathcal{L}}$ 及其任一完备集 $\tilde{\mathcal{L}}$. 对于 $\tilde{\mathcal{L}}$, 记 $\mathcal{L} = \{A \Rightarrow A^{\tilde{\mathcal{L}}} | A \Rightarrow B \in \tilde{\mathcal{L}}\}$. 因为对于任意的 $A \Rightarrow A^{\tilde{\mathcal{L}}}$, 都有 $\tilde{\mathcal{L}} \vdash A \Rightarrow A^{\tilde{\mathcal{L}}}$, 所以 $\tilde{\mathcal{L}} \vdash \mathcal{L}$. 另一方面, 因为 $A \Rightarrow B \in \tilde{\mathcal{L}}$, 所以 $\tilde{\mathcal{L}} \vdash A \Rightarrow B$, 即 $B \subseteq A^{\tilde{\mathcal{L}}}$. 这意味着, $A \Rightarrow A^{\tilde{\mathcal{L}}} \vdash A \Rightarrow B$, 从而 $\mathcal{L} \vdash \tilde{\mathcal{L}}$. 因此, 可得 $\mathrm{Mod}(\tilde{\mathcal{L}}) = \mathrm{Mod}(\mathcal{L})$, 即 $\mathcal{L}$ 也是完备的.

此时, 显然有 $|\mathcal{L}| \leqslant |\tilde{\mathcal{L}}|$. 因为可能存在两个决策蕴涵 $A \Rightarrow B_1$, $A \Rightarrow B_2 \in \tilde{\mathcal{L}}$, 都对应 $A \Rightarrow A^{\tilde{\mathcal{L}}}$, 所以可能有 $|\mathcal{L}| < |\tilde{\mathcal{L}}|$. 这说明, 对于任意的完备决策蕴涵集 $\tilde{\mathcal{L}}$, 都存在一个决策蕴涵集 $\mathcal{L}$ 满足

(1) $\mathcal{L}$ 是完备的.

(2) $\mathcal{L}$ 中的所有决策蕴涵都具有形式 $A \Rightarrow A^{\tilde{\mathcal{L}}}$.

(3) $|\mathcal{L}| \leqslant |\tilde{\mathcal{L}}|$.

因此, 我们只需证明对于满足 (1) 和 (2) 的决策蕴涵集 $\mathcal{L}$, 都有 $|\mathcal{D}_{\mathcal{L}}| \leqslant |\mathcal{L}|$, 则 $\mathcal{D}_{\mathcal{L}}$ 是最优的.

另外, 由于 $\mathcal{L}$ 也是完备的, 因此有 $A^{\tilde{\mathcal{L}}} = A^{\mathcal{L}}$. 此时, 上述条件也可以改写为

(1) $\mathcal{L}$ 是完备的.

(2) $\mathcal{L}$ 中的所有决策蕴涵都具有形式 $A \Rightarrow A^{\mathcal{L}}$.

(3) $|\mathcal{L}| \leqslant |\tilde{\mathcal{L}}|$.

定理 4.2 设 $\mathcal{L}$ 为满足上述条件 (1) 和 (2) 的决策蕴涵集, P 为 $\mathcal{L}$ 决策前提, 则 $P \Rightarrow P^{\mathcal{L}} \in \mathcal{L}$.

证明 假设 $P \Rightarrow P^{\mathcal{L}} \notin \mathcal{L}$. 因为 $\mathcal{L} \vdash P \Rightarrow P^{\mathcal{L}}$, 所以只需证明, 存在 $T \subseteq C \cup D$ 满足 $T \models \mathcal{L}$, 但 $T \nvDash P \Rightarrow P^{\mathcal{L}}$ 即可. 令

$$V = \bigcup\{Q^{\mathcal{L}} | Q \text{是 } \mathcal{L} \text{ 决策前提且} Q \subset P\}$$

记 $T = P \cup V$, 证明 T 为所求.

对于任意的 $A \Rightarrow A^{\mathcal{L}} \in \mathcal{L}$, 若 $A \subseteq T \cap C = P$, 由于 $P \Rightarrow P^{\mathcal{L}} \notin \mathcal{L}$, 因此 $A \neq P$, 所以 $A \subset P$, 因此有 $A^{\mathcal{L}} \subseteq V$, 即 $T \models A \Rightarrow A^{\mathcal{L}}$. 因此, $T \models \mathcal{L}$.

因为 P 为 $\mathcal{L}$ 决策前提, 所以 $V \subset P^{\mathcal{L}}$. 这意味着 $T \nvDash P \Rightarrow P^{\mathcal{L}}$. □

推论 4.1 $\mathcal{D}_{\mathcal{L}}$ 在所有的完备决策蕴涵集中, 所含的决策蕴涵最少.

证明 因为对于任意的完备决策蕴涵集 $\tilde{\mathcal{L}}$, 都存在一个决策蕴涵集 $\mathcal{L}$, 满足

(1) $\mathcal{L}$ 是完备的.

(2) $\mathcal{L}$ 中的所有决策蕴涵都具有形式 $A \Rightarrow A^{\mathcal{L}}$.

(3) $|\mathcal{L}| \leqslant |\tilde{\mathcal{L}}|$.

另外, 由定理 4.2 可知, 满足上述条件的 $\mathcal{L}$ 必然包含 $\mathcal{D}_{\mathcal{L}}$. 又因为 $\mathcal{D}_{\mathcal{L}}$ 是完备的决策蕴涵集, 所以 $\mathcal{D}_{\mathcal{L}}$ 在所有的完备决策蕴涵集中, 所含的决策蕴涵最少. □

结合定理 4.1 和推论 4.1, 可得以下结论.

定理 4.3 设 $\mathcal{L}$ 为 C 和 D 上的决策蕴涵集, $\overline{\mathcal{L}}$ 为引理 3.1 定义的 $\mathcal{L}$ 对应的封闭集, 则 $\mathcal{D}_{\mathcal{L}}$ 相对于 $\overline{\mathcal{L}}$ 是完备的和无冗余的, 并且在所有完备的决策蕴涵集中, $\mathcal{D}_{\mathcal{L}}$ 所含的决策蕴涵最少.

下面基于决策背景研究决策前提和决策蕴涵规范基.

定义 4.2 设 K 为一决策背景. K 上的一个决策前提是子集 $P \subseteq C$, 满足

(1) P 相对于 P^{CD} 是极小的, 即若 $Q \subset P$, 则 $Q^{CD} \subset P^{CD}$.

(2) P 是恰当的, 即

$$P^{CD} \neq \bigcup \{Q^{CD} | Q\text{为 } K \text{ 上的决策前提且} Q \subset P\}$$

决策蕴涵集 $\mathcal{D}_K = \{P \Rightarrow P^{CD} | P\text{是 } K \text{ 上的决策前提}\}$ 称为 K 的决策蕴涵规范基 (简称决策规范基或规范基).

由定理 3.11 和定理 4.3 可得以下推论.

推论 4.2 设 K 为一决策背景, 则 $\mathcal{D}_K$ 相对于 K 是完备的、无冗余的和最优的.

证明 记 $\mathcal{L}$ 为 K 上成立的决策蕴涵集合, 由定理 4.3 可知, $\mathcal{D}_{\mathcal{L}}$ 为 $\mathcal{L}$ 的决策蕴涵规范基. 因为 $\mathcal{D}_{\mathcal{L}}$ 相对于 $\mathcal{L}$ 是完备的, 所以 $\mathcal{D}_{\mathcal{L}}$ 相对于 K 也是完备的. $\mathcal{D}_{\mathcal{L}}$ 的最优性表明, $\mathcal{D}_{\mathcal{L}}$ 在所有相对于 $\mathcal{L}$ 完备的决策蕴涵集中所含的决策蕴涵最少, 因此 $\mathcal{D}_{\mathcal{L}}$ 在所有相对于 K 完备的决策蕴涵集中所含的决策蕴涵最少. 又因为 $\mathcal{D}_{\mathcal{L}}$ 是无冗余的, 所以 $\mathcal{D}_{\mathcal{L}}$ 相对于 K 是完备的、无冗余的和最优的. 由定理 3.11 可知, $\mathcal{D}_K$ 相对于 K 也是完备的、无冗余的和最优的. □

例 4.1 表 3.1 的决策蕴涵规范基如表 4.1 所示.

表 4.1 表 3.1的决策蕴涵规范基

决策蕴涵	决策蕴涵	决策蕴涵
$\{a_1\} \Rightarrow \{d_1\}$	$\{a_4, a_5\} \Rightarrow \{d_1\}$	$\{a_1, a_3, a_5\} \Rightarrow \{d_1, d_2\}$
$\{a_2, a_3\} \Rightarrow \{d_2\}$	$\{a_5, a_6\} \Rightarrow \{d_1\}$	$\{a_2, a_3, a_5\} \Rightarrow \{d_1, d_2\}$
$\{a_3, a_5, a_6\} \Rightarrow \{d_1, d_2\}$	$\{a_1, a_3, a_4\} \Rightarrow \{d_1, d_2\}$	$\{a_3, a_4, a_5\} \Rightarrow \{d_1, d_2\}$

作为比较, 我们列出表 3.1 的 α 极大决策规则集 (表 4.2), 其中 α 极大决策规则为所有不能由扩增推理规则推导出的决策蕴涵集合[15].

容易看出, 决策蕴涵 $\{a_1, a_2, a_3\} \Rightarrow \{d_1, d_2\}$ 已经不在决策蕴涵规范基中了, 因为该决策蕴涵可以应用合并推理规则, 由 $\{a_1\} \Rightarrow \{d_1\}$ 和 $\{a_2, a_3\} \Rightarrow \{d_2\}$ 推得.

表 4.2 表 3.1的 α 极大决策规则集

α 极大决策规则	α 极大决策规则	α 极大决策规则
$\varnothing \Rightarrow \varnothing$	$\{a_4, a_5\} \Rightarrow \{d_1\}$	$\{a_1, a_3, a_5\} \Rightarrow \{d_1, d_2\}$
$\{a_1\} \Rightarrow \{d_1\}$	$\{a_5, a_6\} \Rightarrow \{d_1\}$	$\{a_2, a_3, a_5\} \Rightarrow \{d_1, d_2\}$
$\{a_2, a_3\} \Rightarrow \{d_2\}$	$\{a_1, a_2, a_3\} \Rightarrow \{d_1, d_2\}$	$\{a_3, a_4, a_5\} \Rightarrow \{d_1, d_2\}$
$\{a_2, a_4\} \Rightarrow \{d_1\}$	$\{a_1, a_3, a_4\} \Rightarrow \{d_1, d_2\}$	$\{a_3, a_5, a_6\} \Rightarrow \{d_1, d_2\}$

4.2 基于最小生成子的决策蕴涵规范基生成方法

4.2.1 最小生成子和决策前提

为了生成决策背景的决策蕴涵规范基, 直观的方法是对 C 的所有子集检查是否满足定义 4.2, 然后生成决策前提和决策蕴涵规范基. 对于大规模的背景来说, 该方法是不可行的.

另外一种方法是, 应用文献 [15] 提出的算法获取 α 极大决策规则集 Σ.

引理 4.1 [15] 设 $K = (G, C \cup D, I_C \cup I_D)$ 为一决策背景, 则 $A \Rightarrow B$ 是 K 的 α 极大决策规则, 当且仅当下面三个条件成立.

(1) A 是条件子背景 K_C 的最小生成子, 即若 $A' \subset A$, 则 $A'^{CC} \subset A^{CC}$.

(2) $B = A^{CD}$.

(3) 若 $A' \subset A$, 则 $A'^{CD} \neq A^{CD}$.

事实上, 定义 4.2 的条件 (1) 和引理 4.1 的条件 (3) 相同. 进一步, 该条件事实上蕴含引理 4.1 的条件 (1).

引理 4.2 若 A 是 A^{CD} 的最小生成子, 则 A 是条件子背景 K_C 的最小生成子.

证明 若 A 不是 (A^C, A^{CC}) 的最小生成子, 则至少存在一个极小集合 $A' \subset A$ 满足 $A'^{CC} = A^{CC}$, 因此 $A'^C = A'^{CCC} = A^{CCC} = A^C$. 因此有 $A'^{CD} = A^{CD}$, 与 A 相对于 A^{CD} 是极小的矛盾. □

由上述引理可知, 决策蕴涵规范基包含在 α 极大决策规则集中. 为了生成决策蕴涵规范基, 我们只需要检查 α 极大决策规则集 Σ, 并且移去不满足定义 4.2 的条件 (2) 的所有决策蕴涵即可. 基于最小生成子的决策蕴涵规范基生成算法如算法 4.1 所示.

算法 4.1 基于最小生成子的决策蕴涵规范基生成算法

输入: 决策背景 K

输出: 决策蕴涵规范基 $\mathcal{D}$

1: $\mathcal{D} = \varnothing$ {决策蕴涵规范基}
2: 生成 (G, C, I_C) 的所有最小生成子 $\mathcal{M}$ (可以由 Titanic 算法[88] 或者基于合并的算法[101]) 生成, 以字典序对 $\mathcal{M}$ 排序
3: **for all** $A \in \mathcal{M}$ **do**
4: $\mathcal{T} = \varnothing$ {累计变量, 用于检验定义 4.2 的条件 (2)}
5: **for all** 满足 $A' \subset A$ 的 $A' \Rightarrow A'^{CD} \in \mathcal{D}$ **do**
6: **if** $A^{CD} \neq A'^{CD}$ **then**
7: $\mathcal{T} = T \cup A'^{CD}$
8: **else**
9: $\mathcal{T} = A'^{CD}$; break
10: **end if**
11: **end for**
12: 从 $\mathcal{M}$ 移除 A
13: **if** $A^{CD} \neq \mathcal{T}$ **then**
14: 生成决策蕴涵 $A \Rightarrow A^{CD}$, 并添加到 $\mathcal{D}$
15: **end if**
16: **end for**
17: **return** $\mathcal{D}$

对于算法 4.1 的第 2 行, 提取并排序最小生成子需要的时间复杂度为

$$O\left(|C| \cdot \left(\mathrm{db} + \binom{|C|}{\lfloor \frac{|C|}{2} \rfloor} \cdot |G| \cdot |C|\right)\right)$$

其中, db 为条件子背景的访问时间.

算法第 3~16 行的时间复杂度与最小生成子数相关, 最坏情形下, 需要时间 $O(|\mathcal{M}|^2)$, 其中 $|\mathcal{M}|$ 是最小生成子的数目. 因此, 该算法的时间复杂度为

$$O\left(|C| \cdot \left(\mathrm{db} + \binom{|C|}{\lfloor \frac{|C|}{2} \rfloor} \cdot |G| \cdot |C|\right) + |\mathcal{M}|^2\right)$$

我们已在文献 [102] 中证明, 该算法的时间复杂度关于 $|C|$ 是指数级的. 事实

上, 通过斯特林近似可得

$$\begin{aligned}
&\binom{|C|}{|C|/2}\\
&=\frac{|C|!}{\left(\frac{|C|}{2}!\right)^2}\\
&\approx\frac{\sqrt{2\pi|C|}\cdot\left(\frac{|C|}{e}\right)^{|C|}}{\left(\sqrt{\pi|C|}\cdot\left(\frac{|C|}{2e}\right)^{\frac{|C|}{2}}\right)^2}\\
&=\frac{\sqrt{2\pi|C|}\cdot\left(\frac{|C|}{e}\right)^{|C|}}{\pi|C|\cdot\left(\frac{|C|}{2e}\right)^{|C|}}=\frac{\sqrt{2}}{\sqrt{\pi|C|}\cdot\left(\frac{1}{2}\right)^{|C|}}\\
&=\frac{\sqrt{2}\cdot 2^{|C|}}{\sqrt{\pi|C|}}.
\end{aligned}$$

我们将在 4.3 节提出一种基于真前提的多项式阶的决策蕴涵规范基生成方法.

4.2.2 实验验证

我们在 MATLAB 中实现算法 4.1. 为了验证决策蕴涵规范基的有效性, 我们比较决策蕴涵规范基与 α 极大决策规则集在抑制冗余决策蕴涵方面的差异.

即使小型的形式背景也可能生成大量的形式概念, 而每个概念至少有 1 个以上的最小生成子[88], 因此选择 4 个小规模的数据集进行验证性实验. 数据集源于 http://archive.ics.uci.edu/ml/datasets.html. 我们对这些数据进行预处理, 包括移除缺失值, 对连续值进行归一化, 并根据阈值 0.5 生成相应的形式背景. 数据集如表 4.3 所示.

表 4.3　数据集

数据集	对象数	属性数
wine	178	14
cleverland	297	14
housing	504	14
ionosphere	351	17

对于每个数据集, 我们生成 7 个决策背景. 生成的方法是, 根据属性数依次选

择条件属性, 并将剩余属性作为决策属性. 例如, wine 有 14 个属性, 分别选取前 1、3、5、7、9、11、13 个条件属性, 并将剩余属性作为决策属性. 对于每个决策背景, 生成条件子背景的形式概念和最小生成子, 并统计其个数, 同时生成决策背景的 α 极大决策规则集和决策蕴涵规范基, 统计其所含的决策蕴涵数及规范基相比 α 极大决策规则集减少的冗余决策蕴涵比例.

各个数据集的计算结果如表 4.4 ~ 表 4.7 所示, 其中 #C 表示条件属性数, #Con 表示概念数, #M 表示最小生成子数, #A 表示 α 极大决策规则数, #B 表示规范基所含的决策蕴涵数.

由表 4.4 ~ 表 4.7 可以得出以下结论.

(1) 对于 4 个数据集来说, 最小生成子数要多于形式概念数, 但是差距不是很大. 可以看出, 随着条件属性的增加, 二者的差距有加大的趋势.

表 4.4 wine 中规范基与 α 极大决策规则的比较

数据	#C	#Con	#M	#A	#B	约简率/%
wine	1	2	2	2	1	50
wine	3	8	8	8	1	87.5
wine	5	32	32	32	2	93.8
wine	7	68	74	70	18	74.3
wine	9	117	135	124	34	72.6
wine	11	168	223	197	42	78.7
wine	13	260	375	297	58	80.5

表 4.5 cleverland 中规范基与 α 极大决策规则的比较

数据	#C	#Con	#M	#A	#B	约简率/%
cleverland	1	2	2	2	1	50
cleverland	3	8	8	8	1	87.5
cleverland	5	19	20	20	4	80
cleverland	7	65	69	66	11	83.3
cleverland	9	195	204	198	17	91.4
cleverland	11	341	392	364	47	87.1
cleverland	13	761	909	828	35	95.8

表 4.6 housing 中规范基与 α 极大决策规则的比较

数据	#C	#Con	#M	#A	#B	约简率/%
housing	1	2	2	2	2	0
housing	3	4	6	5	5	0
housing	5	10	14	11	10	9.1
housing	7	29	34	30	12	60
housing	9	40	52	41	22	46.3
housing	11	73	98	81	27	66.7
housing	13	147	185	160	24	85

表 4.7 ionosphere 中规范基与 α 极大决策规则的比较

数据	#C	#Con	#M	#A	#B	约简率/%
ionosphere	1	2	2	2	1	50
ionosphere	4	4	5	5	2	60
ionosphere	6	30	31	31	2	93.6
ionosphere	8	114	115	115	2	94.8
ionosphere	11	771	797	797	10	98.8
ionosphere	13	1567	1726	1726	18	99
ionosphere	16	6023	7156	7156	2	99.8

(2) α 极大决策规则数与最小生成子数相差不大. 这说明, α 极大决策规则在实践中并不能很好地抑制冗余决策蕴涵的生成. 尤其是, 对数据集 ionosphere 来说, α 极大决策规则几乎没有抑制效果.

(3) 规范基对冗余决策蕴涵的抑制效果非常明显. 尤其是, 对于数据集 ionosphere, 规范基所含的决策蕴涵比 α 极大决策规则集减少 90% 以上.

(4) 一般情况下, 最小生成子越多, 规范基的抑制效果就越好. 比较 4 个数据集, ionosphere 中含有的最小生成子要远多于其余 3 个数据集, 因此规范基的抑制效果也远好于其余 3 个数据集. cleverland 和 wine 所含的最小生成子数大于 housing, 因此其效果也较好. housing 中含有的最小生成子数最少, 因此其效果也最不稳定.

实验也说明, 算法 4.1 在生成规范基效率方面存在问题. 尤其对于数据集 ionosphere, 生成的最小生成子中有 90% 都不是决策前提, 因此我们将在 4.3 节提出一种基于真前提的决策蕴涵规范基生成方法.

4.3 基于真前提的决策蕴涵规范基生成方法

本节提出基于真前提的决策蕴涵规范基生成方法. 为此, 首先研究决策前提与决策属性的关系, 给出真前提的定义, 进而提出基于真前提的决策蕴涵规范基生成算法, 并验证该算法相对于基于最小生成子算法的优势.

4.3.1 决策前提和真前提

首先, 证明决策前提中的极小性是冗余的, 即 P 是决策前提, 当且仅当 P 是恰当的.

设 $K=(G, C\cup D, I_C\cup I_D)$ 为决策背景, $P\subseteq C$.

定义

$$P^*=\bigcup\{Q^{CD}|Q\text{为}K\text{的决策前提且}Q\subset P\}.$$

显然, $P\subseteq C$ 是恰当的, 当且仅当 $P^{CD}\supset P^*$.

定理 4.4 进一步精简了决策前提的判定条件.

定理 4.4 设 $K=(G,C\cup D,I_C\cup I_D)$ 为决策背景, $P\subseteq C$, 则 P 是决策前提, 当且仅当 P 是恰当的.

证明 **必要性.** 根据定义 4.2, 显然.

充分性. 为了证明 P 是决策前提, 根据定义 4.2, 只需证明 P 相对于 P^{CD} 是极小的. 假设 P 相对于 P^{CD} 不是极小的, 则必存在极小集合 $P_{\min}$, 满足 $P_{\min}\subset P$ 且 $P_{\min}^{CD}=P^{CD}$. 考虑以下两种情形.

(1) $P_{\min}$ 是决策前提. 因为 $P_{\min}\subset P$, 由 P^* 的定义可知, $P_{\min}^{CD}\subseteq P^*$; 又因为 $P_{\min}^{CD}=P^{CD}$, 所以 $P^{CD}\subseteq P^*$. 因此, P 不是恰当的, 与 P 是恰当的矛盾.

(2) $P_{\min}$ 不是决策前提. 因为 $P_{\min}$ 关于 P^{CD} 是极小的且 $P_{\min}^{CD}=P^{CD}$, 所以 $P_{\min}$ 相对于 $P_{\min}^{CD}$ 也是极小的. 另外, 因为 $P_{\min}$ 不是决策前提, 所以 $P_{\min}$ 不是恰当的, 即 $P_{\min}^{CD}=P_{\min}^*$, 结合 $P_{\min}^{CD}=P^{CD}$ 可知, $P^{CD}=P_{\min}^*$. 因为 $P_{\min}\subset P$, 易证 $P_{\min}^*\subseteq P^*$, 所以 $P^{CD}\subseteq P^*$. 因此, P 不是恰当的, 与 P 是恰当的矛盾.

综上所述, P 关于 P^{CD} 是极小的. □

推论 4.3 设 $K=(G,C\cup D,I_C\cup I_D)$ 是决策背景, $P\subseteq C$, 则 $P^*=\bigcup\{Q^{CD}|Q\subset P\}$.

证明 容易看出, $\bigcup\{Q^{CD}|Q\subset P\}\supseteq P^*$, 因此只需证明 $\bigcup\{Q^{CD}|Q\subset P\}\subseteq P^*$, 即对于任意的 $Q\subset P$, 有 $Q^{CD}\subseteq P^*$. 考虑以下两种情形.

(1) Q 是决策前提. 由 P^* 的定义可知, $Q^{CD}\subseteq P^*$.

(2) Q 不是决策前提. 此时, 由定理 4.4 可知, Q 不是恰当的. 由定义 4.2, 有 $Q^{CD}=Q^*$. 因为 $Q\subset P$, 易证 $Q^*\subseteq P^*$ 成立, 再由 $Q^{CD}=Q^*$, 可知 $Q^{CD}\subseteq P^*$. □

推论 4.3 进一步给出决策前提的定义细节. 对于任意的条件集 P, P^* 为通过 P 的子条件可以获得的结论集合. 该信息也可以由 P 中的特殊子条件, 即决策前提获取. 换言之, 决策前提 Q 对应的闭包 $Q^{\mathcal{L}}$ 已经将 $\mathcal{L}$ 中所有的信息提取出来了.

为了引入真前提的定义, 首先给出下面的结论.

引理 4.3 设 $K=(G,C\cup D,I_C\cup I_D)$ 为决策背景, $A\subseteq C$, 则 A 是决策前提, 当且仅当存在 $d\in A^{CD}$ 满足对于任意的 $A'\subset A$, 有 $d\notin A'^{CD}$.

证明 **必要性.** 若对于任意的 $d\in A^{CD}$, 存在 $A'\subset A$, 满足 $d\in A'^{CD}$, 则有 $A^{CD}\subseteq\cup\{A'^{CD}|A'\subset A\}$. 由推论 4.3 可知, $A^{CD}=A^*$, 即 A 不是恰当的, 与 A 是决策前提矛盾.

充分性. 由推论 4.3 和决策前提的定义可知, $d\in A^{CD}\supset\cup\{A'^{CD}|A'\subset A\}$, 再由定理 4.4 可知结论成立. □

定义 4.3 设 $K=(G,C\cup D,I_C\cup I_D)$ 为决策背景. 对于 $A\subseteq C$ 和 $B\subseteq D$, 称 A 是 B 的真前提, 如果满足下列条件.

(1) A 是 B 的前提 (即 $A^C \subseteq B^D$).

(2) 对于任意的 $A' \subset A$, A' 不是 B 的前提.

定理 4.5 设 $K = (G, C \cup D, I_C \cup I_D)$ 为决策背景, $A \subseteq C$, 则 A 是决策前提, 当且仅当存在 $d \in A^{CD}$ 满足 A 是 d 的真前提.

证明 **必要性.** 由引理 4.3 可知, 存在 $d \in A^{CD}$ 对任意的 $A' \subset A$ 有 $d \notin A'^{CD}$. 因为 $d \in A^{CD}$, 所以 $\{d\}^D \supseteq A^{CDD} \supseteq A^C$. 由定义 4.3 可知, A 是 d 的前提. 假设存在子集 $A_{\min} \subset A$ 满足 $A_{\min}$ 是 d 的前提, 即 $A_{\min}^C \subseteq \{d\}^D$, 因此 $A_{\min}^{CD} \supseteq \{d\}^{DD} \supseteq \{d\}$, 即 $d \in A_{\min}^{CD}$. 因为对于任意的 $A' \subset A$, $d \notin A'^{CD}$ 成立, 特别地, $d \notin A_{\min}^{CD}$ 成立, 与 $d \in A_{\min}^{CD}$ 矛盾. 因此, 不存在 $A_{\min} \subset A$ 满足 $A_{\min}$ 是 d 的前提. 由定义 4.3 可知, A 是 d 的真前提.

充分性. 因为存在 $d \in A^{CD}$ 满足 A 是 d 的真前提, 由定义 4.3 可知, 任意的子集 $A' \subset A$ 均不是 d 的前提, 所以 $d \notin A'^{CD}$(若 $d \in A'^{CD}$, 则 $\{d\}^D \supseteq A'^{CDD} \supseteq A'^C$, 进而 A' 是 d 的前提, 与 A' 不是 d 的前提矛盾). 由引理 4.3 可知, A 是恰当的. □

4.3.2 真前提的生成方法

由定理 4.5, 为了生成所有的决策前提, 只需生成所有决策属性 $d \in D$ 的所有真前提即可. 下面研究真前提的生成方法.

定义 4.4 设 $K = (G, C \cup D, I_C \cup I_D)$ 为决策背景, 对于 $g \in G$ 和 $B \subseteq D$, 记 $g \swarrow B$, 若满足下列条件.

(1) $B \nsubseteq g^D$.

(2) 对于 $h \in G$, 若 $g^C \subset h^C$, 则 $B \subseteq h^D$.

对于集合 $B \subseteq D$, 记

$$\Phi(B) = \{g \in G | g \swarrow B\}$$

特别地, 对于 $B = \{d\}$, $\Phi(\{d\})$ 简写为 $\Phi(d)$.

接下来, 讨论如何由 $\Phi(B)$ 生成 B 的所有真前提. 首先给出候选前提和候选真前提的定义, 并研究其性质.

定义 4.5 设 $K = (G, C \cup D, I_C \cup I_D)$ 为决策背景. 对于 $A \subseteq C$, $B \subseteq D$ 和 $X \subseteq \Phi(B)$, 给出如下定义.

(1) 如果 $X = \varnothing$, 或对于任意的 $g \in X$ 有 $A \nsubseteq g^C$, 称 A 为 B 在 X 下的候选前提, 记作 $A \Rightarrow_X B$; 否则, 记作 $A \nRightarrow_X B$.

(2) 如果 $A \Rightarrow_X B$, 并且对于任意的 $A' \subset A$ 有 $A' \nRightarrow_X B$, 称 A 为 B 在 X 下的候选真前提, 记作 $A^\bullet \Rightarrow_X B$; 否则, 记作 $A^\bullet \nRightarrow_X B$.

性质 4.1 设 $K=(G,C\cup D,I_C\cup I_D)$ 为决策背景, $A\subseteq C$, $B\subseteq D$, $X\subseteq\Phi(B)$, 则 $A^\bullet\Rightarrow_X B$ 当且仅当满足下列条件.

(1) $A\Rightarrow_X B$.

(2) 对于任意的 $A'\subset A$ 有 $A'^\bullet\nRightarrow_X B$.

证明 **必要性.** 根据定义 4.5, 显然.

充分性. 根据定义 4.5, 只需证明, 若 $A'\subset A$ 且 $A'^\bullet\nRightarrow_X B$, 则 $A'\nRightarrow_X B$. 假设 $A'\Rightarrow_X B$, 因为 $A'^\bullet\nRightarrow_X B$ 且 $A'\Rightarrow_X B$, 由定义 4.5可知, 必存在 $A''\subset A'$ 满足 $A''\Rightarrow_X B$, 且对任意的 $A'''\subset A''$ 有 $A'''^\bullet\nRightarrow_X B$, 即 $A''^\bullet\Rightarrow_X B$. 然而, 因为 $A''\subset A'\subset A$, 由条件 (2) 可知 $A''^\bullet\nRightarrow_X B$, 与 $A''^\bullet\Rightarrow_X B$ 矛盾, 所以假设错误, 进而 $A'\nRightarrow_X B$. □

性质 4.2 设 $K=(G,C\cup D,I_C\cup I_D)$ 为决策背景, $A\subseteq C$, $B\subseteq D$. 下列结论成立.

(1) 若 $A\Rightarrow_{\Phi(B)} B$, 则 A 是 B 的前提.

(2) 若 $A^\bullet\Rightarrow_{\Phi(B)} B$, 则 A 是 B 的真前提.

证明 (1) 考虑 $\Phi(B)=\varnothing$ 和 $\Phi(B)\neq\varnothing$ 两种情形.

假设 $\Phi(B)=\varnothing$. 若 $R=\{g\in G|B\not\subseteq g^D\}\neq\varnothing$, 则 R 中必存在元素 h 满足对任意的 $s\in R$ 均有 $h^C\not\subset s^C$. 由定义 4.4 可知, $h\in\Phi(B)$, 与 $\Phi(B)=\varnothing$ 矛盾. 因此, $R=\varnothing$, 即对任意的 $g\in G$ 有 $B\subseteq g^D$, 进而 $B^D=G\supseteq A^C$. 此时, 由定义 4.3 可知, A 是 B 的前提.

假设 $\Phi(B)\neq\varnothing$. 对于 $g\in G$, 若 $g\notin B^D$, 即 $B\not\subseteq g^D$, 则必存在 $h\in\Phi(B)$ 满足 $g^C\subseteq h^C$. 因为 $A\Rightarrow_{\Phi(B)} B$ 且 $\Phi(B)\neq\varnothing$, 由 $A\Rightarrow_{\Phi(B)} B$ 的定义可知, 对于任意的 $s\in\Phi(B)$ 有 $A\not\subseteq s^C$. 特别地, 对于 $h\in\Phi(B)$ 有 $A\not\subseteq h^C$, 而 $g^C\subseteq h^C$, 因此 $A\not\subseteq g^C$, 即 $g\notin A^C$. 我们已经证明, 若 $g\notin B^D$, 则 $g\notin A^C$, 因此有 $A^C\subseteq B^D$. 由定义 4.3 可知, A 是 B 的前提.

(2) 由 $A^\bullet\Rightarrow_{\Phi(B)} B$ 可知, $A\Rightarrow_{\Phi(B)} B$. 由结论 (1) 可知, A 是 B 的前提. 由 $A^\bullet\Rightarrow_{\Phi(B)} B$ 可知, 对任意的 $A'\subset A$ 均有 $A'\nRightarrow_{\Phi(B)} B$, 因此存在 $g\in\Phi(B)$ 满足 $A'\subseteq g^C$, 即 $g\in A'^C$. 因为 $g\in\Phi(B)$, 由 $\Phi(B)$ 的定义可知, $B\not\subseteq g^D$, 即 $g\notin B^D$; 又因为 $g\in A'^C$, 所以 $A'^C\not\subseteq B^D$. 因此, 由定义 4.3 可知, 任意的 $A'\subset A$ 都不是 B 的前提, 因此 A 是 B 的真前提. □

接下来将候选真前提进行分类, 并给出相应的性质.

定义 4.6 设 $K=(G,C\cup D,I_C\cup I_D)$ 为决策背景, 对于 $A\subseteq C$, $B\subseteq D$, $X\subseteq\Phi(B)$ 和 $g\in\Phi(B)\backslash X$.

(1) 若 $A^\bullet\Rightarrow_X B$ 且 $A^\bullet\Rightarrow_{X\cup\{g\}} B$, 称 A 为 (关于 g) 的不变候选真前提.

(2) 若 $A^\bullet\Rightarrow_X B$ 且 $A^\bullet\nRightarrow_{X\cup\{g\}} B$, 称 A 为 (关于 g) 的失效候选真前提.

(3) 若 $A^\bullet\nRightarrow_X B$ 且 $A^\bullet\Rightarrow_{X\cup\{g\}} B$, 称 A 为 (关于 g) 的新增候选真前提.

下面对不变、失效和新增候选真前提进行刻画.

性质 4.3 设 $K=(G, C\cup D, I_C\cup I_D)$ 是决策背景, $A\subseteq C$, $B\subseteq D$, $X\subseteq \Phi(B)$, $g\in\Phi(B)\backslash X$, 下列结论成立.

(1) A 是关于 g 的不变候选真前提, 当且仅当 $A^\bullet\Rightarrow_X B$ 且 $A\not\subseteq g^C$.

(2) A 是关于 g 的失效候选真前提, 当且仅当 $A^\bullet\Rightarrow_X B$ 且 $A\subseteq g^C$.

(3) A 是关于 g 的新增候选真前提, 当且仅当下列条件成立.

① $A^\bullet\not\Rightarrow_X B$.

② 存在一个失效候选真前提 A' 满足, $A=A'\cup\{a\}$, 其中 $a\in C-g^C$.

③ 对于任意 $A'\subset A$, $A'^\bullet\not\Rightarrow_{X\cup\{g\}} B$ 成立.

证明 (1) **必要性.** 因为 A 是关于 g 的不变候选真前提, 根据定义 4.6 有 $A^\bullet\Rightarrow_X B$ 和 $A^\bullet\Rightarrow_{X\cup\{g\}} B$, 所以只需证明 $A\not\subseteq g^C$. 因为 $A^\bullet\Rightarrow_{X\cup\{g\}} B$, 所以 $A\Rightarrow_{X\cup\{g\}} B$, 即任意的 $h\in X\cup\{g\}$ 有 $A\not\subseteq h^C$. 特别地, 由于 $g\in X\cup\{g\}$, $A\not\subseteq g^C$ 成立.

充分性. 因为 $A^\bullet\Rightarrow_X B$, 所以 $A\Rightarrow_X B$, 即对任意的 $h\in X$ 均有 $A\not\subseteq h^C$; 又因为 $A\not\subseteq g^C$, 所以对于任意的 $s\in X\cup\{g\}$ 有 $A\not\subseteq s^C$, 即 $A\Rightarrow_{X\cup\{g\}} B$. 再由 $A^\bullet\Rightarrow_X B$ 可知, 对于任意的 $A'\subset A$ 有 $A'\not\Rightarrow_X B$, 因此存在 $h\in X\subseteq X\cup\{g\}$ 满足 $A'\subseteq h^C$, 进而 $A'\not\Rightarrow_{X\cup\{g\}} B$. 再由 $A\Rightarrow_{X\cup\{g\}} B$ 可知, $A^\bullet\Rightarrow_{X\cup\{g\}} B$. 结合 $A^\bullet\Rightarrow_X B$ 和 $A^\bullet\Rightarrow_{X\cup\{g\}} B$ 可知, A 是关于 g 的不变候选真前提.

(2) **必要性.** 因为 A 是关于 g 的失效候选真前提, 由定义 4.6 可知, $A^\bullet\Rightarrow_X B$ 且 $A^\bullet\not\Rightarrow_{X\cup\{g\}} B$. 因此, 只需证明 $A\subseteq g^C$. 因为 $A^\bullet\Rightarrow_X B$, 因此对任意的 $A'\subset A$ 都有 $A'\not\Rightarrow_X B$, 存在 $h\in X\subseteq X\cup\{g\}$ 使 $A'\not\subseteq h^C$, 即有 $A\not\Rightarrow_{X\cup\{g\}} B$. 结合 $A^\bullet\not\Rightarrow_{X\cup\{g\}} B$, 可知 $A\not\Rightarrow_{X\cup\{g\}} B$, 即存在 $h\in X\cup\{g\}$ 满足 $A\subseteq h^C$, 而由 $A^\bullet\Rightarrow_X B$ 可知, 对于任意的 $s\in X$ 有 $A\not\subseteq s^C$, 因此 $A\subseteq g^C$.

充分性. 只需证明 $A^\bullet\not\Rightarrow_{X\cup\{g\}} B$. 因为 $A\subseteq g^C$, 显然存在 $h\in X\cup\{g\}$ 满足 $A\subseteq h^C$, 由定义 4.5 可知, $A\not\Rightarrow_{X\cup\{g\}} B$, 进而 $A^\bullet\not\Rightarrow_{X\cup\{g\}} B$.

(3) **必要性.** 因为 A 是新增候选真前提, 结论 ① 显然. 根据定义 4.6 有, $A^\bullet\not\Rightarrow_X B$ 和 $A^\bullet\Rightarrow_{X\cup\{g\}} B$. 由 $A^\bullet\Rightarrow_{X\cup\{g\}} B$ 和性质 4.1 可知, 对于任意的 $A'\subset A$ 有 $A'^\bullet\not\Rightarrow_{X\cup\{g\}} B$, 结论 ③ 成立. 接下来证明结论 ②.

首先, 证明存在失效候选真前提 A' 满足 $A'\subset A$. 因为 A 是新增候选真前提, 显然 $A^\bullet\Rightarrow_{X\cup\{g\}} B$, 因此 $A\Rightarrow_{X\cup\{g\}} B$, 即任意的 $h\in X\subseteq X\cup\{g\}$ 有 $A\not\subseteq h^C$, 再由定义 4.5 可知, $A\Rightarrow_X B$. 然而, 由结论 ① 和性质 4.1 可知, 存在 $A'\subset A$ 满足 $A'^\bullet\Rightarrow_X B$. 因为 $A^\bullet\Rightarrow_{X\cup\{g\}} B$, 所以对任意的 $A''\subset A$ 有 $A''^\bullet\not\Rightarrow_{X\cup\{g\}} B$. 特别地, 对于 $A'\subset A$ 也有 $A'^\bullet\not\Rightarrow_{X\cup\{g\}} B$, 再结合 $A'^\bullet\Rightarrow_X B$ 可知, A' 是失效候选真前提.

接下来, 只需证明 $A = A' \cup \{a\}$, 其中 $a \in C - g^C$. 因为 A' 是失效候选真前提, 由结论 (2) 可知, $A' \subseteq g^C$. 又因为 $A' \subset A$, 可以定义

$$A = A' \cup S \cup T$$

其中, $S = (g^C - A') \cap A$ 且 $T = (C - g^C) \cap A$.

容易看出, $S \cap T = \varnothing$, $T \cap g^C = \varnothing$ 且 $A' \cup S \subseteq g^C$.

首先证明 $|T| = 1$. 只需证明 $T = \varnothing$ 和 $|T| > 1$ 不成立.

假设 $T = \varnothing$, 则 $A = A' \cup S \cup T = A' \cup S \subseteq g^C$ 成立. 容易看出, 存在 $h \in X \cup \{g\}$ 满足 $A \subseteq h^C$, 即 $A \not\Rightarrow_{X\cup\{g\}} B$. 因此, $A^\bullet \not\Rightarrow_{X\cup\{g\}} B$ 成立, 与 A 是新增候选真前提矛盾, 所以假设 $T = \varnothing$ 不成立.

假设 $|T| > 1$, 且令 $\{a\} \subset T$, 此时 $A = A' \cup S \cup T \supset A' \cup S \cup \{a\}$ 且 $a \in C - g^C$. 因为 $A'^\bullet \Rightarrow_X B$, 所以 $A' \Rightarrow_X B$, 即对任意的 $h \in X$ 有 $A' \not\subseteq h^C$, 因此有 $A' \cup S \cup \{a\} \not\subseteq h^C$. 因为 $a \in C - g^C$, 所以 $A' \cup S \cup \{a\} \not\subseteq g^C$, 因此对任意的 $h \in X \cup \{g\}$ 有 $A' \cup S \cup \{a\} \not\subseteq h^C$, 即 $A' \cup S \cup \{a\} \Rightarrow_{X\cup\{g\}} B$. 因为 $A \supset A' \cup S \cup \{a\}$, 由定义 4.5 可知, $A^\bullet \not\Rightarrow_{X\cup\{g\}} B$, 与 A 是新增候选真前提矛盾, 所以假设 $|T| > 1$ 不成立.

接下来证明 $|S| = 0$, 假设 $|S| > 0$, 此时有 $A = A' \cup S \cup T \supset A' \cup T$. 因为 $A' \Rightarrow_X B$, 所以对任意的 $h \in X$ 有 $A' \not\subseteq h^C$, 进而有 $A' \cup T \not\subseteq h^C$. 因为 $T \cap g^C = \varnothing$ 且 $|T| = 1$, 所以 $A' \cup T \not\subseteq g^C$, 因此对任意的 $h \in X \cup \{g\}$ 有 $A' \cup T \not\subseteq h^C$, 即 $A' \cup T \Rightarrow_{X\cup\{g\}} B$. 因为 $A \supset A' \cup T$, 由定义 4.5 可知, $A^\bullet \not\Rightarrow_{\{X\cup g\}} B$, 与 A 是新增候选真前提矛盾, 所以假设 $|S| > 0$ 不成立.

已经证明 $A = A' \cup S \cup T = A' \cup T$, 因为 $|T| = 1$, 所以 $T = \{a\}$, 因此有 $A = A' \cup \{a\}$, 其中 $\{a\} = T = (C - g^C) \cap A \subseteq C - g^C$, 即 $a \in C - g^C$.

充分性. 因为 A' 是失效候选真前提, 由定义 4.6 可知, $A'^\bullet \Rightarrow_X B$, 所以 $A' \Rightarrow_X B$, 即任意的 $h \in X$ 有 $A' \not\subseteq h^C$. 此时, 一方面有 $A = A' \cup \{a\} \not\subseteq h^C$, 其中 $a \in C - g^C$; 另一方面, 因为 $a \in C - g^C$, 因此 $A = A' \cup \{a\} \not\subseteq g^C$. 综上所述, 对于任意的 $h \in X \cup \{g\}$ 都有 $A \not\subseteq h^C$, 即 $A \Rightarrow_{X\cup\{g\}} B$. 由条件 ③ 和性质 4.1 可知 $A^\bullet \Rightarrow_{X\cup\{g\}} B$, 再由条件 ① 和定义 4.6 可知, A 是新增候选真前提. □

4.3.3 基于真前提的决策蕴涵规范基生成算法

由性质 4.3 可知, 可以通过集合 $\varPhi(d)$ 渐增地生成 d 的所有真前提. 其过程如下, 首先将 X 初始化为 $\varnothing$(由定义 4.5 可知, $\varnothing$ 是 d 在 $X = \varnothing$ 时的唯一候选真前提); 然后逐次将对象 $g \in \varPhi(d) \backslash X$ 添加到 X 中, 并更新当前的候选真前提. 对于当前的候选真前提 A_m, 有两种情况.

(1) 若 $A_m \not\subseteq g^C$, 由性质 4.3 可知, A_m 是不变候选真前提.

(2) 若 $A_m \subseteq g^C$, 由性质 4.3 可知, A_m 是失效候选真前提; 将它删除并生成所有形如 $A = A_m \cup \{a\}$ 的前提, 其中 $a \in C - g^C$; 检查 A 是否满足性质 4.3 中的条件 ① 和 ③. 若满足, 则 A 是新增候选真前提, 并将它放入当前的候选真前提集合中.

此时, 我们得到 d 的所有新增候选真前提. 特别地, 当 $X = \Phi(d)$ 时, 由性质 4.2 可知, 更新后的候选真前提集合即 d 的真前提.

算法 4.2 给出了基于真前提的决策蕴涵规范基生成算法.

算法 4.2 基于真前提的决策蕴涵规范基生成算法

输入: 决策背景 $K = (G, C \cup D, I_C \cup I_D)$, 其中 $D \neq \varnothing$
输出: K 的决策蕴涵规范基 O

1: $O = \varnothing$
2: **for all** $d \in D$ **do**
3: $\Phi(d) = \text{getAll\_gd}(K, d)$
4: $\text{DP\_storage} = \text{DP\_generator}(\Phi(d), O)$
5: **for all** $A \in \text{DP\_storage}$ **do**
6: 将 $A \Rightarrow A^{CD}$ 添加到 O 中
7: **end for**
8: **end for**
9: **return** O

对于决策背景 $K = (G, C \cup D, I_C \cup I_D)$, 步骤 2~8 依次生成每个决策属性的所有真前提, 进而得到所有的决策前提. 对于决策属性 $d \in D$, 首先调用函数 getAll_gd(算法 4.3) 生成集合 $\Phi(d)$(步骤 3). 然后, 调用函数 DP_generator(算法 4.4) 生成 d 的所有真前提 (步骤 4). 此时, 由定理 4.5 可知, d 的真前提 A 也是 K 的决策前提. 最后, 将相应的决策蕴涵 $A \Rightarrow A^{CD}$ 加入 O 中 (步骤 5~7).

算法 4.3 为 $d \in D$ 生成集合 $\Phi(d)$. 首先, 检查 G 中的每个对象 g(步骤 2), 若 $d \notin g^D$, 则将 g 添加到 $\Phi(d)$ 中 (步骤 3~5). 然后, 检查 $\Phi(d)$ 中的每个对象 g(步骤 7), 若 $\Phi(d)$ 中存在另一个对象 h 满足 $g^C \subseteq h^C$, 根据定义 4.4, 将 g 从 $\Phi(d)$ 移除 (步骤 8~10).

算法 4.4 通过逐步添加新对象 $g \in \Phi(d)$, 渐增地生成决策属性 $d \in D$ 的所有真前提, 并存储在集合 DP 中. 首先, 将 DP 初始化为集合 $\{\varnothing\}$(步骤 1). 此时, 检查 $\Phi(d)$, 若 $\Phi(d) = \varnothing$, 返回 $\text{DP} = \{\varnothing\}$(步骤 2~4); 否则, 逐步添加 $\Phi(d)$ 中的对象 g 并更新当前的候选真前提集合 (步骤 5~16). 具体步骤如下, 首先遍历当前候选

算法 4.3 getAll_gd 函数

输入: 决策背景 K, 决策属性 d

输出: $\Phi(d)$

1: $\Phi(d) = \varnothing$
2: **for all** $g \in G$ **do**
3:   **if** $d \notin g^D$ **then**
4:     将 g 添加到 $\Phi(d)$
5:   **end if**
6: **end for**
7: **for all** $g \in \Phi(d)$ **do**
8:   **if** 存在另一个对象 $h \in \Phi(d)$ 满足 $g^C \subseteq h^C$ **then**
9:     将 g 从 $\Phi(d)$ 移除
10:   **end if**
11: **end for**
12: **return** $\Phi(d)$

算法 4.4 DP_generator 函数

输入: $\Phi(d)$, 当前决策蕴涵规范基 O

输出: d 的真前提集合

1: $\mathrm{DP} = \{\varnothing\}$
2: **if** $\Phi(d) = \varnothing$ **then**
3:   **return** DP
4: **end if**
5: **for all** $g \in \Phi(d)$ **do**
6:   **for all** $A \in \mathrm{DP}$ **do**
7:     **if** $A \subseteq g^C$ **then**
8:       从 DP 中删除 A
9:       **for all** $a \in A - g^C$ **do**
10:         **if** $A \Rightarrow A^{CD} \notin O$ 且不存在 $A' \in \mathrm{DP}$ 满足 $A' \subseteq A$ **then**
11:           将 $A \cup \{a\}$ 添加到 DP, 并将 DP 中的真前提按照势的大小顺序排序
12:         **end if**
13:       **end for**
14:     **end if**
15:   **end for**
16: **end for**
17: **return** DP

真前提集合 DP(步骤 6), 若 $A \subseteq g^C$(步骤 7), 则由性质 4.3 的结论 (2) 可知, A 是失效候选真前提, 应该被移除 (步骤 8). 然后, 根据性质 4.3 的结论 (3), 可以得到 d 的所有新增候选真前提 $A \cup \{a\}$, 其中 $a \in C - g^C$(步骤 9~13). 当 $\Phi(d)$ 中所有对象添加完毕后, d 的候选真前提就是 d 的真前提.

例 4.2　以表 4.8 中的决策背景为例生成 d_2 的真前提.

表 4.8　决策背景实例

对象	a_1	a_2	a_3	a_4	a_5	a_6	d_1	d_2
g_1	×	×			×	×	×	
g_2			×					×
g_3	×		×			×	×	
g_4		×						
g_5		×	×	×	×	×	×	×
g_6			×		×			
g_7		×	×	×		×		×
g_8	×	×		×	×	×	×	

首先, 根据算法 4.3 生成集合 $\Phi(d_2) = \{g_3, g_6, g_8\}$. 然后, 根据 $\Phi(d_2)$ 生成 d_2 的真前提. 令 DP $= \{\varnothing\}$, 首先添加对象 g_3. 因为 $g_3^C = \{a_1, a_3, a_6\} \supseteq \varnothing$, 所以 $\varnothing$ 是失效候选真前提并被移除. 然后, 添加属性 $a \in C - g_3^C$ 到 $\varnothing$ 获得新增候选真前提. 此时, DP $= \{\{a_2\}, \{a_4\}, \{a_5\}\}$, 添加对象 g_6 并遍历集合 DP. 因为 $\{a_2\} \not\subseteq g_6^C$ 且 $\{a_4\} \not\subseteq g_6^C$, 所以 $\{a_2\}$ 和 $\{a_4\}$ 都是不变候选真前提. 因为 $\{a_5\} \subseteq g_6^C$, 所以 $\{a_5\}$ 是失效候选真前提并被移除. 然后, 添加属性 $a \in C - g_6^C$ 到 $\{a_5\}$ 获得新增候选真前提. 此时, DP $= \{\{a_2\}, \{a_4\}, \{a_5, a_1\}, \{a_5, a_2\}, \{a_5, a_4\}, \{a_5, a_6\}\}$. 最后, 添加对象 g_8. 通过计算可知, 当前 DP 中的前提都是失效候选真前提, 因此将它们删除并生成新的前提 $\{a_2, a_3\}$、$\{a_4, a_3\}$、$\{a_5, a_1, a_3\}$、$\{a_5, a_2, a_3\}$、$\{a_5, a_4, a_3\}$ 和 $\{a_5, a_6, a_3\}$. 因为 $\{a_2, a_3\} \subseteq \{a_5, a_2, a_3\}$ 且 $\{a_4, a_3\} \subseteq \{a_5, a_4, a_3\}$, 所以 $\{a_5, a_2, a_3\}$ 和 $\{a_5, a_4, a_3\}$ 不是新增候选真前提, 因此有 DP $= \{\{a_2, a_3\}, \{a_4, a_3\}, \{a_5, a_1, a_3\}, \{a_5, a_6, a_3\}\}$. 该集合就是 d_2 所有真前提的集合.

按照同样的方法, 可以计算出 d_1 的真前提为 $\{a_1\}$、$\{a_2, a_5\}$、$\{a_4, a_5\}$ 和 $\{a_5, a_6\}$. 表 4.8 的决策蕴涵规范基如表 4.9 所示.

表 4.9　表 4.8 的决策蕴涵规范基

决策蕴涵	决策蕴涵
$\{a_1\} \to \{d_1\}$	$\{a_2, a_3\} \to \{d_2\}$
$\{a_2, a_5\} \to \{d_1\}$	$\{a_3, a_4\} \to \{d_2\}$
$\{a_4, a_5\} \to \{d_1\}$	$\{a_1, a_3, a_5\} \to \{d_1, d_2\}$
$\{a_5, a_6\} \to \{d_1\}$	$\{a_3, a_5, a_6\} \to \{d_1, d_2\}$

下面分析算法 4.3 和算法 4.4 的时间复杂度. 设决策蕴涵规范基中决策蕴涵

的数量为 o. 容易看出, 算法 4.3 的时间复杂度是 $O(|G||D|+|G|^2|C|)$. 在算法 4.4 中, 当加入第 i 个对象时, 记 DP 中前提的数量是 o_i, 当前决策蕴涵规范基中决策蕴涵的数量是 o_i', 则步骤 6~15 的时间复杂度是 $O\left(o_i|C|^2\left(o_i'+o_i\right)\right)$. 因此, 步骤 5~16 的时间复杂度为

$$O\left(\sum_{i=1}^{|\Phi(d)|}\left(o_i|C|^2\left(o_i'+o_i\right)\right)\right)$$

其中, $o_1=1$.

在最坏的情况下, $o_i'=o_i+o_i|C|$, $o_i=o(i>1)$ 且 $\Phi(d)=|G|$. 因此, 算法 4.4 的时间复杂度为

$$\begin{aligned}&O\left(\sum_{i=1}^{|\Phi(d)|}\left(o_i|C|^2\left(o_i'+o_i\right)\right)\right)\\ \leqslant&O\left(\sum_{i=1}^{|G|}\left(|C|^3o^2\right)\right)\\ =&O\left(|G||C|^3o^2\right)\end{aligned}$$

现在分析算法 4.2 的时间复杂度, 对于决策属性 $d\in D$, 步骤 3 的时间复杂度是 $O\left(|G||D|+|G|^2|C|\right)$, 步骤 4 的时间复杂度是 $O\left(|G||C|^3o^2\right)$. 对于步骤 5~7, 在最坏的情形下, DP 中前提的数量是 o, 因此步骤 5~7 的时间复杂度是 $O\left(o|G|\left(|C|+|D|\right)\right)$. 因此, 算法 4.2 的时间复杂度为

$$\begin{aligned}&O\left(|D|\left(|G||D|+|G|^2|C|+|G||C|^3o^2+o|G|\left(|C|+|D|\right)\right)\right)\\ =&O\left(|G|^2|C||D|+|G||C|^3|D|o^2+|G||D|^2o\right)\\ =&O\left(|G||D|\left(|G||C|+|C|^3o^2+|D|o\right)\right)\end{aligned}$$

显然, 算法 4.2 的时间复杂度是多项式级的.

4.3.4 实验验证

为了验证算法 4.2 的效率, 本节比较其与基于最小生成子的生成方法 (称为批量式算法) 的实验性能.

本节首先选取 6 个不同规模的 UCI 数据集, 然后对数据进行移除缺失值, 离散化连续值等预处理, 最后根据阈值 0.5 得到相应的 6 个形式背景. 数据集如表 4.10 所示.

表 4.10 数据集

数据集	对象数	属性数
Triazines	186	81
Ion	351	81
Arrhythmia	452	64
Internetusage	790	80
Hypothyroid	1772	100
Dplanes	2567	33

对于每个形式背景, 把第一个属性作为条件属性, 其余属性作为决策属性, 生成决策背景. 随后, 均匀地添加条件属性, 将其余属性作为决策属性, 得到决策背景. 重复该过程 10 次, 当条件属性数不是整数时, 选取与其最接近的整数. 以形式背景 Triazines 为例, 依次选择前 1、9、18、27、36、44、53、62、71、80 个属性作为条件属性, 并将其余属性作为决策属性, 共得到 10 个决策背景.

我们在 MATLAB 中实现算法 4.2. 考虑批量式算法的时间复杂度是指数级的, 当其运行时间是算法 4.2 运行时间的 10 倍时, 我们终止批量式算法 (在图 4.1 中用符号 "×" 表示). 图 4.1 比较了这两个算法的时间性能.

可以看出,

(1) 算法 4.2 的表现整体优于批量式算法, 并且随着条件属性数的不断增加, 二者的差距迅速增大.

(2) 对于批量式算法, 随着条件属性数的增加, 其计算时间呈指数级增加. 以形式背景 Triazines 为例, 当条件属性数增加到 62 时, 它的计算时间达到算法 4.2 的 10 倍, 该算法随后被终止.

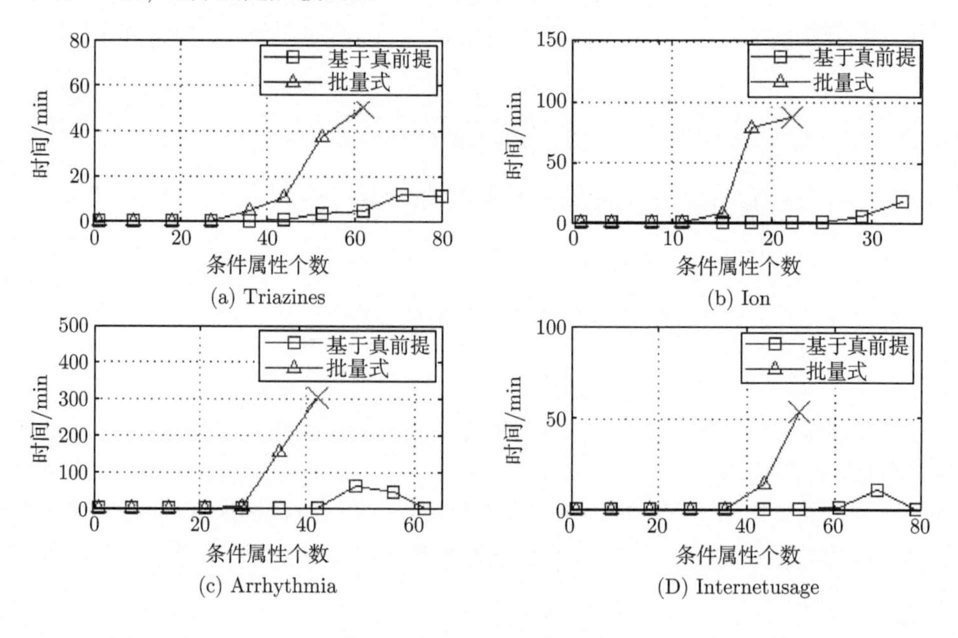

(a) Triazines (b) Ion

(c) Arrhythmia (D) Internetusage

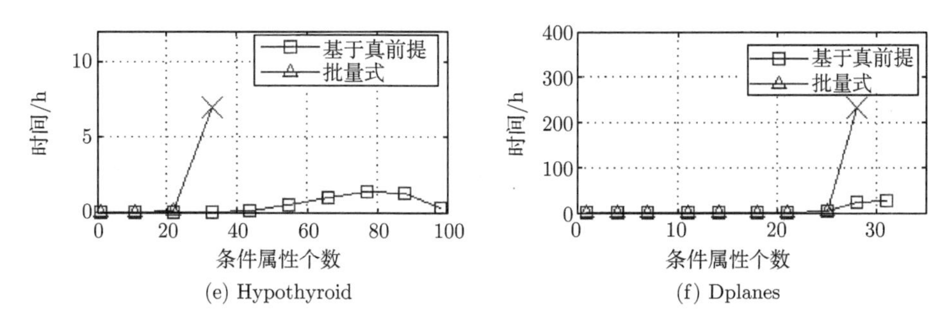

(e) Hypothyroid　　(f) Dplanes

图 4.1　真前提算法和批量式算法的比较

(3) 对于算法 4.2, 随着条件属性数的增加, 其计算时间增加较为缓慢. 随着决策蕴涵规范基中决策蕴涵数的减少, 计算时间甚至会偶然下降. 以 Arrhythmia 为例, 当条件属性数增加到 62 时, 其计算时间显著减少.

4.4 小　结

本章定义了决策蕴涵规范基, 证明它是完备无冗余和最优的. 本章还给出基于最小生成子和真前提的决策蕴涵规范基生成算法, 并通过实验验证这些算法的性能. 后续可以研究如何将决策蕴涵规范基应用到数据分析和处理领域.

第 5 章　决策蕴涵上的推理规则和推理过程

推理规则在蕴涵、决策蕴涵、模糊属性蕴涵和模糊决策蕴涵的推理中占有核心的位置. 在基于决策蕴涵的推理中, 文献 [15] 提出 α 推理规则, 文献 [16]–[20], [85] 分别在决策背景、不完备决策背景和实决策背景上讨论 α 推理规则的应用. 我们在 3.2 节提出合并推理规则, 证明其与扩增推理规则组成完备无冗余的推理规则集.

目前关于推理规则的研究成果仍然较少. 因此, 为了更有效地进行推理, 讨论是否存在更有效或形式上更简洁的推理规则, 并深入研究这些推理规则之间的关系, 对推理过程进行研究是很有必要的.

进一步, 推理规则的作用在于, 给定完备的决策蕴涵集, 可以使用推理规则推导出所有合理的决策蕴涵, 因此给定完备无冗余且最优的决策蕴涵规范基, 也可以使用推理规则推导出所有合理的决策蕴涵. 如此, 便可以构建一个以决策蕴涵规范基为知识基, 以推理规则为推理引擎的知识表示与推理系统. 然而, 在实际应用中, 即使决策蕴涵集含有全部的知识信息, 获取全部的决策蕴涵仍需要经过推理才能完成. 因此, 推理效率是我们不得不考虑的评价指标.

本章提出一个新的推理规则——后件合并推理规则, 研究该推理规则与扩增推理规则和合并推理规则之间的关系, 进而提出一组新的完备无冗余推理规则集. 进一步, 由完备推理规则集的定义可知, 推导全部决策蕴涵需要反复应用推理规则才能实现. 那么, 本章的两组完备推理规则集在推理过程中的效率如何? 事实上, 推理规则的性质会对推理效率产生一定的影响. 例如, 对于扩增推理规则, 应用一次和多次推导出的决策蕴涵是相同的, 但对于合并推理规则和后件合并推理规则, 应用一次和多次推导出的决策蕴涵并不同. 进一步，由于应用一次合并推理规则并不是封闭运算, 因此使用扩增推理规则和合并推理规则时需要进一步分析合并推理规则的应用次数对推理的影响.

5.1　后件合并推理规则

基于合并推理规则的形式, 本节提出一个新的推理规则 (后件合并推理规则), 即

$$\frac{A \Rightarrow B, A \Rightarrow B'}{A \Rightarrow B \cup B'}$$

显然, 后件合并推理规则是一种特殊的合并推理规则, 它只对任意两个前件相同的决策蕴涵的后件进行合并. 因此, 后件合并推理规则在形式上更简洁. 因为合并推理规则是合理的, 所以后件合并推理规则也是合理的.

定理 5.1 (合理性定理) 后件合并推理规则是合理的, 即若 $A \Rightarrow B$ 和 $A \Rightarrow B'$ 是决策蕴涵, 则 $\{A \Rightarrow B, A \Rightarrow B'\} \vdash A \Rightarrow B \cup B'$.

为了更方便地表示推理过程, 下面给出一些推理过程中用到的算子.

定义 5.1 令 $\mathcal{L}$ 为决策蕴涵集.

(1) $\mathcal{L}^A$ 为对 $\mathcal{L}$ 中的每一个决策蕴涵均应用一次扩增推理规则得到的决策蕴涵集合, 即

$$\mathcal{L}^A = \{A' \Rightarrow B' | A \Rightarrow B \in \mathcal{L}, A' \supseteq A, B' \subseteq B\}$$

(2) $\mathcal{L}_A$ 是重复应用扩增推理规则到 $\mathcal{L}$, 直到没有新的决策蕴涵产生时得到的决策蕴涵集合. 因为我们讨论的条件属性集、决策属性集和集合 $\mathcal{L}$ 均为有限的, 所以应用 n 次扩增推理规则, 就一定可以得到集合 $\mathcal{L}_A$, 即

$$\mathcal{L}_A = \mathcal{L}^{A^n} := \mathcal{L}^{\overbrace{AA\cdots A}^{n}}$$

其中, := 表示定义, 即 $\mathcal{L}^{A^n}$ 定义为 $\mathcal{L}^{\overbrace{AA\cdots A}^{n}}$.

(3) $\mathcal{L}^C$ 为对 $\mathcal{L}$ 中的任意两个决策蕴涵均应用一次合并推理规则得到的决策蕴涵集合, 即

$$\mathcal{L}^C = \{A \cup A' \Rightarrow B \cup B' | A \Rightarrow B, A' \Rightarrow B' \in \mathcal{L}\}$$

(4) 类似地, $\mathcal{L}_C$ 为重复应用合并推理规则到 $\mathcal{L}$ 上, 直到没有新的决策蕴涵产生时得到的决策蕴涵集合, 即

$$\mathcal{L}_C = \mathcal{L}^{C^n} := \mathcal{L}^{\overbrace{CC\cdots C}^{n}}$$

(5) $\mathcal{L}^{C_\alpha}$ 为对 $\mathcal{L}$ 中前件相同的两个决策蕴涵均应用一次合并推理规则得到的决策蕴涵集合, 即

$$\mathcal{L}^{C_\alpha} = \{A \Rightarrow B \cup B' | A \Rightarrow B, A \Rightarrow B' \in \mathcal{L}\}$$

(6) 类似地, $\mathcal{L}_{C_\alpha}$ 为重复应用后件合并推理规则到 $\mathcal{L}$, 直到没有新的决策蕴涵产生时得到的决策蕴涵集合, 即

$$\mathcal{L}_{C_\alpha} = \mathcal{L}^{C_\alpha^n} := \mathcal{L}^{\overbrace{C_\alpha C_\alpha\cdots C_\alpha}^{n}}$$

由上述定义, 容易判断各集合之间的关系, 即 $\mathcal{L} \subseteq \mathcal{L}^A \subseteq \mathcal{L}_A$、$\mathcal{L} \subseteq \mathcal{L}^C \subseteq \mathcal{L}_C$、$\mathcal{L} \subseteq \mathcal{L}^{C_\alpha} \subseteq \mathcal{L}_{C_\alpha}$. 同时, 这些算子也可以相互嵌套, 例如 $(\mathcal{L}^A)^C$ 表示对 $\mathcal{L}$ 先应用一次扩增推理规则, 再应用合并推理规则, 简记为 $\mathcal{L}^{AC}$; 同样, $(\mathcal{L}_A)_C$ 表示对 $\mathcal{L}$ 先应用扩增推理规则得到 $\mathcal{L}_A$, 再应用合并推理规则, 简记为 $\mathcal{L}_{AC}$.

例 5.1　显然, $\mathcal{L} = \{\{a_2a_4a_5a_6\} \Rightarrow \{d_1\}, \{a_1a_3a_4a_5\} \Rightarrow \{d_1\}, \{a_1a_3a_4a_5\} \Rightarrow \{d_2\}\}$ 在表 2.1 中成立, 应用推理规则得到 $\mathcal{L}^A$, $\mathcal{L}^C$ 和 $\mathcal{L}^{C_\alpha}$ 的过程如下.

$$
\begin{aligned}
\mathcal{L}^A = \ & \{\{a_2a_4a_5a_6\} \Rightarrow \{d_1\}, \{a_1a_3a_4a_5\} \Rightarrow \{d_1\}, \{a_1a_3a_4a_5\} \Rightarrow \{d_2\}, \\
& \{a_1a_2a_3a_4a_5a_6\} \Rightarrow \{d_1\}, \{a_1a_2a_4a_5a_6\} \Rightarrow \{d_1\}, \{a_2a_3a_4a_5a_6\} \Rightarrow \{d_1\}, \\
& \{a_1a_2a_3a_4a_5\} \Rightarrow \{d_1\}, \{a_1a_2a_3a_4a_5\} \Rightarrow \{d_2\}, \{a_1a_3a_4a_5a_6\} \Rightarrow \{d_1\}, \\
& \{a_1a_3a_4a_5a_6\} \Rightarrow \{d_2\}, \{a_1a_2a_3a_4a_5a_6\} \Rightarrow \{d_2\}\} \\
\mathcal{L}^C = \ & \{\{a_2a_4a_5a_6\} \Rightarrow \{d_1\}, \{a_1a_3a_4a_5\} \Rightarrow \{d_1\}, \{a_1a_3a_4a_5\} \Rightarrow \{d_2\}, \\
& \{a_1a_2a_3a_4a_5a_6\} \Rightarrow \{d_1\}, \{a_1a_2a_3a_4a_5a_6\} \Rightarrow \{d_1d_2\}, \{a_1a_3a_4a_5\} \Rightarrow \{d_1d_2\}\} \\
\mathcal{L}^{C_\alpha} = \ & \{\{a_2a_4a_5a_6\} \Rightarrow \{d_1\}, \{a_1a_3a_4a_5\} \Rightarrow \{d_1\}, \{a_1a_3a_4a_5\} \Rightarrow \{d_2\}, \\
& \{a_1a_3a_4a_5\} \Rightarrow \{d_1d_2\}\}
\end{aligned}
$$

接下来讨论后件合并推理规则与扩增推理规则和合并推理规则的关系.

性质 5.1　合并推理规则相对于扩增推理规则和后件合并推理规则是冗余的.

证明　只需证明对任意的决策蕴涵集 $\mathcal{L}$, 若 $A \Rightarrow B \in \mathcal{L}_C$, 则 $A \Rightarrow B$ 也可以通过扩增推理规则和后件合并推理规则得到. 因为 $A \Rightarrow B \in \mathcal{L}_C$, 所以 $A \Rightarrow B$ 必然可以通过 $\mathcal{L}$ 中的若干条决策蕴涵应用合并推理规则得到, 即必存在 $\mathcal{P} \subseteq \mathcal{L}$, 使得 $\cup\{A'|A' \Rightarrow B' \in \mathcal{P}\} = A$ 和 $\cup\{B'|A' \Rightarrow B' \in \mathcal{P}\} = B$.

接下来证明, 可以通过扩增推理规则和后件合并推理规则从 $\mathcal{P}$ 得到 $A \Rightarrow B$. 因为 $\cup\{A'|A' \Rightarrow B' \in \mathcal{P}\} = A$, 所以对任意的 $A' \Rightarrow B' \in \mathcal{P}$ 有 $A' \subseteq A$, 因此可以应用扩增推理规则得到集合 $\mathcal{P}_1 = \{A \Rightarrow B'|A' \Rightarrow B' \in \mathcal{P}\}$; 又因为 $\cup\{B'|A' \Rightarrow B' \in \mathcal{P}\} = B$, 所以可以应用后件合并推理规则将 $\mathcal{P}_1$ 中决策蕴涵的前件和后件分别进行合并, 得到 $A \Rightarrow B$. □

性质 5.1 表明, 由合并推理规则推导的决策蕴涵同样可以由扩增推理规则和后件合并推理规则推导, 因此由扩增推理规则和合并推理规则推导的决策蕴涵也完全可以由扩增推理规则和后件合并推理规则推导. 结合定理 3.9 可知, 扩增推理规则和后件合并推理规则组成的推理规则集也是完备的.

定理 5.2 (完备性定理)　扩增推理规则和后件合并推理规则是完备的, 即对任意封闭的决策蕴涵集 $\mathcal{L}$ 及其完备集 $\mathcal{L}_1 \subseteq \mathcal{L}$, $A \Rightarrow B \in \mathcal{L}$ 当且仅当 $A \Rightarrow B$ 可以应用扩增推理规则和后件合并推理规则从 $\mathcal{L}_1$ 推出.

证明　作为练习. □

由合并推理规则和扩增推理规则的无冗余性容易得出后件合并推理规则和扩增推理规则的无冗余性.

定理 5.3 (无冗余性定理) 后件合并推理规则和扩增推理规则是无冗余的.

证明 作为练习. □

例 5.2 令 $\mathcal{L}=\{\{a_1\}\Rightarrow\{d_1\},\{a_1\}\Rightarrow\{d_2\}\}$. 应用扩增推理规则可从 $\{a_1\}\Rightarrow\{d_1\}$ 推出 $\{a_1a_2\}\Rightarrow\{d_1\}$, 显然该决策蕴涵不能由后件合并推理规则推出; 同样, 我们对 $\{a_1\}\Rightarrow\{d_1\}$ 和 $\{a_1\}\Rightarrow\{d_2\}$ 应用后件合并推理规则得到 $\{a_1\}\Rightarrow\{d_1d_2\}$. 显然, 该决策蕴涵也不能只通过扩增推理规则推出.

5.2 推理规则的交互作用

5.2.1 推理规则的推理次数

本节将从应用推理规则次数的角度研究推理规则间的交互作用.

性质 5.2 令 $\mathcal{L}$ 为一决策蕴涵集, 则

(1) $\mathcal{L}\subseteq\mathcal{L}^A$.

(2) $\mathcal{L}^A=\mathcal{L}^{AA}$.

(3) $\mathcal{L}_A=\mathcal{L}^A$.

(4) $\mathcal{L}_1\subseteq\mathcal{L}_2\Rightarrow\mathcal{L}_1^A\subseteq\mathcal{L}_2^A$.

证明 (1) 由算子 A 的定义可知, $\mathcal{L}\subseteq\mathcal{L}^A$.

(2) 根据 (1) 有 $\mathcal{L}^A\subseteq\mathcal{L}^{AA}$, 只需证明 $\mathcal{L}^{AA}\subseteq\mathcal{L}^A$. 令 $A\Rightarrow B\in\mathcal{L}^{AA}\backslash\mathcal{L}^A$, 此时必存在可推出 $A\Rightarrow B$ 的 $A'\Rightarrow B'\in\mathcal{L}^A$, 满足 $A\supseteq A'$ 且 $B\subseteq B'$. 因为 $A'\Rightarrow B'\in\mathcal{L}^A$, 所以必存在可推出 $A'\Rightarrow B'$ 的 $A''\Rightarrow B''\in\mathcal{L}$, 满足 $A'\supseteq A''$ 且 $B'\subseteq B''$. 因此, $A\supseteq A''$ 且 $B\subseteq B''$, 对 $A''\Rightarrow B''\in\mathcal{L}$ 应用扩增推理规则可得 $A\Rightarrow B\in\mathcal{L}^A$.

(3) 由 (2) 和 $\mathcal{L}$ 的有限性可知结论成立.

(4) 对于任意的 $A\Rightarrow B\in\mathcal{L}_1^A$, 需要考虑以下两种情况.

① $A\Rightarrow B\in\mathcal{L}_1$. 因为 $\mathcal{L}_1\subseteq\mathcal{L}_2$, 所以 $A\Rightarrow B\in\mathcal{L}_2$. 由算子 A 的定义可知 $A\Rightarrow B\in\mathcal{L}_2^A$, 因此 $\mathcal{L}_1^A\subseteq\mathcal{L}_2^A$.

② $A\Rightarrow B\in\mathcal{L}_1^A\backslash\mathcal{L}_1$. 此时, 必存在 $A'\Rightarrow B'\in\mathcal{L}_1$, 使得 $A\supseteq A'$ 且 $B\subseteq B'$. 因为 $\mathcal{L}_1\subseteq\mathcal{L}_2$, 所以 $A'\Rightarrow B'\in\mathcal{L}_2$. 对 $A'\Rightarrow B'\in\mathcal{L}_2$ 应用扩增推理规则可得 $\{A'\Rightarrow B'\}^A\subseteq\mathcal{L}_2^A$. 又因为 $A\Rightarrow B\in\{A'\Rightarrow B'\}^A$, 所以 $A\Rightarrow B\in\mathcal{L}_2^A$. 因此, $\mathcal{L}_1^A\subseteq\mathcal{L}_2^A$. □

性质 5.2 表明, 算子 A 是集合 $\mathcal{L}$ 的一个封闭算子, 即应用两次或有限次扩增推理规则与应用一次扩增推理规则的效果是相同的. 进一步, 性质 5.2 并未对集

合 $\mathcal{L}$ 进行限制, 因此 $\mathcal{L}$ 可以为任意决策蕴涵集, 如 $\mathcal{L}^C$、$\mathcal{L}_C$、$\mathcal{L}^{C_\alpha}$、$\mathcal{L}_{C_\alpha}$ 等, 进而可得 $(\mathcal{L}^C)_A = (\mathcal{L}^C)^{AA\cdots A} = (\mathcal{L}^C)^{AA} = (\mathcal{L}^C)^A$.

例 5.3 (续例 5.1) 以例 5.1中的决策蕴涵集 $\mathcal{L}$ 为例, 对 $\mathcal{L}$ 应用两次扩增推理规则, 计算可得 $\mathcal{L}^A = \mathcal{L}^{AA}$, 因此 $\mathcal{L}_A = \mathcal{L}^{AA}$.

性质 5.3 令 $\mathcal{L}$ 为一决策蕴涵集, 则

(1) $\mathcal{L} \subseteq \mathcal{L}^C$.

(2) $\mathcal{L}^C \subseteq \mathcal{L}^{CC}$.

(3) $\mathcal{L}^{C^n} = \mathcal{L}^{C^{n+1}}$ 当且仅当 $\mathcal{L}_C = \mathcal{L}^{C^n}$.

(4) $\mathcal{L}_1 \subseteq \mathcal{L}_2 \Rightarrow \mathcal{L}_1^C \subseteq \mathcal{L}_2^C$.

证明 作为练习. □

与扩增推理规则不同, 对集合 $\mathcal{L}$ 应用一次合并推理规则并不是封闭运算. 事实上, 我们也无法确定应用合并推理规则的具体次数, 因为这与推理规则应用的决策蕴涵集是相关的. 下面通过例 5.4 解释说明.

例 5.4 容易验证, $\mathcal{L} = \{\{a_2a_5\} \Rightarrow \{d_1\}, \{a_1a_3a_5\} \Rightarrow \{d_1d_2\}, \{a_5a_6\} \Rightarrow \{d_1\}\}$ 在表 2.1 上成立. 对 $\mathcal{L}$ 应用合并推理规则的过程如下.

$$\mathcal{L}^C = \{\{a_2a_5\} \Rightarrow \{d_1\}, \{a_1a_3a_5\} \Rightarrow \{d_1d_2\}, \{a_5a_6\} \Rightarrow \{d_1\}, \{a_1a_2a_3a_5\} \Rightarrow \{d_1d_2\},$$
$$\{a_2a_5a_6\} \Rightarrow \{d_1\}, \{a_1a_3a_5a_6\} \Rightarrow \{d_1d_2\}\}$$
$$\mathcal{L}^{CC} = \{\{a_2a_5\} \Rightarrow \{d_1\}, \{a_1a_3a_5\} \Rightarrow \{d_1d_2\}, \{a_5a_6\} \Rightarrow \{d_1\}, \{a_1a_2a_3a_5\} \Rightarrow \{d_1d_2\},$$
$$\{a_2a_5a_6\} \Rightarrow \{d_1\}, \{a_1a_3a_5a_6\} \Rightarrow \{d_1d_2\}, \{a_1a_2a_3a_5a_6\} \Rightarrow \{d_1d_2\}\}$$
$$\mathcal{L}^{CCC} = \mathcal{L}^{CC}$$

显然有 $\mathcal{L}_C = \mathcal{L}^{CC}$.

上述推理过程验证了性质 5.3 中的结论 (2), 即应用一次合并推理规则后仍有可能生成新的决策蕴涵. 在例 5.4 中, 需要应用两次合并推理规则才能得到 $\mathcal{L}_C$. 此时, 若令 $\mathcal{L}_1 = \mathcal{L}^C$, 则 $\mathcal{L}_1^C = \mathcal{L}_1^{CC} = (\mathcal{L}_1)_C$, 因此当决策蕴涵集为 $\mathcal{L}_1$ 时, 仅应用一次合并推理规则即可得到 $(\mathcal{L}_1)_C$.

性质 5.4 令 $\mathcal{L}$ 为一决策蕴涵集, 则

(1) $\mathcal{L} \subseteq \mathcal{L}^{C_\alpha}$.

(2) $\mathcal{L}^{C_\alpha} \subseteq \mathcal{L}^{C_\alpha C_\alpha}$.

(3) $\mathcal{L}^{C_\alpha^n} = \mathcal{L}^{C_\alpha^{n+1}}$ 当且仅当 $\mathcal{L}_{C_\alpha} = \mathcal{L}^{C_\alpha^n}$.

(4) $\mathcal{L}_1 \subseteq \mathcal{L}_2 \Rightarrow \mathcal{L}_1^{C_\alpha} \subseteq \mathcal{L}_2^{C_\alpha}$.

证明 作为练习. □

性质 5.3 和性质 5.4 表明, 仅应用一次合并推理规则或后件合并推理规则有可能无法获得可由它们推导出的所有合理决策蕴涵, 而扩增推理规则被应用一次就可获得由它推导出的所有合理决策蕴涵. 两者的不同源自推理规则的不同定义.

应用一次扩增推理规则恰好可以推导出所有合理的决策蕴涵. 例如, 对决策蕴涵 $A \Rightarrow B$ 应用扩增推理规则得到 $A' \Rightarrow B'$, 满足 $A' \supseteq A$ 和 $B' \subseteq B$; 再对 $A' \Rightarrow B'$ 应用扩增推理规则得到 $A'' \Rightarrow B''$, 满足 $A'' \supseteq A'$ 和 $B'' \subseteq B'$. 因为 $A'' \supseteq A' \supseteq A$ 和 $B'' \subseteq B' \subseteq B$, 所以 $A'' \Rightarrow B''$ 也可以由 $A \Rightarrow B$ 直接推出. 然而, 合并推理规则和后件合并推理规则不具有这样的性质. 例如, 若对 $A \Rightarrow B$、$A' \Rightarrow B'$ 和 $A'' \Rightarrow B''$ 应用一次合并推理规则可推出 $A \cup A' \Rightarrow B \cup B'$、$A \cup A'' \Rightarrow B \cup B''$ 和 $A' \cup A'' \Rightarrow B' \cup B''$, 但不能直接推出 $A \cup A' \cup A'' \Rightarrow B \cup B' \cup B''$. 当然, 可以引入以下推理规则, 即

$$\frac{A_i \Rightarrow B_i \in \mathcal{L}}{\cup A_i \Rightarrow \cup B_i}$$

此时, 只应用一次上述推理规则即可推出所有由合并推理规则得到的决策蕴涵. 我们不计划对该推理规则进一步讨论, 因为该推理规则仅仅是合并推理规则的变体, 因此该推理规则仅仅是从形式上减少了应用合并推理规则的次数, 在实际应用中, 该推理规则与合并推理规则并没有本质的区别.

5.2.2 推理规则的推理次序

针对两组完备的推理规则集, 我们从应用次序的角度研究推理规则的可交换性.

首先, 讨论扩增推理规则和合并推理规则不同应用次序的影响.

性质 5.5 令 $\mathcal{L}$ 为一决策蕴涵集, 则 $\mathcal{L}^{AC} = \mathcal{L}^{CA}$.

证明 首先证明 $\mathcal{L}^{AC} \subseteq \mathcal{L}^{CA}$. 对任意的 $A \Rightarrow B \in \mathcal{L}^{AC}$, 考虑以下三种情形.

(1) $A \Rightarrow B \in \mathcal{L}$. 因为 $A \Rightarrow B \in \mathcal{L} \subseteq \mathcal{L}^C \subseteq \mathcal{L}^{CA}$, 所以 $A \Rightarrow B \in \mathcal{L}^{CA}$.

(2) $A \Rightarrow B \notin \mathcal{L}$ 且 $A \Rightarrow B \in \mathcal{L}^A$. 因为 $\mathcal{L} \subseteq \mathcal{L}^C$, 由性质 5.2可知, $A \Rightarrow B \in \mathcal{L}^A \subseteq (\mathcal{L}^C)^A = \mathcal{L}^{CA}$, 所以 $A \Rightarrow B \in \mathcal{L}^{CA}$.

(3) $A \Rightarrow B \notin \mathcal{L}^A$ 且 $A \Rightarrow B \in \mathcal{L}^{AC}$. 因为 $A \Rightarrow B \in (\mathcal{L}^A)^C \backslash \mathcal{L}^A$, 必存在 $A_1 \Rightarrow B_1 \in \mathcal{L}^A$ 和 $A_2 \Rightarrow B_2 \in \mathcal{L}^A$, 使得 $A = A_1 \cup A_2$ 且 $B = B_1 \cup B_2$. 对于 $A_1 \Rightarrow B_1 \in \mathcal{L}^A$, 必存在 $A_3 \Rightarrow B_3 \in \mathcal{L}$, 使得 $A_1 \supseteq A_3$ 且 $B_1 \subseteq B_3$; 对于 $A_2 \Rightarrow B_2 \in \mathcal{L}^A$, 必存在 $A_4 \Rightarrow B_4 \in \mathcal{L}$, 使得 $A_2 \supseteq A_4$ 且 $B_2 \subseteq B_4$. 对 $A_3 \Rightarrow B_3 \in \mathcal{L}$ 和 $A_4 \Rightarrow B_4 \in \mathcal{L}$ 应用合并推理规则可得, $A_3 \cup A_4 \Rightarrow B_3 \cup B_4 \in \mathcal{L}^C$. 因为 $A = A_1 \cup A_2$, $A_1 \supseteq A_3$ 且 $A_2 \supseteq A_4$, 所以 $A \supseteq A_3 \cup A_4$. 类似地, 因为 $B = B_1 \cup B_2$, $B_1 \subseteq B_3$ 且 $B_2 \subseteq B_4$, 所以 $B \subseteq B_3 \cup B_4$. 因此, 对 $A_3 \cup A_4 \Rightarrow B_3 \cup B_4 \in \mathcal{L}^C$ 应用扩增推理规则可推出 $A \Rightarrow B \in (\mathcal{L}^C)^A$.

$\mathcal{L}^{CA} \subseteq \mathcal{L}^{AC}$ 的证明作为练习.

综上所述, 因为 $\mathcal{L}^{AC} \subseteq \mathcal{L}^{CA}$ 且 $\mathcal{L}^{CA} \subseteq \mathcal{L}^{AC}$, 所以 $\mathcal{L}^{AC} = \mathcal{L}^{CA}$. □

性质 5.5 表明, 在推理过程中, 扩增推理规则和合并推理规则是可以交换的. 进一步, 结合性质 5.2 和性质 5.5 可以大大简化基于扩增推理规则和合并推理规则的推理, 例如, 我们有

$$\mathcal{L}^{\overbrace{AC\cdots A\cdots C}^{n}} = \mathcal{L}^{\overbrace{C\cdots AA\cdots C}^{n}} = \mathcal{L}^{\overbrace{C\cdots CAA}^{n}} = \mathcal{L}^{\overbrace{C\cdots CA}^{n-1}}.$$

接下来, 讨论扩增推理规则和后件合并推理规则的可交换性.

性质 5.6　令 $\mathcal{L}$ 为一决策蕴涵集, 则 $\mathcal{L}^{C_\alpha A} \subseteq \mathcal{L}^{AC_\alpha}$.

证明　作为练习. □

与性质 5.5 不同, 性质 5.6 表明扩增推理规则和后件合并推理规则并不是可交换的. 下面通过例 5.5 具体说明.

例 5.5　设 $\mathcal{L} = \{\{a_1\} \Rightarrow \{d_1\}, \{a_1\} \Rightarrow \{d_3\}, \{a_2\} \Rightarrow \{d_2\}\}$, 对 $\mathcal{L}$ 应用扩增推理规则和后件合并推理规则, 不同应用次序的推导过程如下.

$$\begin{aligned}
\mathcal{L}^{C_\alpha} &= \mathcal{L} \cup \{\{a_1\} \Rightarrow \{d_1d_3\}\} \\
\mathcal{L}^{C_\alpha A} &= \mathcal{L}^{C_\alpha} \cup \{\{a_1a_2\} \Rightarrow \{d_1\}, \{a_1a_2\} \Rightarrow \{d_3\}, \{a_1a_2\} \Rightarrow \{d_2\}, \{a_1a_2\} \Rightarrow \{d_1d_3\}\} \\
\mathcal{L}^{A} &= \mathcal{L} \cup \{\{a_1a_2\} \Rightarrow \{d_1\}, \{a_1a_2\} \Rightarrow \{d_2\}, \{a_1a_2\} \Rightarrow \{d_3\}\} \\
\mathcal{L}^{AC_\alpha} &= \mathcal{L}^{A} \cup \{\{a_1\} \Rightarrow \{d_1d_3\}, \{a_1a_2\} \Rightarrow \{d_1d_3\}, \{a_1a_2\} \Rightarrow \{d_1d_2\}, \\
&\quad \{a_1a_2\} \Rightarrow \{d_2d_3\}\}
\end{aligned}$$

显然, $\{a_1a_2\} \Rightarrow \{d_1d_2\} \in \mathcal{L}^{AC_\alpha} \backslash \mathcal{L}^{C_\alpha A}$, 所以 $\mathcal{L}^{C_\alpha A}$ 是 $\mathcal{L}^{AC_\alpha}$ 的一个子集. 因此, 存在决策蕴涵 $A \Rightarrow B$ 不能由先应用后件合并推理规则, 再应用扩增推理规则推导出, 但是可以由其他三种方式 ($\mathcal{L}^{CA}$, $\mathcal{L}^{AC}$ 和 $\mathcal{L}^{AC_\alpha}$) 推导出.

$\{a_1a_2\} \Rightarrow \{d_1d_2\} \notin \mathcal{L}^{C_\alpha A}$ 的原因解释如下. 为了应用合并推理规则推导 $A \Rightarrow B$, 可直接对 $A_1 \Rightarrow B_1$ 和 $A_2 \Rightarrow B_2$ 应用合并推理规则. 但对于后件合并推理规则, 必须先应用扩增推理规则得到前件相同的两个决策蕴涵 $A \Rightarrow B_1$ 和 $A \Rightarrow B_2$, 再应用后件合并推理规则, 推导出 $A \Rightarrow B$. 因此, 先应用扩增推理规则再应用后件合并推理规则才能达到与应用合并推理规则相同的效果. 因此, 可得 $\{a_1a_2\} \Rightarrow \{d_1d_2\} \in \mathcal{L}^{C}$, 但 $\{a_1a_2\} \Rightarrow \{d_1d_2\} \notin \mathcal{L}^{C_\alpha A}$. 这也是 $\mathcal{L}^{CA} = \mathcal{L}^{AC} = \mathcal{L}^{AC_\alpha}$ 的原因.

另外, 如果将扩增推理规则和后件合并推理规则应用于决策蕴涵规范基, 由于决策蕴涵规范基中不包含前件相同的决策蕴涵, 因此若先应用后件合并推理规

则, 则有 $\mathcal{L} = \mathcal{L}^{C_\alpha}$, 进而 $\mathcal{L}^{C_\alpha A} = \mathcal{L}^A \subseteq \mathcal{L}^{AC_\alpha}$. 这也意味着, 如果以决策蕴涵规范基作为推理的起点, 先应用后件合并推理规则是无法获得封闭集的. 因此, 如果将决策蕴涵规范基作为起始的决策蕴涵集, 必须先应用一次扩增推理规则, 然后应用后件合并推理规则.

5.3 推理规则的应用次数和次序对推理过程的影响

即使对于具有可交换性的合并推理规则和扩增推理规则, 推理规则的应用次序也会影响推导的效率. 下面通过例 5.6 来说明.

例 5.6 令 $\mathcal{L} = \{\{a_1\} \Rightarrow \{d_1\}, \{a_2\} \Rightarrow \{d_2\}\}$, 首先对 $\mathcal{L}$ 应用一次扩增推理规则, 可以获得新决策蕴涵 $\{a_1a_2\} \Rightarrow \{d_1\}$ 和 $\{a_1a_2\} \Rightarrow \{d_2\}$. 然后, 对新决策蕴涵集应用合并推理规则, 可以获得决策蕴涵 $\{a_1a_2\} \Rightarrow \{d_1d_2\}$. 重复上述操作, 直至不再推出新决策蕴涵, 可得到封闭集. 在整个推理过程中, 共推导出 8 个决策蕴涵, 其中 3 个是新决策蕴涵, 剩余 5 个是重复决策蕴涵 (重复决策蕴涵是指被多次推导出的决策蕴涵).

下面先应用合并推理规则, 再应用扩增推理规则进行推理. 对集合 $\mathcal{L}$ 先应用一次合并推理规则, 可获得新决策蕴涵 $\{a_1a_2\} \Rightarrow \{d_1d_2\}$, 再对 $\mathcal{L} \cup \{\{a_1a_2\} \Rightarrow \{d_1d_2\}\}$ 应用扩增推理规则, 可获得新决策蕴涵 $\{a_1a_2\} \Rightarrow \{d_1\}$ 和 $\{a_1a_2\} \Rightarrow \{d_2\}$. 重复上述操作, 直至不再推出新决策蕴涵即可得到封闭集. 在整个推理过程中, 共推导出 5 个决策蕴涵, 其中 3 个是新决策蕴涵, 剩余 2 个是重复决策蕴涵.

显然, 推理规则的不同应用次序可推导出相同的封闭集, 但不同的应用次序和次数产生的重复决策蕴涵数并不相同. 因此, 为了减少重复决策蕴涵并提高推理的效率, 本节将进一步研究推理规则的交互.

当使用扩增推理规则和合并推理规则进行推理时, 下面的结论成立.

定理 5.4 令 $\overline{\mathcal{L}}$ 为封闭的决策蕴涵集, 且有 $\overline{\mathcal{L}} = \mathcal{L}^{(AC)^{2n}}$, 则 $\overline{\mathcal{L}} = \mathcal{L}^{AC^n} = \mathcal{L}^{C^m AC^{n-m}} = \mathcal{L}^{C^n A}$.

证明 根据性质 5.2 和性质 5.5 可知, 结论成立. □

定理 5.4 说明, 当使用扩增推理规则和合并推理规则进行推理时, 扩增推理规则仅需在推理的最开始、中间或最后被应用一次即可. 我们将在 5.5 节通过实验验证扩增推理规则的应用时机对推理效率的影响.

定理 5.5 进一步给出合并推理规则的最大应用次数.

定理 5.5 令 $\mathcal{L}$ 为一含有 m 个决策蕴涵的决策蕴涵集, 则 $\mathcal{L}_C = \mathcal{L}^{C^{\lceil \log_2 m \rceil}}$, 即连续应用合并推理规则的最大次数为 $\lceil \log_2 m \rceil$.

证明 假设 $\mathcal{L}_C = \mathcal{L}^{C^n}$ 且 $A \Rightarrow B \in \mathcal{L}^{C^n}$. 此时, 可设 $A \Rightarrow B$ 是由 k 个决策蕴涵应用合并推理规则得到的, 记 $\mathcal{L}_i := A_i \Rightarrow B_i, 1 \leqslant i \leqslant k \leqslant m$. 显然, $\mathcal{L}_i^C :=$

$\mathcal{L}_{2i-1}\cup\mathcal{L}_{2i}\in\mathcal{L}^C, i=1,2,\cdots,\lceil\frac{k}{2}\rceil$, 其中 $\mathcal{L}_{2i-1}\cup\mathcal{L}_{2i}=A_{2i-1}\cup A_{2i}\Rightarrow B_{2i-1}\cup B_{2i}$. 若 k 为奇数, 则记 $\mathcal{L}^C_{\lceil\frac{k}{2}\rceil}=\mathcal{L}_k\cup\mathcal{L}_k\in\mathcal{L}^C$. 此时有 $A\Rightarrow B=\cup_{i=1}^{\lceil\frac{k}{2}\rceil}\mathcal{L}^C_{\lceil\frac{k}{2}\rceil}$. 继续应用合并推理规则, 有 $\mathcal{L}^{CC}_i=\mathcal{L}^C_{2i-1}\cup\mathcal{L}^C_{2i}\in\mathcal{L}^{CC}, i=1,2,\cdots,\lceil\frac{k}{4}\rceil$. 类似地, 若 $\frac{k}{2}$ 为奇数, 则 $\mathcal{L}^{CC}_{\lceil\frac{k}{4}\rceil}=\mathcal{L}^{CC}_{\lceil\frac{k}{2^2}\rceil}=\mathcal{L}^C_{\lceil\frac{k}{2}\rceil}\cup\mathcal{L}^C_{\lceil\frac{k}{2}\rceil}$. 此时有 $A\Rightarrow B=\cup_{i=1}^{\lceil\frac{k}{4}\rceil}\mathcal{L}^{CC}_{\lceil\frac{k}{4}\rceil}$. 继续应用合并推理规则, 最终可得

$$A\Rightarrow B=\mathcal{L}^{C^{\lceil\log_2 k\rceil}}_{\lceil k/2^{\lceil\log_2 k\rceil}\rceil}$$

即对 k 个决策蕴涵应用 $\lceil\log_2 k\rceil$ 次合并推理规则即可推出决策蕴涵 $A\Rightarrow B$. 因为 $k\leqslant m$, 所以 $\lceil\log_2 k\rceil\leqslant\lceil\log_2 m\rceil$. 因此, 对于 $\mathcal{L}_C$ 中的任意决策蕴涵, 最多应用 $\lceil\log_2 m\rceil$ 次合并推理规则即可推出该决策蕴涵. □

定理 5.5 说明, 尽管合并推理规则的应用次数与具体的决策蕴涵集有关, 但仍然可以从理论上分析出连续应用合并推理规则的最大次数不应超过 $\lceil\log_2 m\rceil$.

例 5.7 以例 5.5 中的决策蕴涵集 $\mathcal{L}$ 为例, 在推理的最开始、中间或最后应用扩增推理规则推导出封闭集的过程为

$$\begin{aligned}
\mathcal{L}^A &=\mathcal{L}\cup\{\{a_1a_2\}\Rightarrow\{d_1\},\{a_1a_2\}\Rightarrow\{d_2\},\{a_1a_2\}\Rightarrow\{d_3\}\}\\
\mathcal{L}^{AC} &=L^A\cup\{\{a_1\}\Rightarrow\{d_1d_3\},\{a_1a_2\}\Rightarrow\{d_1d_3\},\{a_1a_2\}\Rightarrow\{d_1d_2\},\\
&\qquad\{a_1a_2\}\Rightarrow\{d_2d_3\}\}\\
\overline{\mathcal{L}} &=\mathcal{L}^{ACC}=\mathcal{L}^{AC}\cup\{\{a_1a_2\}\Rightarrow\{d_1d_2d_3\}\}\\
\mathcal{L}^C &=\mathcal{L}\cup\{\{a_1\}\Rightarrow\{d_1d_3\},\{a_1a_2\}\Rightarrow\{d_1d_2\},\{a_1a_2\}\Rightarrow\{d_2d_3\}\}\\
\mathcal{L}^{CA} &=\mathcal{L}^C\cup\{\{a_1a_2\}\Rightarrow\{d_1\},\{a_1a_2\}\Rightarrow\{d_2\},\{a_1a_2\}\Rightarrow\{d_3\},\{a_1a_2\}\Rightarrow\{d_1d_3\}\}\\
\overline{\mathcal{L}} &=\mathcal{L}^{CAC}=\mathcal{L}^{CA}\cup\{\{a_1a_2\}\Rightarrow\{d_1d_2d_3\}\}\\
\mathcal{L}^{CC} &=\mathcal{L}^C\cup\{\{a_1a_2\}\Rightarrow\{d_1d_2d_3\}\}\\
\overline{\mathcal{L}} &=\mathcal{L}^{CCA}=\mathcal{L}^{CC}\cup\{\{a_1a_2\}\Rightarrow\{d_1\},\{a_1a_2\}\Rightarrow\{d_2\},\{a_1a_2\}\Rightarrow\{d_3\},\\
&\qquad\{a_1a_2\}\Rightarrow\{d_1d_3\}\}
\end{aligned}$$

显然, $\overline{\mathcal{L}}=\mathcal{L}^{ACC}=\mathcal{L}^{CAC}=\mathcal{L}^{CCA}$, 因此以任意次序应用推理规则都可以获得封闭集. 另外, 计算结果也显示 $\mathcal{L}^{AC}=\mathcal{L}^{CA}$, 即扩增推理规则和合并推理规则是可交换的 (性质 5.5). 同时, 连续应用合并推理规则的最大次数为 2, 恰好为应用合并推理规则的最大次数.

当使用扩增推理规则和后件合并推理规则进行推理时, 下面的结论成立.

定理 5.6 令 $\overline{\mathcal{L}}$ 为一封闭的决策蕴涵集且 $\overline{\mathcal{L}}=\mathcal{L}^{(AC_\alpha)^{2m}}$, 则

$$\overline{\mathcal{L}}=\mathcal{L}^{AC_\alpha^m}\supseteq\mathcal{L}^{C_\alpha A(AC_\alpha)^{2(m-1)}}\supseteq\mathcal{L}^{C_\alpha^m A}$$

证明 由性质 5.6 有 $\overline{\mathcal{L}}=\mathcal{L}^{(AC_\alpha)^{2m}}\subseteq\mathcal{L}^{A(AC_\alpha)C_\alpha(AC_\alpha)^{2(m-2)}}\subseteq\cdots\subseteq\mathcal{L}^{A^mC_\alpha^m}=\mathcal{L}^{AC_\alpha^m}$, 最后的等式可由性质 5.2得到. 因此, $\overline{\mathcal{L}}\subseteq\mathcal{L}^{AC_\alpha^m}$. 另外, 由封闭性的定义可知 $\overline{\mathcal{L}}\supseteq\mathcal{L}^{AC_\alpha^m}$, 因此 $\overline{\mathcal{L}}=\mathcal{L}^{AC_\alpha^m}$.

类似地, 我们有 $\overline{\mathcal{L}}=\mathcal{L}^{(AC_\alpha)^{2m}}\supseteq\mathcal{L}^{C_\alpha AAC_\alpha(AC_\alpha)^{2(m-2)}}\supseteq\cdots\supseteq\mathcal{L}^{C_\alpha^mA^m}=\mathcal{L}^{C_\alpha^m A}$, 即 $\overline{\mathcal{L}}\supseteq\mathcal{L}^{C_\alpha^m A}$. □

由定理 5.6 可知, 当使用扩增推理规则和后件合并推理规则进行推理时, 仅有一种方式可以得到封闭的决策蕴涵集, 即先应用扩增推理规则, 然后重复应用后件合并推理规则, 直至不再有新的决策蕴涵产生. 类似地, 连续应用后件合并推理规则的最大次数也不超过 $\lceil\log_2 m\rceil$.

定理 5.7 令 $\mathcal{L}$ 为一含有 m 个决策蕴涵的决策蕴涵集, 则 $\mathcal{L}_{C_\alpha}=\mathcal{L}^{C_\alpha^{\lceil\log_2 m\rceil}}$, 即连续应用后件合并推理规则的最大次数为 $\lceil\log_2 m\rceil$.

证明 类似于定理 5.5 的证明. □

5.4 推理方法

定理 5.4 和定理 5.6 给出了获取封闭集的 4 种推理方法.

(1) $\overline{\mathcal{L}}=(\mathcal{L}^A)_C$. 先应用一次扩增推理规则, 再重复应用多次合并推理规则, 直到无新决策蕴涵被推导出来.

(2) $\overline{\mathcal{L}}=(\mathcal{L}_C)^A$. 先重复应用多次合并推理规则, 直到无新决策蕴涵被推导出来, 再应用一次扩增推理规则.

(3) $\overline{\mathcal{L}}=\mathcal{L}^{C^mAC^{n-m}}$. 先重复应用多次合并推理规则, 再应用一次扩增推理规则, 之后应用多次合并推理规则, 直到无新决策蕴涵被推导出来.

(4) $\overline{\mathcal{L}}=(\mathcal{L}^A)_{C_\alpha}$. 先应用一次扩增推理规则, 再重复应用多次后件合并推理规则, 直到无新决策蕴涵被推导出来.

无论选择哪一种推理方法, 尽量减少或避免生成重复决策蕴涵都是一项重要的任务. 在此过程中, 针对具体的推导方法, 我们发现一些能够减少重复决策蕴涵的条件, 如推论 5.1 ~ 推论 5.3 所示.

推论 5.1 令 $\mathcal{L}$ 为一决策蕴涵集, 记

$$\mathcal{L}_1=\{A\Rightarrow B\in\mathcal{L}|\nexists A'\Rightarrow B'\in\mathcal{L}\backslash\{A\Rightarrow B\},A'\subseteq A\text{且}B'\supseteq B\}$$

则 $\mathcal{L}^A=\mathcal{L}_1^A$.

证明　因为 $\mathcal{L}_1 \subseteq \mathcal{L}$, 由性质 5.2 可知 $\mathcal{L}^A \supseteq \mathcal{L}_1^A$, 所以仅需证明 $\mathcal{L}^A \subseteq \mathcal{L}_1^A$. 对于任意的 $A \Rightarrow B \in \mathcal{L}^A$, 可以分为以下两种情况.

(1) $A \Rightarrow B \in \mathcal{L}_1$. 显然, $A \Rightarrow B \in \mathcal{L}_1 \subseteq \mathcal{L}_1^A$.

(2) $A \Rightarrow B \notin \mathcal{L}_1$. 因为 $A \Rightarrow B \in \mathcal{L}^A$, 必存在 $A' \Rightarrow B' \in \mathcal{L}$, 使得 $A' \subseteq A$ 且 $B' \supseteq B$. 根据 $\mathcal{L}_1$ 的定义, 必存在 $A'' \Rightarrow B'' \in \mathcal{L}_1$, 使得 $A'' \subseteq A'$ 且 $B'' \supseteq B'$, 因此有 $A'' \subseteq A$ 且 $B'' \supseteq B$. 对 $A'' \Rightarrow B'' \in \mathcal{L}_1$ 应用扩增推理规则可得 $A \Rightarrow B$, 即 $A \Rightarrow B \in \mathcal{L}_1^A$.

□

推论 5.1 表明, 对于决策蕴涵集 $\mathcal{L}$, 无需对集合中的每一个决策蕴涵都应用扩增推理规则, 仅需对满足前件最小且后件最大的决策蕴涵应用扩增推理规则即可, 即只需对决策蕴涵集 $\mathcal{L}_1$ 应用扩增推理规则. 这是因为由集合 $\mathcal{L}\backslash\mathcal{L}_1$ 推出的决策蕴涵均可以由集合 $\mathcal{L}_1$ 推出.

推论 5.2　令 $\mathcal{L}$ 为一决策蕴涵集, 则 $\mathcal{L}^{CC} = \mathcal{L}^C \cup (\mathcal{L}^C\backslash\mathcal{L})^C$.

证明　首先证明 $\mathcal{L}^{CC} \subseteq \mathcal{L}^C \cup (\mathcal{L}^C\backslash\mathcal{L})^C$. 对于任意的 $A \Rightarrow B \in \mathcal{L}^{CC}$, 需考虑以下三种情况.

(1) $A \Rightarrow B \in \mathcal{L}$. 此时, 显然有 $A \Rightarrow B \in \mathcal{L}^C \cup (\mathcal{L}^C\backslash\mathcal{L})^C$.

(2) $A \Rightarrow B \in \mathcal{L}^C\backslash\mathcal{L}$. 因为 $A \Rightarrow B \in \mathcal{L}^C$, 所以 $A \Rightarrow B \in \mathcal{L}^C \cup (\mathcal{L}^C\backslash\mathcal{L})^C$.

(3) $A \Rightarrow B \in \mathcal{L}^{CC}\backslash\mathcal{L}^C$. 分为两种情况考虑.

① 存在 $A_1 \Rightarrow B_1 \in \mathcal{L}^C\backslash\mathcal{L}$ 和 $A_2 \Rightarrow B_2 \in \mathcal{L}^C\backslash\mathcal{L}$, 使得 $A = A_1 \cup A_2$ 且 $B = B_1 \cup B_2$. 对 $A_1 \Rightarrow B_1$ 和 $A_2 \Rightarrow B_2$ 应用合并推理规则, 可得 $A \Rightarrow B \in (\mathcal{L}^C\backslash\mathcal{L})^C$.

② 存在 $A_1 \Rightarrow B_1 \in \mathcal{L}^C\backslash\mathcal{L}$ 和 $A_2 \Rightarrow B_2 \in \mathcal{L}$, 使得 $A = A_1 \cup A_2$ 且 $B = B_1 \cup B_2$. 对 $A_1 \Rightarrow B_1$, 也一定存在 $A_3 \Rightarrow B_3 \in \mathcal{L}$ 和 $A_4 \Rightarrow B_4 \in \mathcal{L}$, 使得 $A_1 = A_3 \cup A_4$ 且 $B_1 = B_3 \cup B_4$. 因为 $A_2 \Rightarrow B_2 \in \mathcal{L}$、$A_3 \Rightarrow B_3 \in \mathcal{L}$、$A_4 \Rightarrow B_4 \in \mathcal{L}$, 所以 $A_2 \cup A_3 \Rightarrow B_2 \cup B_3 \in \mathcal{L}^C\backslash\mathcal{L}$、$A_2 \cup A_4 \Rightarrow B_2 \cup B_4 \in \mathcal{L}^C\backslash\mathcal{L}$. 对集合 $\mathcal{L}^C\backslash\mathcal{L}$ 中的 $A_2 \cup A_3 \Rightarrow B_2 \cup B_3$ 和 $A_2 \cup A_4 \Rightarrow B_2 \cup B_4$, 应用合并推理规则可推导出 $A_2 \cup A_3 \cup A_4 \Rightarrow B_2 \cup B_3 \cup B_4$, 即 $A \Rightarrow B \in (\mathcal{L}^C\backslash\mathcal{L})^C$.

接下来证明 $\mathcal{L}^{CC} \supseteq \mathcal{L}^C \cup (\mathcal{L}^C\backslash\mathcal{L})^C$. 对于任意的 $A \Rightarrow B \in \mathcal{L}^C \cup (\mathcal{L}^C\backslash\mathcal{L})$, 需考虑以下三种情况.

(1) $A \Rightarrow B \in \mathcal{L}$. 显然有 $A \Rightarrow B \in \mathcal{L}^{CC}$.

(2) $A \Rightarrow B \in \mathcal{L}^C$. 显然有 $A \Rightarrow B \in \mathcal{L}^{CC}$.

(3) $A \Rightarrow B \in (\mathcal{L}^C\backslash\mathcal{L})^C$. 此时, 必存在 $A_1 \Rightarrow B_1 \in \mathcal{L}^C\backslash\mathcal{L} \subset \mathcal{L}^C$ 和 $A_2 \Rightarrow B_2 \in \mathcal{L}^C\backslash\mathcal{L} \subset \mathcal{L}^C$, 使得 $A = A_1 \cup A_2$ 且 $B = B_1 \cup B_2$, 因此 $A \Rightarrow B \in \mathcal{L}^{CC}$.

□

推论 5.2 表明, 当连续多次应用合并推理规则时, 只需对前一次推导的新决策蕴涵集应用合并推理规则即可. 显然, 当连续应用后件合并推理规则时, 推论

5.2 也适用. 事实上, 我们可得下面的结论.

性质 5.7 令 $\mathcal{L}$ 为一决策蕴涵集且有 $\mathcal{L}_C = \mathcal{L}^{C^n}$, 则有

$$\mathcal{L}_C = \mathcal{L}^C \cup (\mathcal{L}^C \setminus \mathcal{L})^C \cup \cdots \cup (\mathcal{L}^{C^{n-1}} \setminus \mathcal{L}^{C^{n-2}})^C$$

证明 我们使用数学归纳法证明. 当 $n=1$ 时, 显然有 $\mathcal{L}_C = \mathcal{L}^C$. 当 $n=2$ 时, 由推论 5.2可得 $\mathcal{L}_C = \mathcal{L}^{CC} = \mathcal{L}^C \cup (\mathcal{L}^C \setminus \mathcal{L})^C$. 对于 $\mathcal{L}_C = \mathcal{L}^{C^{n-1}}$, 假设

$$\mathcal{L}_C = \mathcal{L}^{C^{n-1}} = \mathcal{L}^C \cup (\mathcal{L}^C \setminus \mathcal{L})^C \cup \cdots \cup (\mathcal{L}^{C^{n-2}} \setminus \mathcal{L}^{C^{n-3}})^C \tag{5.1}$$

若 $\mathcal{L}_C = \mathcal{L}^{C^n}$, 则有 $\mathcal{L}_C = \mathcal{L}^{C^n} = (\mathcal{L}^C)^{C^{n-1}}$, 即对于 $\mathcal{L}' = \mathcal{L}^C$, 可得 $\mathcal{L}'_C = (\mathcal{L}')^{C^{n-1}}$. 由式(5.1), 可得

$$\mathcal{L}'_C = (\mathcal{L}')^{C^{n-1}} = \mathcal{L}^{CC} \cup (\mathcal{L}^{CC} \setminus \mathcal{L}^C)^C \cup \cdots \cup (\mathcal{L}^{CC^{n-2}} \setminus \mathcal{L}^{CC^{n-3}})^C$$

由推论 5.2 可得

$$\mathcal{L}_C = \mathcal{L}'_C = \mathcal{L}^C \cup (\mathcal{L}^C \setminus \mathcal{L})^C \cup (\mathcal{L}^{CC} \setminus \mathcal{L}^C)^C \cup \cdots \cup (\mathcal{L}^{C^{n-1}} \setminus \mathcal{L}^{C^{n-2}})^C$$

□

推论 5.3 令 $A \Rightarrow B$ 为一决策蕴涵, 则 $(\{A \Rightarrow B\}^A)_C = \{A \Rightarrow B\}^A$.

证明 显然有 $(\{A \Rightarrow B\}^A)_C \supseteq \{A \Rightarrow B\}^A$, 因此仅需证明 $(\{A \Rightarrow B\}^A)_C \subseteq \{A \Rightarrow B\}^A$. 对任意的 $A_1 \Rightarrow B_1$, $A_2 \Rightarrow B_2 \in \{A \Rightarrow B\}^A$, 我们有 $A_1 \supseteq A$、$A_2 \supseteq A$、$B_1 \subseteq B$ 和 $B_2 \subseteq B$. 对 $A_1 \Rightarrow B_1$ 和 $A_2 \Rightarrow B_2$ 应用合并推理规则, 可得 $A_1 \cup A_2 \Rightarrow B_1 \cup B_2$, 满足 $A_1 \cup A_2 \supseteq A$ 且 $B_1 \cup B_2 \subseteq B$. 这也意味着, $A_1 \cup A_2 \Rightarrow B_1 \cup B_2 \in \{A \Rightarrow B\}^A$. 因此, 对决策蕴涵集 $\{A \Rightarrow B\}^A$ 应用合并推理规则, 得到的决策蕴涵仍属于 $\{A \Rightarrow B\}^A$, 即 $(\{A \Rightarrow B\}^A)_C \subseteq \{A \Rightarrow B\}^A$. □

根据推论 5.3, 如果新决策蕴涵是由同一个决策蕴涵应用扩增推理规则推出来的, 则无需对这些决策蕴涵应用合并推理规则. 显然, 推论 5.3 对任意的决策蕴涵集也是适用的.

对于第三种推理方法, 我们只考虑两种边界情形, 即第一种和第二种推理方法. 这是因为可能难以找到应用扩增推理规则的最佳时机. 在推理过程中, 需要考虑应用扩增推理规则的所有可能位置, 而最佳的应用时机可能依赖具体的决策蕴涵集. 另外, 边界情形也会为寻找应用扩增推理规则的最佳时机提供一些线索. 因此, 我们仅给出三种推理方法及相应的算法, 并通过实验验证推理方法的有效性.

推理方法的具体步骤如算法 5.1 和算法 5.2 所示. 算法 5.1 通过第一种推理方法 $\overline{\mathcal{L}} = (\mathcal{L}^A)_C$ 生成 $\mathcal{L}$ 的封闭集 $\overline{\mathcal{L}}$. 为了提高推导效率, 算法首先在第 2~4 步使用推论 5.1 过滤 $\mathcal{L}$, 然后在第 5~9 步应用扩增推理规则到 $\mathcal{L}$, 并在第 7 步对源自

同一决策蕴涵的新决策蕴涵进行标注. 这样就可以通过推论 5.3 避免对来自同一决策蕴涵的新决策蕴涵应用合并推理规则 (第 12~14 步). 算法在第 10~25 步通过性质 5.7 应用合并推理规则得到封闭集 $\overline{\mathcal{L}}$, 其中第 10~16 步应用合并推理规则到 $\mathcal{L}'$, 并通过设置 $\mathcal{L}_{\texttt{new}} = \mathcal{L}' \backslash \mathcal{L}_{\texttt{current}}$ 记录新生成的决策蕴涵, 第 17~25 步重复应用合并推理规则到 $\mathcal{L}'$ 直到没有新的决策蕴涵产生, 即 $\mathcal{L}_{\texttt{new}} = \varnothing$. 在第 17~25 步中, 为了减少重复决策蕴涵, 算法通过推论 5.2 得到 $\mathcal{L}'^{CC} = \mathcal{L}'^{C} \cup (\mathcal{L}'^{C} \backslash \mathcal{L}')^{C}$, 其中 $\mathcal{L}'$ 和 $\mathcal{L}_{\texttt{new}}$ 已在第 11~16 步设置为 $\mathcal{L}'^{C}$ 和 $\mathcal{L}'^{C} \backslash \mathcal{L}'$, 因此在第 21 步有 $\mathcal{L}'^{CC} = \mathcal{L}' \cup (\mathcal{L}_{\texttt{new}})^{C} = \mathcal{L}'^{C} \cup (\mathcal{L}'^{C} \backslash \mathcal{L}')^{C}$. 类似地, 由推论 5.2, 下次迭代时, $\mathcal{L}'$ 和 $\mathcal{L}_{\texttt{new}}$ 在第 17 步已设置为 $\mathcal{L}'^{CC}$ 和 $\mathcal{L}'^{CC} \backslash \mathcal{L}'^{C}$, 因此有 $\mathcal{L}'^{CCC} = \mathcal{L}' \cup (\mathcal{L}_{\texttt{new}})^{C} = \mathcal{L}'^{CC} \cup (\mathcal{L}'^{CC} \backslash \mathcal{L}'^{C})^{C}$, 即 $\mathcal{L}'^{CCC} = \mathcal{L}'^{C} \cup (\mathcal{L}'^{C} \backslash \mathcal{L}')^{C} \cup (\mathcal{L}'^{CC} \backslash \mathcal{L}'^{C})^{C}$.

值得注意的是, 由定理 5.5, 第 17~25 步循环的次数不会超过 $\lceil \log_2 m \rceil - 1$.

算法 5.1 推理方法 $\overline{\mathcal{L}} = (\mathcal{L}^{A})_{C}$

输入: 决策蕴涵集 $\mathcal{L}$

输出: $\mathcal{L}$ 的封闭集 $\overline{\mathcal{L}}$

1: $\mathcal{L}' = \mathcal{L}$
2: **for** $A \Rightarrow B \in \mathcal{L}$ **do**
3: 　从 $\mathcal{L}$ 中移除满足 $A' \supseteq A$ 和 $B' \subseteq B$ 的 $A' \Rightarrow B'$
4: **end for**
5: **for** 任意的 $A_i \Rightarrow B_i \in \mathcal{L}$, $i = 1, 2, \cdots, n$ **do**
6: 　**for** 每一个满足 $A_j \supseteq A_i$ 和 $B_j \subseteq B_i$ 的 $A_j \Rightarrow B_j \notin \mathcal{L}$ **do**
7: 　　$A_j \Rightarrow B_j$ 标记为 i, 并设置 $\mathcal{L}' = \mathcal{L}' \cup \{A_j \Rightarrow B_j\}$
8: 　**end for**
9: **end for**
10: $\mathcal{L}_{\texttt{current}} = \mathcal{L}'$, $\mathcal{L}_{\texttt{new}} = \varnothing$
11: **for** 任意的 $A_1 \Rightarrow B_1 \in \mathcal{L}'$ 和 $A_2 \Rightarrow B_2 \in \mathcal{L}'$ **do**
12: 　**if** 两条决策蕴涵的标记不一致且 $A_1 \cup A_2 \Rightarrow B_1 \cup B_2 \notin \mathcal{L}'$ **then**
13: 　　$\mathcal{L}' = \mathcal{L}' \cup \{A_1 \cup A_2 \Rightarrow B_1 \cup B_2\}$
14: 　**end if**
15: **end for**
16: $\mathcal{L}_{\texttt{new}} = \mathcal{L}' \backslash \mathcal{L}_{\texttt{current}}$
17: **while** $\mathcal{L}_{\texttt{new}} \neq \varnothing$ **do**
18: 　$\mathcal{L}_{\texttt{current}} = \mathcal{L}'$
19: 　**for** 任意的 $A_3 \Rightarrow B_3 \in \mathcal{L}_{\texttt{new}}$ 和 $A_4 \Rightarrow B_4 \in \mathcal{L}_{\texttt{new}}$ **do**
20: 　　**if** $A_3 \cup A_4 \Rightarrow B_3 \cup B_4 \notin \mathcal{L}'$ **then**

21: $\mathcal{L}' = \mathcal{L}' \cup \{A_3 \cup A_4 \Rightarrow B_3 \cup B_4\}$
22: **end if**
23: **end for**
24: $\mathcal{L}_{\texttt{new}} = \mathcal{L}' \backslash \mathcal{L}_{\texttt{current}}$
25: **end while**
26: 令 $\overline{\mathcal{L}} = \mathcal{L}'$, 输出 $\overline{\mathcal{L}}$

算法 5.2 实现第二种推理方法 $\overline{\mathcal{L}} = (\mathcal{L}_C)^A$. 在该算法中, 首先将 $\mathcal{L}'$ 初始化为 $\mathcal{L}$. 然后, 在第 2~11 步, 应用合并推理规则到 $\mathcal{L}$ 至多 $\lceil \log_2 m \rceil$ 次生成 $\mathcal{L}_C$(定理 5.5), 其中 $\mathcal{L}_{\texttt{new}}$ 使用推论 5.2 和性质 5.7 记录新生成的决策蕴涵, 即在第一次迭代时有 $\mathcal{L}_{\texttt{new}} = \mathcal{L}$, 第二次迭代时有 $\mathcal{L}_{\texttt{new}} = \mathcal{L}^C \setminus \mathcal{L}$, 第三次迭代时有 $\mathcal{L}_{\texttt{new}} = \mathcal{L}^{CC} \setminus \mathcal{L}^C$ 等. 最后, 算法根据推论 5.1 过滤 $\mathcal{L}_C$(第 12~14 步), 并在第 15~19 步应用扩增推理规则.

对于第四种推理方法 $\overline{\mathcal{L}} = (\mathcal{L}^A)_{C_\alpha}$, 除了只对前件相同的决策蕴涵进行合并, 其他算法步骤与算法 5.1 类似, 这里不再赘述.

算法 5.2 推理方法 $\overline{\mathcal{L}} = (\mathcal{L}_C)^A$

输入: 决策蕴涵集 $\mathcal{L}$
输出: $\mathcal{L}$ 的封闭集 $\overline{\mathcal{L}}$
1: $\mathcal{L}' = \mathcal{L}$
2: $\mathcal{L}_{\texttt{new}} = \mathcal{L}$
3: **while** $\mathcal{L}_{\texttt{new}} \neq \varnothing$ **do**
4: $\mathcal{L}_{\texttt{current}} = \mathcal{L}'$
5: **for** 任意的 $A_1 \Rightarrow B_1 \in \mathcal{L}_{\texttt{new}}$ 和 $A_2 \Rightarrow B_2 \in \mathcal{L}_{\texttt{new}}$ **do**
6: **if** $A_1 \cup A_2 \Rightarrow B_1 \cup B_2 \notin \mathcal{L}'$ **then**
7: $\mathcal{L}' = \mathcal{L}' \cup \{A_1 \cup A_2 \Rightarrow B_1 \cup B_2\}$
8: **end if**
9: **end for**
10: $\mathcal{L}_{\texttt{new}} = \mathcal{L}' \backslash \mathcal{L}_{\texttt{current}}$
11: **end while**
12: **for** 任意的 $A \Rightarrow B \in \mathcal{L}'$ **do**
13: 从 $\mathcal{L}'$ 中移除满足 $A_j \supseteq A$ 和 $B_j \subseteq B$ 的 $A_j \Rightarrow B_j$
14: **end for**
15: **for** 任意的 $A \Rightarrow B \in \mathcal{L}'$ **do**
16: **for** 满足 $A_i \supseteq A$ 和 $B_i \subseteq B$ 的 $A_i \Rightarrow B_i \notin \mathcal{L}'$ **do**
17: $\mathcal{L}' = \mathcal{L}' \cup \{A_i \Rightarrow B_i\}$

18: **end for**
19: **end for**
20: 令 $\overline{\mathcal{L}} = \mathcal{L}'$, 输出 $\overline{\mathcal{L}}$

5.5 实验结果与分析

本节通过数值实验验证提出的推理方法. 实验以决策蕴涵规范基为知识库, 将推理规则应用于决策蕴涵规范基. 相比其他决策蕴涵集, 决策蕴涵规范基具有许多优势.

(1) 决策蕴涵规范基是完备的, 即决策蕴涵规范基可以保留决策背景上的所有信息. 因此, 使用决策蕴涵规范基可以保证推理的结果包含需要的所有信息.

(2) 决策蕴涵规范基是无冗余的. 根据推理规则的合理性, 通过推理规则推导的决策蕴涵是冗余的, 因此选择冗余决策蕴涵集作为推理的知识库, 可能产生不同规模的重复决策蕴涵, 难以正确评估推理方法的效率.

(3) 决策蕴涵规范基是最优的, 即决策蕴涵规范基在所有完备的决策蕴涵集中所含的决策蕴涵是最少的. 该特点有助于我们更有效地推导决策蕴涵. 此外, 我们可以直接使用前面章节提出的有效算法生成决策蕴涵规范基.

本节选择 6 个不同规模的 UCI 数据集, 并根据阈值 0.5 进行数据预处理, 包括移除缺失值、对连续值进行归一化等. 生成的数据集如表 5.1 所示.

表 5.1 数据集

数据集	对象数	属性数
cloud	108	21
bank8FM	8192	27
wisconsin	194	99
autoMpg	397	114
supermarket	4627	124
creditrating	690	570

我们按照如下步骤生成决策背景, 对于表 5.1 中的每个数据集, 首先随机选择一个属性作为条件属性, 从剩余属性随机选择一个属性作为决策属性, 从而形成一个决策背景. 然后, 保持条件属性 (或决策属性) 的数量不变, 将决策属性 (或条件属性) 的数量均匀增加, 其中每次改变属性数量后都需要重新随机选择属性, 以保证得到的决策背景是相互独立的. 以数据集 autoMpg 为例, 我们随机选择 3、5、7、9、11 和 13 个属性作为条件属性, 当条件属性数为 3 时, 从剩余属性中分别选取 1~6 个属性作为决策属性. 最后, 由数据集 autoMpg 得到 36 个独立的决策背景.

我们使用 4.3.3 节提出的真前提算法生成决策蕴涵规范基. 实验以决策蕴涵规范基作为知识库, 因此决策蕴涵规范基的性质, 尤其是决策蕴涵规范基中的决策蕴涵数会影响推理方法的效率. 为了准确评估推理方法的效率, 我们首先分析决策蕴涵规范基中的决策蕴涵数、条件属性数和决策属性数之间的关系.

实验结果如图 5.1 所示, 其中 $|C|$ 是条件属性数, $|D|$ 是决策属性数, $|O|$ 是决策蕴涵规范基中的决策蕴涵数.

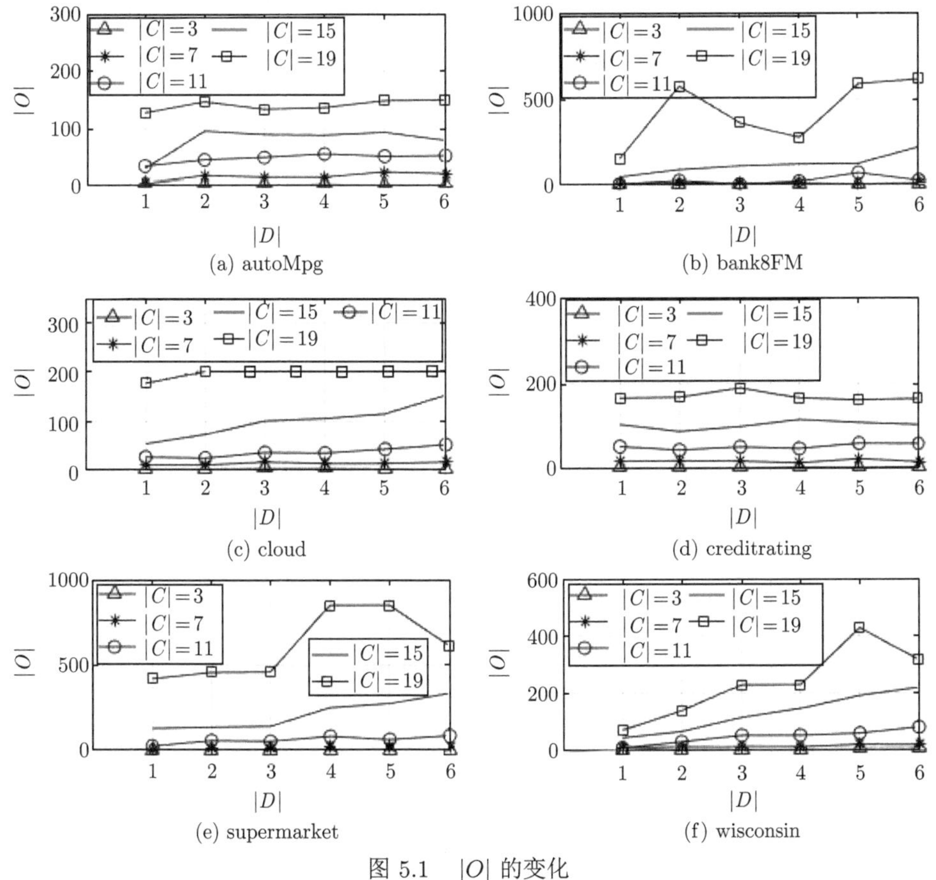

图 5.1 $|O|$ 的变化

从图 5.1 可以得出以下结论.

(1) 决策属性数一定时, 决策蕴涵规范基中的决策蕴涵数随着条件属性数的增加而增加.

(2) 条件属性数一定时, 决策蕴涵规范基中的决策蕴涵数随着决策属性数的增加而缓慢增加. 总体上看, 决策蕴涵规范基中的决策蕴涵数仍保持在一个稳定的范围内. 例如, 在数据集 autoMpg 中, 当条件属性数为 11 时, 决策蕴涵规范基中的决策蕴涵数保持在 35~60 之间. 在数据集 creditrating 中, 当条件属性数为 11 时, 决策蕴涵规范基中的决策蕴涵数保持在 45~60 之间. 当然也存在特例, 例如在数据集 bank8FM 中, 当条件属性数为 19 时, 决策蕴涵规范基中的决策蕴涵数波动较大, 甚至在决策属性数为 3 时出现明显下降.

事实上, 决策蕴涵规范基中的决策蕴涵数会受到条件属性数和决策属性数的影响, 但前者的影响更大. 其原因如下, 设 $K = (G, C \cup D, I_C \cup I_D)$ 为一决策背景, $|O|$ 为决策前提的个数. 由定理 4.5 可知, $A \subseteq C$ 是决策前提, 当且仅当 A 是某个决策属性的真前提, 因此真前提的个数等于决策前提的个数. 假设决策背景 K 有 $|D|$ 个决策属性, 每个决策属性平均有 n 个真前提, 则决策背景 K 有 $|D|n$ 个真前提, 即 $|O| = |D|n$.

若 $|D|$ 保持不变, 当条件属性数从 $|C|$ 增加到 $|C|+1$ 时, 可能产生 $C_{|C|+1}^{|C|} = |C|+1$ 个由 $|C|$ 个条件属性, $|D|$ 个决策属性构成的决策子背景. 每个决策子背景平均有 $|D|n$ 个真前提. 此时, 随着 $|C|$ 增加到 $|C|+1$, $|O|$ 增加 $(|C|+1)|D|n - |D|n = |C||D|n$.

若 $|C|$ 保持不变, 当决策属性数从 $|D|$ 增加到 $|D|+1$ 时, 有 $(|D|+1)n$ 个真前提, 因此 $|O|$ 增加 $(|D|+1)n - |D|n = n$. 换言之, 若 $|D|$ 减少到 $|D|-1$, 则 $|O|$ 也减少 n 个.

若 $|C|$ 增加到 $|C|+1$ 且 $|D|$ 减少到 $|D|-1$, 由上述分析可知, $|C|$ 的增加使得 $|O|$ 增加 $|C||D|n$, $|D|$ 的减少使得 $|O|$ 减少了 n, 因此 $|O|$ 的增长量为 $|C||D|n - n$. 在实验中, 若 $|C|$ 增加到 $|C|+i$ 且 $|D|$ 减少到 $|D|-i$, 则 $|O|$ 的增加为 $ni(|C||D|-1)$.

综上所述, 条件属性数是影响决策蕴涵规范基中决策蕴涵数的主要因素.

接下来, 我们通过实验验证三种推理方法的有效性. 在实验中, 若 5h 内没有计算出实验结果, 则终止该算法, 用 "×" 表示. 实验对比结果如图 5.2 ~ 图 5.7 所示, 其中 $(\mathcal{L}^A)_C$ 为第一种推理方法, $(\mathcal{L}_C)^A$ 为第二种推理方法, $(\mathcal{L}^A)_{C_\alpha}$ 为第四种推理方法.

由图 5.2 ~ 图 5.7 可以看出, 随着条件属性数的增加, 三种推理方法的时间消耗均呈上升趋势, 但总体上, 推理方法 $(\mathcal{L}^A)_{C_\alpha}$ 优于其他两种推理方法. 尤其是, 当条件属性数逐渐增大时, 其优势更加明显. 以数据集 bank8FM 为例, 当 $|D| = 3$、$|C| \leqslant 11$ 时, 三种推理方法的耗时相差并不明显, 均处于一种平缓增加的状态. 然而, 当条件属性数大于 11 时, 推理方法 $(\mathcal{L}^A)_C$ 的耗时开始明显增加, 且在 $|C| = 13$ 时急剧增加; 推理方法 $(\mathcal{L}_C)^A$ 的耗时在 $|C| = 11$ 时开始增加, 在 $|C| = 15$ 时大幅增加. 然而, 在 $|D| \leqslant 5$ 时, 推理方法 $(\mathcal{L}^A)_{C_\alpha}$ 的耗时始终在一个较低的范围内, 只有当 $|D| = 6$ 时, 推理方法 $(\mathcal{L}^A)_{C_\alpha}$ 的耗时才开始在 $|C| = 17$ 处大幅增加.

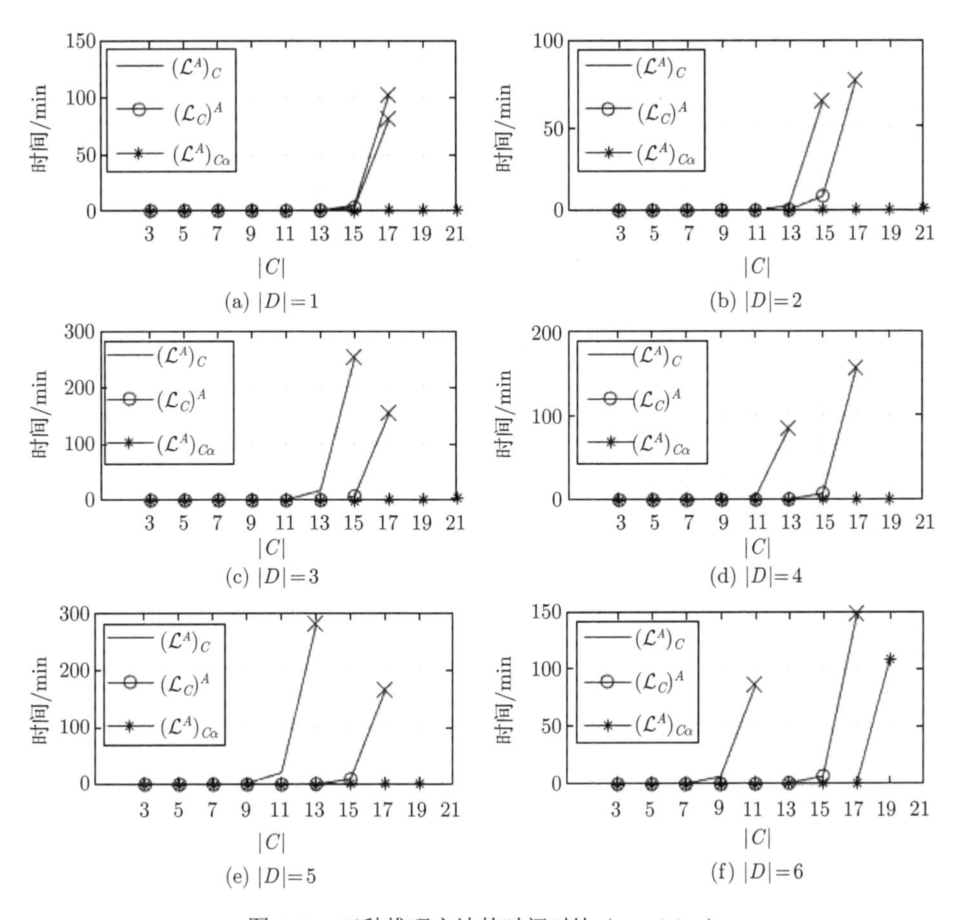

(a) $|D|=1$ (b) $|D|=2$

(c) $|D|=3$ (d) $|D|=4$

(e) $|D|=5$ (f) $|D|=6$

图 5.2 三种推理方法的时间对比 (autoMpg)

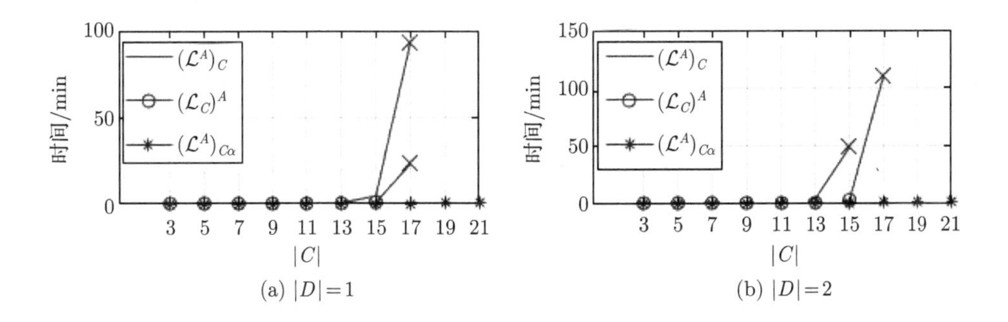

(a) $|D|=1$ (b) $|D|=2$

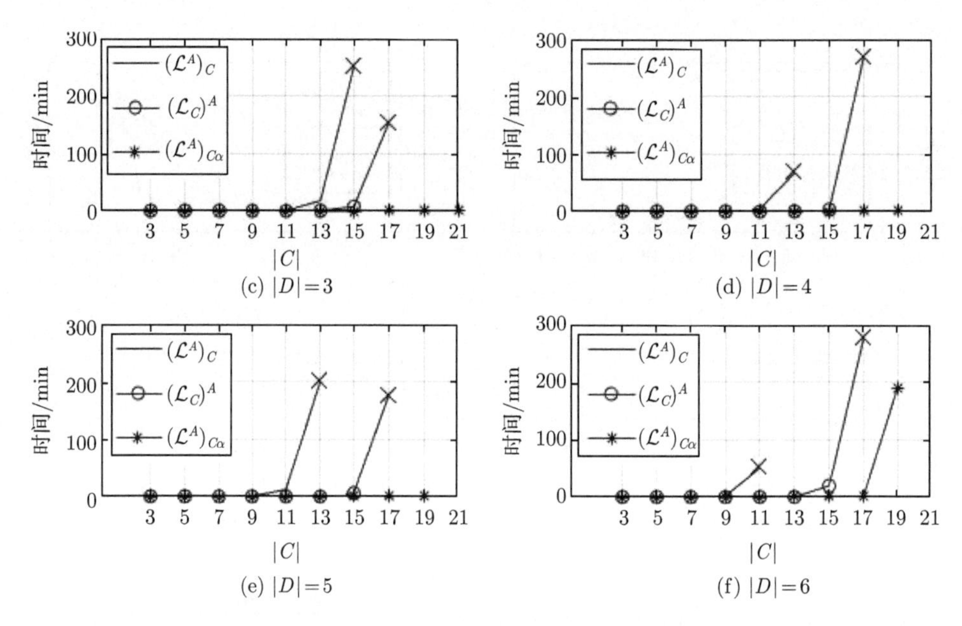

图 5.3 三种推理方法的时间对比 (bank8FM)

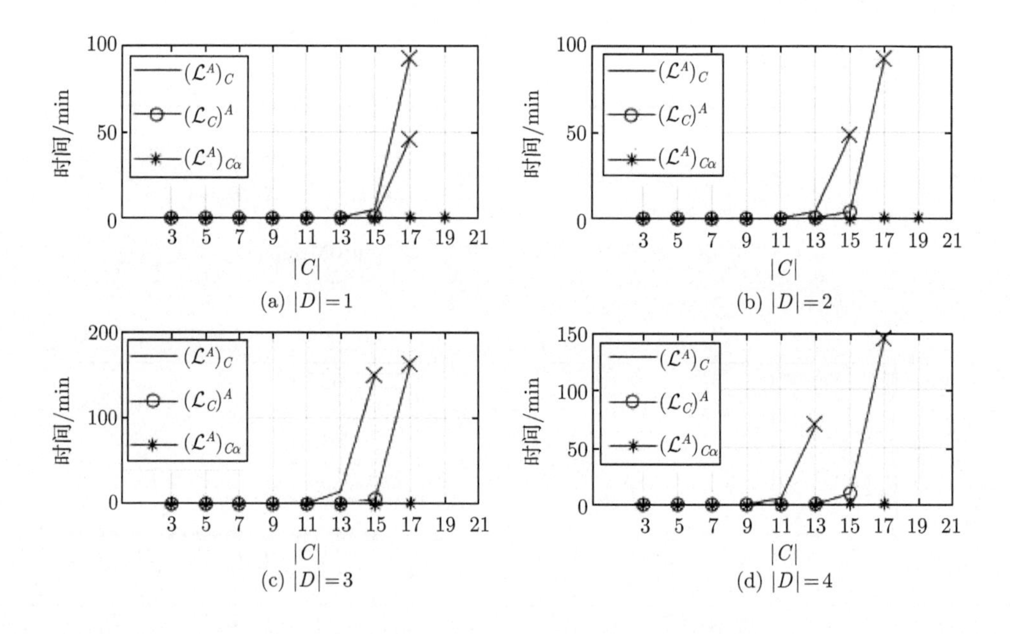

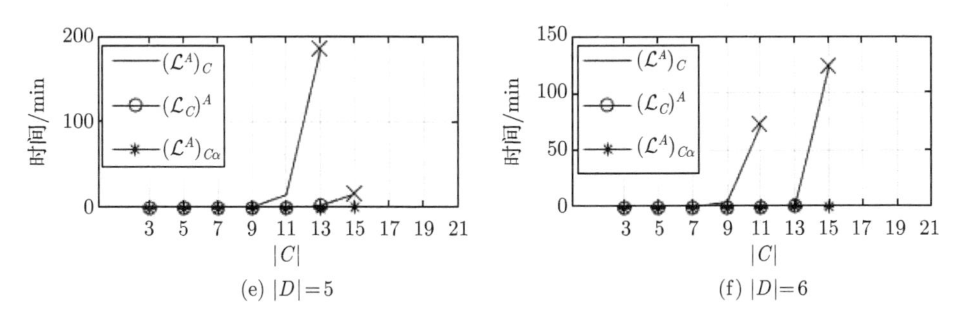

(e) $|D|=5$ (f) $|D|=6$

图 5.4 三种推理方法的时间对比 (cloud)

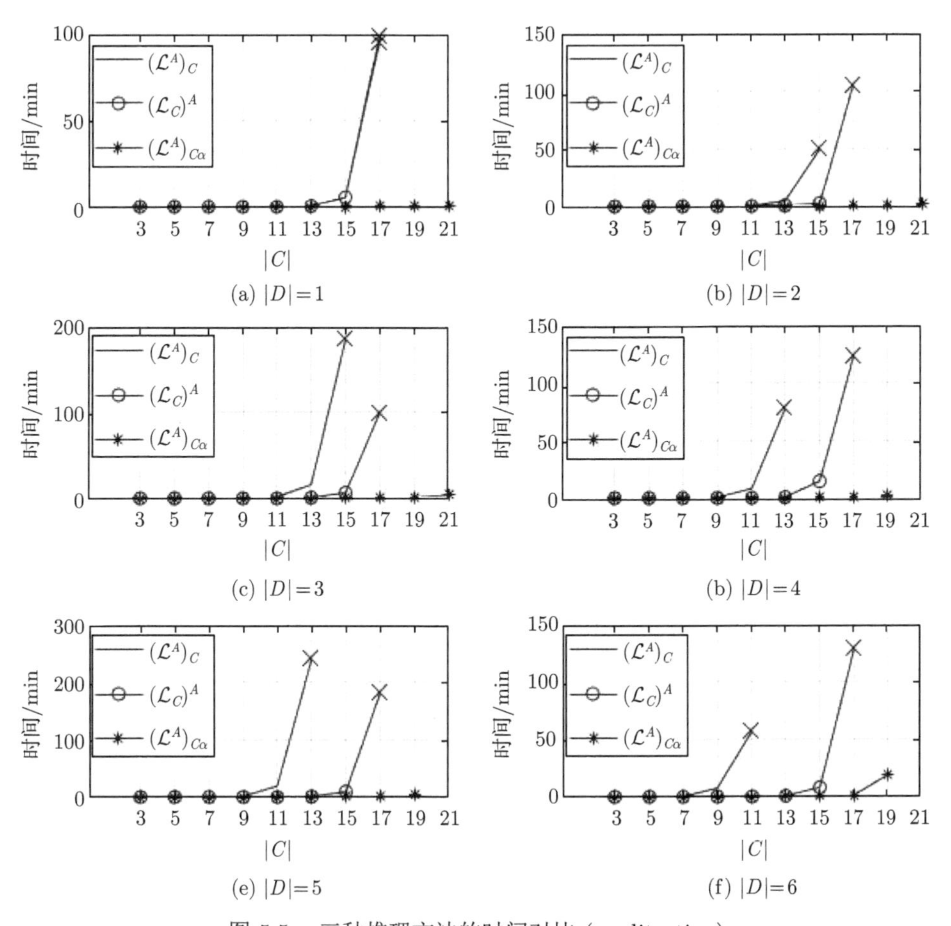

(a) $|D|=1$ (b) $|D|=2$

(c) $|D|=3$ (b) $|D|=4$

(e) $|D|=5$ (f) $|D|=6$

图 5.5 三种推理方法的时间对比 (creditrating)

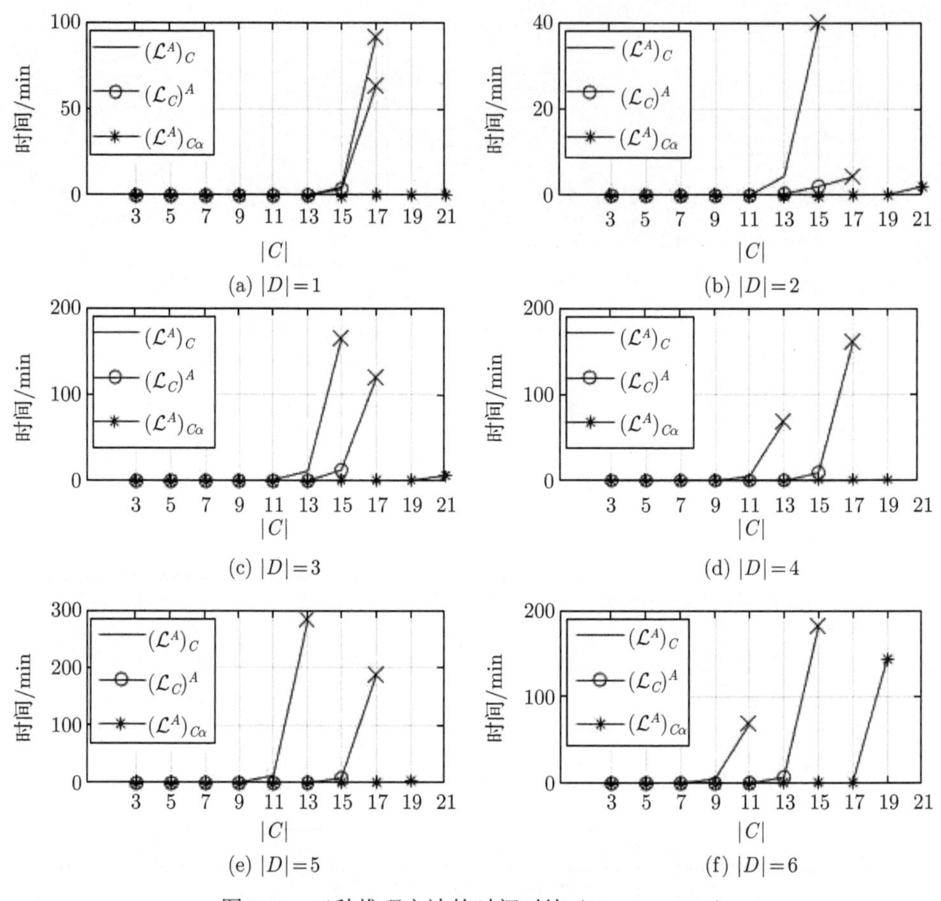

(a) $|D|=1$　　(b) $|D|=2$

(c) $|D|=3$　　(d) $|D|=4$

(e) $|D|=5$　　(f) $|D|=6$

图 5.6　三种推理方法的时间对比 (supermarket)

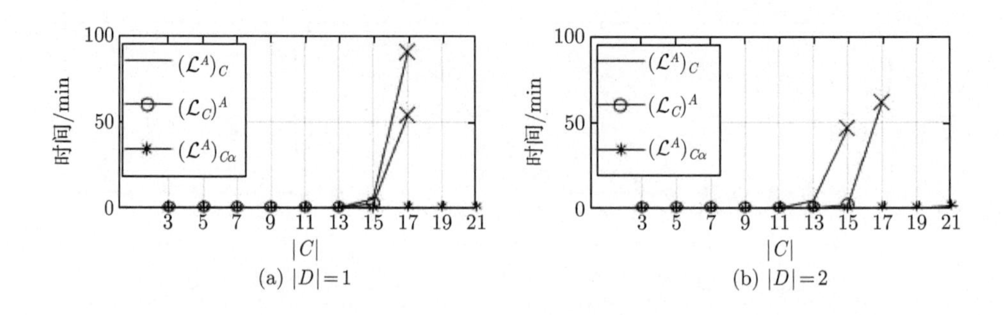

(a) $|D|=1$　　(b) $|D|=2$

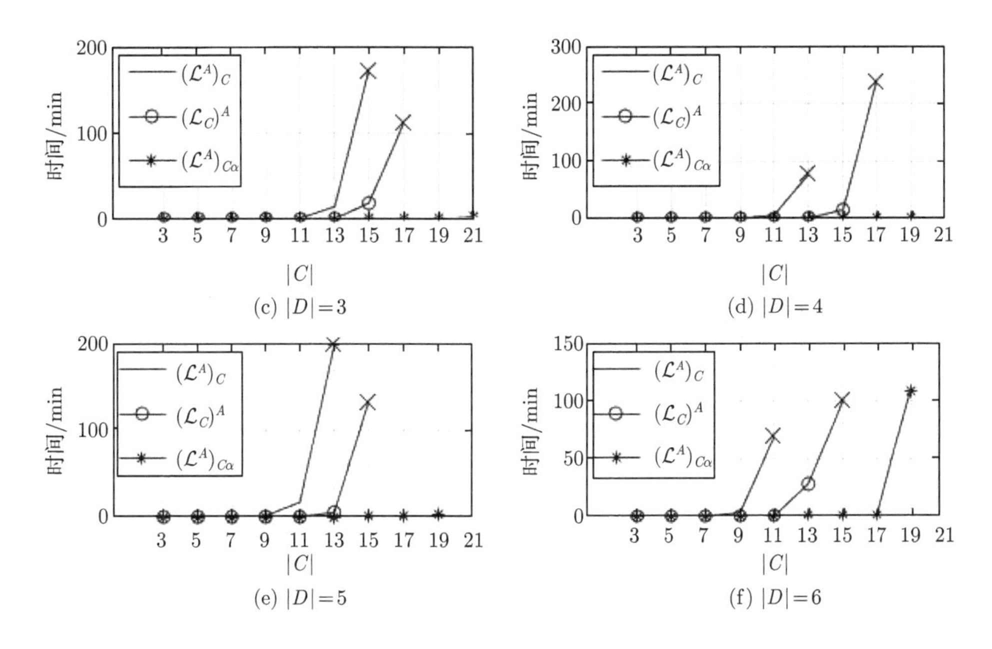

图 5.7 三种推理方法的时间对比 (wisconsin)

为了进一步分析推理方法的效率与推理过程中生成的重复决策蕴涵的关系，我们比较了三种推理方法产生的重复决策蕴涵数，如表 5.2 ~ 表 5.7 所示. 其中，对表中重复决策蕴涵数大于 10000 的数值使用近似科学计数表示，例如 123000 表示为 1×10^5.

由表 5.2 ~ 表 5.7 可以看出，随着条件属性数的增加，三种推理方法产生的重复决策蕴涵数也在增加. 相比较而言，推理方法 $(\mathcal{L}^A)_{C_\alpha}$ 产生的重复决策蕴涵数最少，而且随着条件属性数逐渐增加，该推理方法与其他两种推理方法产生的重复决策蕴涵数的差距也越来越大. 这充分说明，重复决策蕴涵数是影响推理效率的主要因素. 同样，以数据集 bank8FM 为例，当 $|D| = 3$、$|C| \leqslant 11$ 时，推理方法 $(\mathcal{L}^A)_C$ 产生的重复决策蕴涵数最大为 10^7，而其他两种推理方法的重复决策蕴涵数均小于 10^4，且两者的差距很小. 不过，由于机器性能较高，三种推理方法的耗时相差不大. 当条件属性数大于 11 时，推理方法 $(\mathcal{L}^A)_C$ 产生的重复决策蕴涵数已经增加到 10^9，甚至 10^{10}，同时其对应的时间消耗也急剧增加. 类似地，推理方法 $(\mathcal{L}_C)^A$ 产生的重复决策蕴涵数也呈现快速增长的趋势，并在 $|C| = 17$ 时达到 10^9 数量级，其时间消耗也急剧增加. 然而，当 $|D| \leqslant 5$ 时，推理方法 $(\mathcal{L}^A)_{C_\alpha}$ 产生的重复决策蕴涵数均未上升至 10^9 数量级，因此其耗时始终保持在较低的范围内. 只有当 $|D| = 6$ 且 $|C| = 17$ 时，推理方法 $(\mathcal{L}^A)_{C_\alpha}$ 产生的重复决策蕴涵数才达到 10^9，对应的耗时也开始增加. 由此得出结论，当重复决策蕴涵数小于 10^9 时，

其时间消耗较低, 而当重复决策蕴涵数大于 10^9 时, 对应的时间消耗呈指数增长. 因此, 降低重复决策蕴涵数是提高推理效率的关键.

表 5.2 三种推理方法的重复决策蕴涵 (autoMpg)

$\|C\|$	$\|D\|=1$			$\|D\|=2$			$\|D\|=3$		
	$(\mathcal{L}^A)_C$	$(\mathcal{L}_C)^A$	$(\mathcal{L}^A)_{C_\alpha}$	$(\mathcal{L}^A)_C$	$(\mathcal{L}_C)^A$	$(\mathcal{L}^A)_{C_\alpha}$	$(\mathcal{L}^A)_C$	$(\mathcal{L}_C)^A$	$(\mathcal{L}^A)_{C_\alpha}$
3	8	4	3	47	6	5	481	27	21
5	509	62	31	4255	322	172	15884	407	288
7	8783	969	233	80386	4412	1489	3×10^5	5217	2802
9	1×10^5	44325	2342	1×10^6	65236	11208	7×10^6	83738	28778
11	2×10^6	7×10^5	15701	2×10^7	9×10^5	63088	1×10^8	1×10^6	1×10^5
13	3×10^7	1×10^7	1×10^5	3×10^8	2×10^7	3×10^5	2×10^9	2×10^7	9×10^5
15	5×10^8	1×10^8	2×10^5	5×10^9	3×10^8	2×10^6	3×10^{10}	3×10^8	4×10^6
17	8×10^9	4×10^9	4×10^6		2×10^9	8×10^6		4×10^9	3×10^7
19			1×10^7			5×10^7			1×10^8
21			8×10^7			2×10^8			6×10^8

$\|C\|$	$\|D\|=4$			$\|D\|=5$			$\|D\|=6$		
	$(\mathcal{L}^A)_C$	$(\mathcal{L}_C)^A$	$(\mathcal{L}^A)_{C_\alpha}$	$(\mathcal{L}^A)_C$	$(\mathcal{L}_C)^A$	$(\mathcal{L}^A)_{C_\alpha}$	$(\mathcal{L}^A)_C$	$(\mathcal{L}_C)^A$	$(\mathcal{L}^A)_{C_\alpha}$
3	2050	52	41	8017	75	69	32133	132	129
5	56481	421	396	3×10^5	1902	1716	1×10^6	3740	3460
7	2×10^6	7569	5971	7×10^6	21973	15883	3×10^7	37913	34861
9	3×10^7	1×10^5	57956	1×10^8	2×10^5	1×10^5	5×10^8	3×10^5	2×10^5
11	5×10^8	2×10^6	3×10^5	2×10^9	2×10^6	7×10^5	8×10^9	3×10^6	1×10^6
13	8×10^9	2×10^7	1×10^6	1×10^{10}	2×10^7	4×10^6		3×10^7	8×10^6
15		2×10^8	1×10^7		3×10^8	2×10^7		3×10^8	3×10^7
17		4×10^9	6×10^7		4×10^9	1×10^8		4×10^9	2×10^8
19			2×10^8			5×10^8			2×10^9
21									

表 5.3 三种推理方法的重复决策蕴涵数 (bank8FM)

$\|C\|$	$\|D\|=1$			$\|D\|=2$			$\|D\|=3$		
	$(\mathcal{L}^A)_C$	$(\mathcal{L}_C)^A$	$(\mathcal{L}^A)_{C_\alpha}$	$(\mathcal{L}^A)_C$	$(\mathcal{L}_C)^A$	$(\mathcal{L}^A)_{C_\alpha}$	$(\mathcal{L}^A)_C$	$(\mathcal{L}_C)^A$	$(\mathcal{L}^A)_{C_\alpha}$
3	8	4	3	26	4	3	150	10	6
5	155	14	11	893	9	8	2002	27	18
7	2686	154	63	48150	1470	623	1×10^5	1830	695
9	72883	1087	399	5×10^5	4384	1601	2×10^6	7298	2527
11	1×10^6	4087	1069	1×10^7	3×10^5	18467	4×10^7	4032	3308
13	3×10^7	4×10^6	30271	2×10^8	8×10^5	45199	1×10^9	7×10^6	2×10^5
15	5×10^8	2×10^7	1×10^5	4×10^9	1×10^8	5×10^5	1×10^{10}	1×10^8	1×10^6
17	8×10^9	1×10^9	1×10^6		5×10^9	4×10^6		4×10^9	7×10^6
19			6×10^6			3×10^7			4×10^7
21			3×10^7			1×10^8			1×10^8

续表

$\|C\|$	$\|D\|=4$			$\|D\|=5$			$\|D\|=6$		
	$(\mathcal{L}^A)_C$	$(\mathcal{L}_C)^A$	$(\mathcal{L}^A)_{C_\alpha}$	$(\mathcal{L}^A)_C$	$(\mathcal{L}_C)^A$	$(\mathcal{L}^A)_{C_\alpha}$	$(\mathcal{L}^A)_C$	$(\mathcal{L}_C)^A$	$(\mathcal{L}^A)_{C_\alpha}$
3	1146	24	21	501	4	3	12	4	6
5	6767	63	56	54471	336	124	5×10^5	510	507
7	3×10^5	1463	718	2×10^6	1087	1043	8×10^6	2395	1846
9	3×10^6	6480	1943	3×10^7	5206	3733	1×10^8	13697	11817
11	3×10^8	1×10^5	67320	1×10^9	2×10^6	1×10^5	4×10^9	4×10^5	1×10^5
13	6×10^9	1×10^7	4×10^5	9×10^9	2×10^6	3×10^5		4×10^6	1×10^6
15		2×10^8	2×10^6		3×10^8	4×10^6		7×10^8	9×10^6
17		1×10^{10}	1×10^7		9×10^9	2×10^7			9×10^7
19			9×10^7			2×10^8			1×10^9
21									

表 5.4 三种推理方法的重复决策蕴涵数 (cloud)

$\|C\|$	$\|D\|=1$			$\|D\|=2$			$\|D\|=3$		
	$(\mathcal{L}^A)_C$	$(\mathcal{L}_C)^A$	$(\mathcal{L}^A)_{C_\alpha}$	$(\mathcal{L}^A)_C$	$(\mathcal{L}_C)^A$	$(\mathcal{L}^A)_{C_\alpha}$	$(\mathcal{L}^A)_C$	$(\mathcal{L}_C)^A$	$(\mathcal{L}^A)_{C_\alpha}$
3	8	4	3	11	4	3	23	8	8
5	53	5	4	1466	82	39	2946	37	28
7	7382	1483	242	51443	1629	619	3×10^5	6094	1835
9	75255	8013	732	1×10^6	36742	4225	5×10^6	59658	10245
11	2×10^6	7×10^5	9602	2×10^7	4×10^5	24778	9×10^7	6×10^5	61618
13	3×10^7	1×10^7	54056	3×10^8	2×10^7	1×10^5	2×10^9	1×10^7	3×10^5
15	5×10^8	7×10^7	3×10^5	5×10^9	2×10^8	1×10^6	9×10^9	3×10^8	2×10^6
17	8×10^9	2×10^9	1×10^6		5×10^9	6×10^6		6×10^9	1×10^7
19			1×10^7			3×10^7			

$\|C\|$	$\|D\|=4$			$\|D\|=5$			$\|D\|=6$		
	$(\mathcal{L}^A)_C$	$(\mathcal{L}_C)^A$	$(\mathcal{L}^A)_{C_\alpha}$	$(\mathcal{L}^A)_C$	$(\mathcal{L}_C)^A$	$(\mathcal{L}^A)_{C_\alpha}$	$(\mathcal{L}^A)_C$	$(\mathcal{L}_C)^A$	$(\mathcal{L}^A)_{C_\alpha}$
3	1893	36	33	501	4	3	8006	4	3
5	19489	388	185	2×10^5	1013	869	8×10^5	990	801
7	1×10^6	6333	3846	5×10^6	9058	5709	2×10^7	21363	14035
9	2×10^7	31296	13571	7×10^7	64896	27762	3×10^8	2×10^5	54598
11	4×10^8	5×10^5	1×10^5	2×10^9	1×10^6	2×10^5	7×10^9	7×10^6	5×10^5
13	7×10^9	2×10^7	7×10^5	8×10^9	9×10^7	1×10^6		4×10^7	3×10^6
15		5×10^8	5×10^6		7×10^8	1×10^7		9×10^9	2×10^7
17		8×10^9	2×10^7						
19									

表 5.5　三种推理方法的重复决策蕴涵数 (creditrating)

$\|C\|$	$\|D\| = 1$			$\|D\| = 2$			$\|D\| = 3$		
	$(\mathcal{L}^A)_C$	$(\mathcal{L}_C)^A$	$(\mathcal{L}^A)_{C_\alpha}$	$(\mathcal{L}^A)_C$	$(\mathcal{L}_C)^A$	$(\mathcal{L}^A)_{C_\alpha}$	$(\mathcal{L}^A)_C$	$(\mathcal{L}_C)^A$	$(\mathcal{L}^A)_{C_\alpha}$
3	17	8	5	93	12	9	437	20	17
5	749	214	64	4225	322	172	17579	479	338
7	13642	3552	541	86457	4708	1677	4×10^5	6678	3667
9	2×10^5	58939	4014	1×10^6	65236	11208	7×10^6	83738	28778
11	3×10^6	1×10^6	25667	2×10^7	7×10^5	64621	1×10^8	1×10^6	1×10^5
13	4×10^7	2×10^7	1×10^5	3×10^8	2×10^7	4×10^5	2×10^9	2×10^7	1×10^6
15	6×10^8	3×10^8	8×10^5	5×10^9	1×10^8	2×10^6	1×10^{10}	3×10^8	5×10^6
17	9×10^9	4×10^9	4×10^6		4×10^9	1×10^7		4×10^9	2×10^7
19			2×10^7			6×10^7			1×10^8
21			8×10^7			2×10^8			7×10^8

$\|C\|$	$\|D\| = 4$			$\|D\| = 5$			$\|D\| = 6$		
	$(\mathcal{L}^A)_C$	$(\mathcal{L}_C)^A$	$(\mathcal{L}^A)_{C_\alpha}$	$(\mathcal{L}^A)_C$	$(\mathcal{L}_C)^A$	$(\mathcal{L}^A)_{C_\alpha}$	$(\mathcal{L}^A)_C$	$(\mathcal{L}_C)^A$	$(\mathcal{L}^A)_{C_\alpha}$
3	2050	52	41	8017	75	69	32952	162	141
5	85075	1425	900	3×10^5	2064	1748	1×10^6	3630	3444
7	2×10^6	7569	5971	7×10^6	21100	17389	3×10^7	31639	28935
9	3×10^7	2×10^5	57953	1×10^8	2×10^5	1×10^5	5×10^8	3×10^5	2×10^5
11	5×10^8	1×10^6	3×10^5	2×10^9	2×10^6	8×10^5	8×10^9	3×10^6	1×10^6
13	8×10^9	2×10^7	2×10^6	1×10^{10}	2×10^7	4×10^6		2×10^7	8×10^6
15		5×10^8	1×10^7		3×10^8	2×10^7		3×10^8	5×10^7
17		4×10^9	6×10^7			1×10^8			2×10^8
19			3×10^8			6×10^8			2×10^9
21									

表 5.6　三种推理方法的重复决策蕴涵数 (supermarket)

$\|C\|$	$\|D\| = 1$			$\|D\| = 2$			$\|D\| = 3$		
	$(\mathcal{L}^A)_C$	$(\mathcal{L}_C)^A$	$(\mathcal{L}^A)_{C_\alpha}$	$(\mathcal{L}^A)_C$	$(\mathcal{L}_C)^A$	$(\mathcal{L}^A)_{C_\alpha}$	$(\mathcal{L}^A)_C$	$(\mathcal{L}_C)^A$	$(\mathcal{L}^A)_{C_\alpha}$
3	8	4	3	47	6	5	57	6	8
5	146	35	15	662	28	19	1859	44	38
7	5819	1028	202	53859	2605	858	2×10^5	1869	954
9	71409	8937	855	4×10^5	13042	2206	3×10^6	20317	8017
11	1×10^6	1×10^5	4567	1×10^7	5×10^5	24257	8×10^7	5×10^5	88212
13	3×10^7	7×10^6	68911	3×10^8	2×10^7	2×10^5	1×10^9	1×10^7	3×10^5
15	5×10^8	3×10^8	5×10^5	4×10^9	1×10^8	9×10^5	8×10^9	7×10^8	1×10^6
17	8×10^9	4×10^9	2×10^6		2×10^8	1×10^6		6×10^9	2×10^7
19			1×10^7			5×10^7			1×10^8
21			9×10^7			3×10^8			1×10^9

续表

$\|C\|$	$\|D\|=4$			$\|D\|=5$			$\|D\|=6$		
	$(\mathcal{L}^A)_C$	$(\mathcal{L}_C)^A$	$(\mathcal{L}^A)_{C_\alpha}$	$(\mathcal{L}^A)_C$	$(\mathcal{L}_C)^A$	$(\mathcal{L}^A)_{C_\alpha}$	$(\mathcal{L}^A)_C$	$(\mathcal{L}_C)^A$	$(\mathcal{L}^A)_{C_\alpha}$
3	125	4	3	12	4	6	2021	4	3
5	5462	61	175	1×10^5	590	518	2×10^5	641	532
7	6×10^5	3637	2090	5×10^6	11014	7042	2×10^7	20147	13675
9	2×10^7	1×10^5	29708	6×10^7	40801	26736	3×10^8	1×10^5	1×10^5
11	4×10^8	2×10^6	1×10^5	1×10^9	7×10^5	2×10^5	7×10^9	1×10^7	7×10^5
13	7×10^9	1×10^7	1×10^6	9×10^9	2×10^7	2×10^6		2×10^8	6×10^6
15		4×10^8	9×10^6		8×10^9	1×10^7		1×10^{10}	4×10^7
17		4×10^9	5×10^7			1×10^8			2×10^8
19			3×10^8			8×10^8			2×10^9
21									

表 5.7 三种推理方法的重复决策蕴涵数 (wisconsin)

$\|C\|$	$\|D\|=1$			$\|D\|=2$			$\|D\|=3$		
	$(\mathcal{L}^A)_C$	$(\mathcal{L}_C)^A$	$(\mathcal{L}^A)_{C_\alpha}$	$(\mathcal{L}^A)_C$	$(\mathcal{L}_C)^A$	$(\mathcal{L}^A)_{C_\alpha}$	$(\mathcal{L}^A)_C$	$(\mathcal{L}_C)^A$	$(\mathcal{L}^A)_{C_\alpha}$
3	15	4	3	36	5	4	266	16	13
5	129	14	8	900	110	35	3662	36	32
7	6104	1048	199	43390	1780	498	1×10^5	1236	725
9	38318	1221	385	8×10^5	11155	2991	4×10^6	42106	8374
11	8×10^5	2060	1456	1×10^7	4×10^5	23333	8×10^7	9×10^5	70639
13	3×10^7	4×10^6	37361	3×10^8	7×10^6	1×10^5	1×10^9	1×10^7	3×10^5
15	5×10^8	7×10^7	2×10^5	4×10^9	7×10^7	7×10^5	8×10^9	7×10^8	2×10^6
17	8×10^9	2×10^8	8×10^5		2×10^9	5×10^6		5×10^9	1×10^7
19			6×10^6			3×10^7			6×10^7
21			2×10^7			1×10^8			4×10^8

$\|C\|$	$\|D\|=4$			$\|D\|=5$			$\|D\|=6$		
	$(\mathcal{L}^A)_C$	$(\mathcal{L}_C)^A$	$(\mathcal{L}^A)_{C_\alpha}$	$(\mathcal{L}^A)_C$	$(\mathcal{L}_C)^A$	$(\mathcal{L}^A)_{C_\alpha}$	$(\mathcal{L}^A)_C$	$(\mathcal{L}_C)^A$	$(\mathcal{L}^A)_{C_\alpha}$
3	470	4	3	738	50	12	2827	38	41
5	40029	389	386	63966	283	226	4×10^5	1009	1345
7	3×10^5	1153	513	6×10^6	13391	9620	5×10^6	11831	6867
9	2×10^7	1×10^5	22585	7×10^7	5×10^5	39699	2×10^8	2×10^5	56703
11	4×10^8	1×10^6	1×10^5	2×10^9	3×10^6	2×10^5	6×10^9	1×10^7	6×10^5
13	7×10^9	2×10^7	1×10^6	1×10^{10}	1×10^8	2×10^6		9×10^8	5×10^6
15		6×10^8	6×10^6		6×10^9	1×10^7		4×10^9	3×10^7
17		1×10^{10}	3×10^7			6×10^7			1×10^8
19			1×10^8			3×10^8			2×10^9
21									

综上, 从时间角度评价, $(\mathcal{L}^A)_{C_\alpha}$ 是目前最优的推理方法, 其原因在于 $(\mathcal{L}^A)_{C_\alpha}$ 产生的重复决策蕴涵是最少的. 从表中的数据还可以看出, 随着属性数 (条件属性

或决策属性) 的增加, 即使推理方法 $(\mathcal{L}^A)_{C_\alpha}$ 也会产生大量的重复决策蕴涵, 所以该推理方法目前只适用于中小型数据集.

5.6 小　结

本章基于已有的扩增推理规则和合并推理规则, 提出更简洁的推理规则——后件合并推理规则, 通过研究该推理规则与已有推理规则的关系, 提出一组新的完备无冗余推理规则集. 另外, 本章从推理规则的应用次数和次序两个角度出发, 深入研究推理规则的性质. 基于此, 本章提出三种推理方法, 并给出相应的算法.

实验结果表明, 先应用一次扩增推理规则, 再多次应用后件合并推理规则的方法在时间消耗上是最少的, 也是目前最优的推理方法.

从本节的实验结果可以看出, 虽然简化的推理规则可以明显提升推理效率, 但是推理过程仍然需要应用两条推理规则. 特别是, 随着数据规模的增大, 效率低的弊端会越来越凸显. 针对上述问题, 我们对下一步的研究工作有以下几点思考.

(1) 进一步从减少重复决策蕴涵的角度研究推理方法 $(\mathcal{L}^A)_{C_\alpha}$, 并设计快速有效的推理算法.

(2) 研究更简单有效的推理规则, 这不仅可以降低推理过程的复杂度, 也可以减少重复决策蕴涵.

(3) 基于应用需求, 研究如何生成用户感兴趣的决策蕴涵, 并考虑如何应用推理规则获取这些决策蕴涵.

(4) 将本章的工作推广到可变决策蕴涵和模糊决策蕴涵上.

第 6 章　决策蕴涵的知识表示能力

概念规则 (文献 [17], [20] 称为决策规则) 和粒规则是形式概念分析中的两类知识表示模型[17,18,20,67,85]. 概念规则的引入动机是, 既然概念格可以保留数据中的所有信息[2], 那么基于概念格提取的决策蕴涵也应该可以保留决策蕴涵的所有信息[67]. 粒规则的引入动机是, 既然任何概念都可以表示为某些对象概念 (一种特殊的概念, 也称粒概念[67]) 的交[2], 那么基于粒概念提取的决策蕴涵也应该可以保留概念规则, 甚至是决策蕴涵的所有信息. 为此, 概念规则要求其前件和后件分别为条件内涵和决策内涵[67], 粒规则要求其前件和后件分别为条件粒内涵和决策粒内涵[67].

文献 [20], [67] 研究了基于粒规则的知识约简. 文献 [17], [19], [85] 在决策背景、不完备决策背景和实决策背景中研究了基于概念规则的知识约简. 文献 [20] 进一步研究了概念规则的无冗余性, 证明可以合并粒规则生成无冗余概念规则, 同时比较了基于概念规则和粒规则的知识约简方法.

从形式上看, 粒规则是特殊的概念规则, 概念规则又是特殊的决策蕴涵. 然而, 根据决策蕴涵逻辑, 一个决策蕴涵子集也可能保持决策蕴涵集的所有信息. 从概念规则和粒规则的引入动机来看, 概念规则和粒规则可能具备保持决策蕴涵全部信息的能力. 然而, 现有的研究工作并没有系统地澄清这些基本问题——概念规则、粒规则和决策蕴涵的知识表示能力是否相同? 换言之, 粒规则和概念规则是否可以代替决策蕴涵进行知识表示与推理?

本章对决策蕴涵、概念规则和粒规则的知识表示能力进行比较性研究. 结论表明, 相比粒规则, 概念规则具备较强的知识表示能力; 相比粒规则和概念规则, 决策蕴涵具备更强的知识表示能力. 换句话说, 当基于粒规则和概念规则进行知识表示与推理时, 会存在不同程度的信息损失. 进一步, 我们识别粒规则和概念规则中损失的决策蕴涵信息, 以及粒规则中损失的概念规则信息, 并找出导致信息损失的原因. 最后, 评述关于概念规则和粒规则的相关工作.

6.1　概念规则和粒规则

Wu 等[67] 通过限制决策蕴涵的前件和后件为条件子背景的内涵和决策子背景的内涵提出概念规则.

本章假定决策背景是协调的.

定义 6.1 [67]　设 $K=(G, C\cup D, I_C\cup I_D)$ 为决策背景, A 和 B 为条件子背景 (G, C, I_C) 和决策子背景 (G, D, I_D) 的内涵, 其中 $B\neq\varnothing$. 如果 $A^C\subseteq B^D$, 称 $A\Rightarrow B$ 是 K 的概念规则.

概念规则揭示了概念内涵之间的依赖关系, 是特殊的决策蕴涵. K 中所有的概念规则记为 $K_{\mathbb{C}}$.

例 6.1　表 6.1 给出了一个决策背景 $K=(G, C\cup D, I_C\cup I_D)$, 其中 $G=\{g_1, g_2, g_3, g_4, g_5, g_6, g_7\}$, $C=\{a_1, a_2, a_3, a_4, a_5, a_6\}$, $D=\{d_1, d_2, d_3\}$.

表 6.1　决策背景

对象	a_1	a_2	a_3	a_4	a_5	a_6	d_1	d_2	d_3
g_1	×	×			×	×	×		×
g_2			×	×		×		×	
g_3	×		×			×			×
g_4		×		×		×	×		
g_5		×		×	×	×	×	×	
g_6	×		×		×	×		×	×
g_7		×	×	×			×	×	×

表 6.2 给出了表 6.1 的所有概念规则.

表 6.2　表 6.1 的所有概念规则

概念规则	概念规则	概念规则
$\{a_2\}\Rightarrow\{d_1\}$	$\{a_1, a_3, a_6\}\Rightarrow\{d_3\}$	$\{a_1, a_2, a_5, a_6\}\Rightarrow\{d_3\}$
$\{a_3, a_4\}\Rightarrow\{d_2\}$	$\{a_2, a_3, a_4\}\Rightarrow\{d_1\}$	$\{a_1, a_3, a_5, a_6\}\Rightarrow\{d_2, d_3\}$
$\{a_2, a_6\}\Rightarrow\{d_1\}$	$\{a_2, a_3, a_4\}\Rightarrow\{d_1, d_2\}$	$\{a_2, a_4, a_5, a_6\}\Rightarrow\{d_1, d_2\}$
$\{a_2, a_4\}\Rightarrow\{d_1\}$	$\{a_2, a_3, a_4\}\Rightarrow\{d_2, d_3\}$	$\{a_1, a_2, a_5, a_6\}\Rightarrow\{d_1, d_3\}$
$\{a_1, a_6\}\Rightarrow\{d_3\}$	$\{a_2, a_3, a_4\}\Rightarrow\{d_1, d_3\}$	$\{a_1, a_2, a_3, a_4, a_5, a_6\}\Rightarrow\{d_1\}$
$\{a_2, a_5, a_6\}\Rightarrow\{d_1\}$	$\{a_2, a_3, a_4\}\Rightarrow\{d_1, d_2, d_3\}$	$\{a_1, a_2, a_3, a_4, a_5, a_6\}\Rightarrow\{d_2\}$
$\{a_2, a_4, a_6\}\Rightarrow\{d_1\}$	$\{a_2, a_4, a_5, a_6\}\Rightarrow\{d_1\}$	$\{a_1, a_2, a_3, a_4, a_5, a_6\}\Rightarrow\{d_3\}$
$\{a_3, a_4, a_6\}\Rightarrow\{d_2\}$	$\{a_2, a_4, a_5, a_6\}\Rightarrow\{d_2\}$	$\{a_1, a_2, a_3, a_4, a_5, a_6\}\Rightarrow\{d_1, d_2\}$
$\{a_1, a_5, a_6\}\Rightarrow\{d_3\}$	$\{a_1, a_3, a_5, a_6\}\Rightarrow\{d_2\}$	$\{a_1, a_2, a_3, a_4, a_5, a_6\}\Rightarrow\{d_2, d_3\}$
$\{a_2, a_3, a_4\}\Rightarrow\{d_2\}$	$\{a_1, a_3, a_5, a_6\}\Rightarrow\{d_3\}$	$\{a_1, a_2, a_3, a_4, a_5, a_6\}\Rightarrow\{d_1, d_3\}$
$\{a_2, a_3, a_4\}\Rightarrow\{d_3\}$	$\{a_1, a_2, a_5, a_6\}\Rightarrow\{d_1\}$	$\{a_1, a_2, a_3, a_4, a_5, a_6\}\Rightarrow\{d_1, d_2, d_3\}$

性质 6.1说明, 若条件属性集 A 是内涵, 则 $A\Rightarrow A^{CD}$ 是概念规则.

性质 6.1　设 $K=(G, C\cup D, I_C\cup I_D)$ 为决策背景, 则 $A\Rightarrow A^{CD}$ 是 K 的一个概念规则, 当且仅当 A 是概念内涵.

Wu 等[67] 还通过限制决策蕴涵的前件和后件为对象概念的内涵 (简称为粒内涵), 提出粒规则.

定义 6.2 [67] 设 $K=(G,C\cup D,I_C\cup I_D)$ 为决策背景. 对于 $g\in G$, 称 (g^{CC},g^C) 和 (g^{DD},g^D) 为对象概念 (或粒概念), 称 g^C 和 g^D 为条件属性粒和决策属性粒. 条件属性粒和决策属性粒统称为粒内涵.

定义 6.3 [67] 设 $K=(G,C\cup D,I_C\cup I_D)$ 为决策背景. 对于 $g_1,g_2\in G$, 若 $g_1^{CC}\subseteq g_2^{DD}$, 则称 $g_1^C\Rightarrow g_2^D$ 为 K 的粒规则.

由定义 6.3可以看出, 粒规则是特殊的概念规则, 也是特殊的决策蕴涵. K 的所有粒规则记为 $K_{\mathbb{G}}$.

性质 6.2 设 $K=(G,C\cup D,I_C\cup I_D)$ 为决策背景, 下列结论成立.

(1) 对于任意的 $g\in G$, $g^C\Rightarrow g^D$ 是 K 的粒规则.

(2) $A\Rightarrow A^{CD}$ 是 K 的粒规则, 当且仅当 A 是条件属性粒.

证明 (1) 因为 K 是协调决策背景 (定义 3.7), 易证 $g^{CC}\subseteq g^{DD}$. 再由定义 6.3可知, $g^C\Rightarrow g^D$ 是粒规则.

(2) **必要性.** 根据定义 6.3, 显然.

充分性. 因为 A 是条件属性粒, 所以存在 $g\in G$ 满足 $A=g^C$. 此时, 由 $g^{CC}\subseteq g^{DD}$ 可知, $g^{CCD}\supseteq g^{DDD}=g^D$; 由 $g\in g^{CC}$ 可知, $g^D\supseteq g^{CCD}$, 因此有 $g^D=g^{CCD}=A^{CD}$. 因此, $A\Rightarrow A^{CD}$ 等价于 $g^C\Rightarrow g^D$. 由结论 (1) 可知, $g^C\Rightarrow g^D$ 是粒规则. □

例 6.2 (接例 6.1) K 的所有粒规则如表 6.3 所示.

表 6.3 K 的所有粒规则

粒规则	粒规则	粒规则
$\{a_2,a_3,a_4\}\Rightarrow\{d_1\}$	$\{a_2,a_3,a_4\}\Rightarrow\{d_2,d_3\}$	$\{a_1,a_3,a_5,a_6\}\Rightarrow\{d_2\}$
$\{a_2,a_3,a_4\}\Rightarrow\{d_2\}$	$\{a_2,a_3,a_4\}\Rightarrow\{d_1,d_3\}$	$\{a_1,a_3,a_5,a_6\}\Rightarrow\{d_3\}$
$\{a_2,a_3,a_4\}\Rightarrow\{d_3\}$	$\{a_2,a_3,a_4\}\Rightarrow\{d_1,d_2,d_3\}$	$\{a_2,a_4,a_5,a_6\}\Rightarrow\{d_1\}$
$\{a_3,a_4,a_6\}\Rightarrow\{d_2\}$	$\{a_1,a_2,a_5,a_6\}\Rightarrow\{d_1,d_3\}$	$\{a_2,a_4,a_5,a_6\}\Rightarrow\{d_2\}$
$\{a_1,a_3,a_6\}\Rightarrow\{d_3\}$	$\{a_2,a_4,a_5,a_6\}\Rightarrow\{d_1,d_2\}$	$\{a_1,a_2,a_5,a_6\}\Rightarrow\{d_1\}$
$\{a_2,a_4,a_6\}\Rightarrow\{d_1\}$	$\{a_1,a_3,a_5,a_6\}\Rightarrow\{d_2,d_3\}$	$\{a_1,a_2,a_5,a_6\}\Rightarrow\{d_3\}$
$\{a_2,a_3,a_4\}\Rightarrow\{d_1,d_2\}$		

6.2 概念规则和决策蕴涵的知识表示能力

显然, 粒规则是特殊的概念规则, 概念规则又是特殊的决策蕴涵, 因此有 $K_{\mathbb{G}}\subseteq K_{\mathbb{C}}\subseteq K_{\mathbb{D}}$($K_{\mathbb{D}}$ 为所有决策蕴涵的集合). 反之, 一个决策蕴涵可能并非概念规则或粒规则, 因为它的前件或后件可能并不是概念内涵或者粒内涵. 因此, 有必要厘清粒规则、概念规则和决策蕴涵三者的知识表示能力.

下面的例子说明概念规则相对于决策蕴涵可能不是完备的.

例 6.3 (接例 6.1) 考虑 $K_{\mathbb{D}}$ 中的决策蕴涵 $\{a_1\} \Rightarrow \{d_3\}$, 由定义 3.5 和表 6.2 中的 $K_{\mathbb{C}}$ 可知, $\{a_1\}^{K_{\mathbb{C}}} = \varnothing$, 因此有 $\{d_3\} \nsubseteq \{a_1\}^{K_{\mathbb{C}}}$, 再由定理 3.3 可知, $K_{\mathbb{C}} \nvdash \{a_1\} \Rightarrow \{d_3\}$. 因此, $K_{\mathbb{C}}$ 相对于 $K_{\mathbb{D}}$ 是不完备的.

既然 $K_{\mathbb{C}}$ 相对于 $K_{\mathbb{D}}$ 可能不是完备的, 在 $K_{\mathbb{D}}$ 中可能存在一些不能从 $K_{\mathbb{C}}$ 中导出的决策蕴涵. 接下来, 我们将识别这些不能被导出的决策蕴涵.

性质 6.3 设 $K = (G, C \cup D, I_C \cup I_D)$ 为决策背景, $A \Rightarrow B \in K_{\mathbb{D}}$. $K_{\mathbb{C}} \nvdash A \Rightarrow B$, 当且仅当存在 $d \in B$ 满足 $K_{\mathbb{C}} \nvdash A \Rightarrow d$.

证明 **必要性.** 如果 $K_{\mathbb{C}} \nvdash A \Rightarrow B$, 由定理 3.3 可知, $B \nsubseteq A^{K_{\mathbb{C}}}$. 此时, 必然存在 $d \in B$ 满足 $d \notin A^{K_{\mathbb{C}}}$. 由定理 3.3 可知, $K_{\mathbb{C}} \nvdash A \Rightarrow d$.

充分性. 因为 $K_{\mathbb{C}} \nvdash A \Rightarrow d$, 由定理 3.3 可知, $\{d\} \nsubseteq A^{K_{\mathbb{C}}}$, 又因为 $d \in B$, 所以 $B \nsubseteq A^{K_{\mathbb{C}}}$. 再由定理 3.3 可知, $K_{\mathbb{C}} \nvdash A \Rightarrow B$. □

性质 6.3 意味着, 如果 $K_{\mathbb{C}} \nvdash A \Rightarrow B$ 成立, 则必然存在 $A \Rightarrow d$ ($d \in B$) 满足 $K_{\mathbb{C}} \nvdash A \Rightarrow d$. 换句话说, $K_{\mathbb{C}} \nvdash A \Rightarrow B$ 的原因是 $A \Rightarrow d(d \in B)$ 不能从 $K_{\mathbb{C}}$ 导出. 因此, 有必要考虑特殊情形 $K_{\mathbb{C}} \nvdash A \Rightarrow d$.

首先定义集合

$$I_{\mathbb{D}}^{A \Rightarrow d} = \{A' \Rightarrow B' \in K_{\mathbb{D}} | A' \subseteq A, d \in B'\}$$

定理 6.1 通过 $I_{\mathbb{D}}^{A \Rightarrow d}$ 来判断 $A \Rightarrow d$ 是否可以从 $K_{\mathbb{C}}$ 导出.

定理 6.1 设 $K = (G, C \cup D, I_C \cup I_D)$ 为决策背景, $A \Rightarrow d \in K_{\mathbb{D}}$. $K_{\mathbb{C}} \nvdash A \Rightarrow d$ 当且仅当对于任意的 $A' \Rightarrow B' \in I_{\mathbb{D}}^{A \Rightarrow d}$, A' 不是 (G, C, I_C) 的内涵.

证明 **必要性.** 假设存在 $A' \Rightarrow B' \in I_{\mathbb{D}}^{A \Rightarrow d}$ 满足 A' 是 (G, C, I_C) 的内涵. 一方面, 因为 A' 是内涵, 由性质 6.1 可知, $A' \Rightarrow A'^{CD}$ 是概念规则, 因此 $A' \Rightarrow A'^{CD} \in K_{\mathbb{C}}$. 另一方面, 由 $A' \Rightarrow B' \in I_{\mathbb{D}}^{A \Rightarrow d}$ 可知, $A' \Rightarrow B' \in K_{\mathbb{D}}$, $A' \subseteq A$ 且 $d \in B'$. 因为 $A' \Rightarrow B' \in K_{\mathbb{D}}$, 由定理 3.10 可知, $B' \subseteq A'^{CD}$, 结合 $d \in B'$ 可得 $d \in A'^{CD}$. 因为 $A' \subseteq A$ 且 $d \in A'^{CD}$, 由扩增推理规则的合理性可知, $A' \Rightarrow A'^{CD} \vdash A \Rightarrow d$, 再由 $A' \Rightarrow A'^{CD} \in K_{\mathbb{C}}$ 可知, $K_{\mathbb{C}} \vdash A \Rightarrow d$, 与 $K_{\mathbb{C}} \nvdash A \Rightarrow d$ 矛盾.

充分性. 假设 $K_{\mathbb{C}} \vdash A \Rightarrow d$, 由定理 3.3 可知 $d \in A^{K_{\mathbb{C}}}$. 根据 $A^{K_{\mathbb{C}}}$ 的定义 (定义 3.5), 此时必然存在 $A' \Rightarrow B' \in K_{\mathbb{C}}$ 满足 $A' \subseteq A$ 且 $d \in B'$, 进而有 $A' \Rightarrow B' \in I_{\mathbb{D}}^{A \Rightarrow d}$. 因为 $A' \Rightarrow B' \in K_{\mathbb{C}}$, 所以 A' 是 (G, C, I_C) 的内涵, 与条件“对于任意的 $A' \Rightarrow B' \in I_{\mathbb{D}}^{A \Rightarrow d}$, A' 不是 (G, C, I_C) 的内涵”矛盾. □

例 6.4(接例 6.1) 考虑 K 的决策蕴涵 $\{a_1, a_2, a_5\} \Rightarrow \{d_3\}$, 集合 $I_{\mathbb{D}}^{\{a_1, a_2, a_5\} \Rightarrow \{d_3\}}$ 如表 6.4 所示.

经验证, 表 6.4 中所有决策蕴涵的前提都不是内涵. 此时, 由定理 6.1 可知, $\{a_1, a_2, a_5\} \Rightarrow \{d_3\}$ 不能从 $K_{\mathbb{C}}$ 导出.

表 6.4 集合 $I_{\mathbb{D}}^{\{a_1,a_2,a_5\}\Rightarrow\{d_3\}}$

决策蕴涵	决策蕴涵
$\{a_1\}\Rightarrow\{d_3\}$	$\{a_1,a_2\}\Rightarrow\{d_1,d_3\}$
$\{a_1,a_2\}\Rightarrow\{d_3\}$	$\{a_1,a_2,a_5\}\Rightarrow\{d_3\}$
$\{a_1,a_5\}\Rightarrow\{d_3\}$	$\{a_1,a_2,a_5\}\Rightarrow\{d_1,d_3\}$

下面从信息损失的角度讨论性质 6.3 和定理 6.1. 任意决策蕴涵 $A\Rightarrow B\in K_{\mathbb{D}}$ 都可以看作是从 K 获取的一条决策信息, 通过该决策信息, 当 A 中的所有条件发生时, 用户可以作出 B 中的所有决策. 在该意义下, 如果决策蕴涵 $A\Rightarrow B$ 可以从 $K_{\mathbb{D}}$ 导出, 即 $K_{\mathbb{D}}\vdash A\Rightarrow B$, 则说明决策信息 $A\Rightarrow B$ 可以从 $K_{\mathbb{D}}$ 中获得. 从语构的角度看, 若应用扩增推理规则和合并推理规则到 $K_{\mathbb{D}}$ 中可以推导出 $A\Rightarrow B$, 则 $A\Rightarrow B$ 可以从 $K_{\mathbb{D}}$ 中获得.

因此, 从信息损失的角度看, 性质 6.3 说明, 如果 $A\Rightarrow B$ 是 $K_{\mathbb{C}}$ 相对于 $K_{\mathbb{D}}$ 的信息损失, 则必然存在 $K_{\mathbb{C}}$ 相对于 $K_{\mathbb{D}}$ 的另一个信息损失 $A\Rightarrow d$ $(d\in B)$. 换句话说, $K_{\mathbb{C}}$ 损失信息 $A\Rightarrow B$ 的原因是 $K_{\mathbb{C}}$ 损失了信息 $A\Rightarrow d$ $(d\in B)$. 因此, 任意信息损失 $A\Rightarrow B$ 都可以被归结为特殊信息损失 $A\Rightarrow d$. 进一步, 定理 6.1 说明, $A\Rightarrow d$ 是 $K_{\mathbb{C}}$ 相对于 $K_{\mathbb{D}}$ 的信息损失, 当且仅当对于任意的 $A'\Rightarrow B'\in I_{\mathbb{D}}^{A\Rightarrow d}$, A' 不是 (G,C,I_C) 的内涵.

下面解释 $K_{\mathbb{C}}$ 相对于 $K_{\mathbb{D}}$ 存在信息损失 $A\Rightarrow d$ 的原因.

首先, 我们断言, 决策信息 $A\Rightarrow d$ 可以从 $I_{\mathbb{D}}^{A\Rightarrow d}$ 获得, 但不能从 $K_{\mathbb{D}}\setminus I_{\mathbb{D}}^{A\Rightarrow d}$ 获得.

因为 $A\Rightarrow d\in K_{\mathbb{D}}$, $A\subseteq A$ 且 $d\in\{d\}$, 根据集合 $I_{\mathbb{D}}^{A\Rightarrow d}$ 的定义, 显然 $A\Rightarrow d\in I_{\mathbb{D}}^{A\Rightarrow d}$. 因此, 决策信息 $A\Rightarrow d$ 包含在 $I_{\mathbb{D}}^{A\Rightarrow d}$ 中, 可以从 $I_{\mathbb{D}}^{A\Rightarrow d}$ 获得. 事实上, 对于 $I_{\mathbb{D}}^{A\Rightarrow d}\setminus\{A\Rightarrow d\}$ 中任意的决策蕴涵 $A'\Rightarrow B'$(由 $I_{\mathbb{D}}^{A\Rightarrow d}$ 的定义可知 $A'\subseteq A$ 且 $d\in B'$), 因为 $A\Rightarrow d$ 可以应用扩增推理规则到 $A'\Rightarrow B'$ 获得, 因此决策信息 $A\Rightarrow d$ 可以从 $A'\Rightarrow B'$ 获得. 综上所述, $I_{\mathbb{D}}^{A\Rightarrow d}$ 中的任意决策蕴涵都携带决策信息 $A\Rightarrow d$.

另外, $A\Rightarrow d$ 不能从 $K_{\mathbb{D}}\setminus I_{\mathbb{D}}^{A\Rightarrow d}$ 中获得, 即 $K_{\mathbb{D}}\setminus I_{\mathbb{D}}^{A\Rightarrow d}\nvdash A\Rightarrow d$. 该结论可由性质 6.4 验证.

性质 6.4 设 $K=(G,C\cup D,I_C\cup I_D)$ 为决策背景, $A\Rightarrow d$ 为 K 的决策蕴涵, 则 $K_{\mathbb{D}}\setminus I_{\mathbb{D}}^{A\Rightarrow d}\nvdash A\Rightarrow d$.

证明 由 $I_{\mathbb{D}}^{A\Rightarrow d}$ 的定义可知, 对于任意的 $A'\Rightarrow B'\in K_{\mathbb{D}}\setminus I_{\mathbb{D}}^{A\Rightarrow d}$, 若 $A'\subseteq A$, 则 $d\notin B'$. 此时, 由定义 3.5 可知, $d\notin A^{K_{\mathbb{D}}\setminus I_{\mathbb{D}}^{A\Rightarrow d}}$, 由定理 3.3 可知, $K_{\mathbb{D}}\setminus I_{\mathbb{D}}^{A\Rightarrow d}\nvdash A\Rightarrow d$. □

例 6.5 (接例 6.4) 以决策蕴涵 $\{a_1,a_2,a_5\}\Rightarrow\{d_3\}\in K_{\mathbb{D}}$ 为例. 集合

$I_{\mathbb{D}}^{\{a_1,a_2,a_5\}\Rightarrow\{d_3\}}$ 如表 6.4 所示.

一方面, $I_{\mathbb{D}}^{\{a_1,a_2,a_5\}\Rightarrow\{d_3\}}$ 中的任意决策蕴涵携带决策信息 $\{a_1,a_2,a_5\}\Rightarrow\{d_3\}$. 以 $\{a_1,a_2\}\Rightarrow\{d_1,d_3\}\in I_{\mathbb{D}}^{\{a_1,a_2,a_5\}\Rightarrow\{d_3\}}$ 为例. 将扩增推理规则应用到 $\{a_1,a_2\}\Rightarrow\{d_1,d_3\}$, 可以得到 $\{a_1,a_2,a_5\}\Rightarrow\{d_3\}$, 说明 $\{a_1,a_2\}\Rightarrow\{d_1,d_3\}$ 携带决策信息 $\{a_1,a_2,a_5\}\Rightarrow\{d_3\}$.

另一方面, $K_{\mathbb{D}}\setminus I_{\mathbb{D}}^{\{a_1,a_2,a_5\}\Rightarrow\{d_3\}}$ 中的任意决策蕴涵没有携带 $\{a_1,a_2,a_5\}\Rightarrow\{d_3\}$ 中所含的决策信息. 以 $\{a_1,a_2,a_5,a_6\}\Rightarrow\{d_1,d_3\}\in K_{\mathbb{D}}\setminus I_{\mathbb{D}}^{\{a_1,a_2,a_5\}\Rightarrow\{d_3\}}$ 为例. 因为 $\{a_1,a_2,a_5,a_6\}\not\subseteq\{a_1,a_2,a_5\}$, 所以不能通过使用扩增推理规则和 (或) 合并推理规则从 $\{a_1,a_2,a_5,a_6\}\Rightarrow\{d_1,d_3\}$ 获得 $\{a_1,a_2,a_5\}\Rightarrow\{d_3\}$(因为在应用扩增推理规则和合并推理规则的过程中, 与给定决策蕴涵相比, 新的决策蕴涵前件总是增大或保持不变). 因此, $\{a_1,a_2,a_5,a_6\}\Rightarrow\{d_1,d_3\}$ 没有携带决策信息 $\{a_1,a_2,a_5\}\Rightarrow\{d_3\}$.

进一步, 决策信息 $\{a_1,a_2,a_5\}\Rightarrow\{d_3\}$ 也不能从集合 $K_{\mathbb{D}}\setminus I_{\mathbb{D}}^{\{a_1,a_2,a_5\}\Rightarrow\{d_3\}}$ 获得. 以决策蕴涵 $\{a_2,a_5\}\Rightarrow\{d_1\}\in K_{\mathbb{D}}\setminus I_{\mathbb{D}}^{\{a_1,a_2,a_5\}\Rightarrow\{d_3\}}$ 为例. 因为 $\{d_3\}\not\subseteq\{d_1\}$, 所以不能通过应用扩增推理规则到 $\{a_2,a_5\}\Rightarrow\{d_1\}$ 得到 $\{a_1,a_2,a_5\}\Rightarrow\{d_3\}$. 为了使用合并推理规则从 $\{a_2,a_5\}\Rightarrow\{d_1\}$ 和 $K_{\mathbb{D}}\setminus I_{\mathbb{D}}^{\{a_1,a_2,a_5\}\Rightarrow\{d_3\}}$ 中的其他决策蕴涵得到 $\{a_1,a_2,a_5\}\Rightarrow\{d_3\}$, 应该从 $K_{\mathbb{D}}\setminus I_{\mathbb{D}}^{\{a_1,a_2,a_5\}\Rightarrow\{d_3\}}$ 选取那些后件包括 d_3 的决策蕴涵 $A\Rightarrow B$. 然而, 由 $I_{\mathbb{D}}^{\{a_1,a_2,a_5\}\Rightarrow\{d_3\}}$ 的定义可知, $A\not\subseteq\{a_1,a_2,a_5\}$(否则, $A\Rightarrow B\in I_{\mathbb{D}}^{\{a_1,a_2,a_5\}\Rightarrow\{d_3\}}$), 因此有 $A\cup\{a_2,a_5\}\not\subseteq\{a_1,a_2,a_5\}$. 这意味着, 不能应用扩增推理规则到 $A\cup\{a_2,a_5\}\Rightarrow B\cup\{d_1\}$ 获得 $\{a_1,a_2,a_5\}\Rightarrow\{d_3\}$. 所以, $\{a_2,a_5\}\Rightarrow\{d_1\}$ 没有携带 $\{a_1,a_2,a_5\}\Rightarrow\{d_3\}$ 的信息.

综上所述, $I_{\mathbb{D}}^{\{a_1,a_2,a_5\}\Rightarrow\{d_3\}}$ 中的任意决策蕴涵都携带决策信息 $\{a_1,a_2,a_5\}\Rightarrow\{d_3\}$, 而 $K_{\mathbb{D}}\setminus I_{\mathbb{D}}^{\{a_1,a_2,a_5\}\Rightarrow\{d_3\}}$ 中的决策蕴涵不携带该决策信息.

因为 $I_{\mathbb{D}}^{A\Rightarrow d}$ 中的任意决策蕴涵携带决策信息 $A\Rightarrow d$, 并且集合 $K_{\mathbb{D}}\setminus I_{\mathbb{D}}^{A\Rightarrow d}$ 不携带该决策信息, 所以 $A\Rightarrow d$ 可以从 $K_{\mathbb{C}}$ 获得当且仅当 $K_{\mathbb{C}}$ 至少包含一条 $I_{\mathbb{D}}^{A\Rightarrow d}$ 中的决策蕴涵. 换句话说, $K_{\mathbb{C}}$ 损失了决策信息 $A\Rightarrow d$, 说明 $I_{\mathbb{D}}^{A\Rightarrow d}$ 中的决策蕴涵都不在 $K_{\mathbb{C}}$ 中, 即 $I_{\mathbb{D}}^{A\Rightarrow d}$ 中的决策蕴涵都不是概念规则. 下面的性质将该条件与定理 6.1 联系起来.

性质 6.5 设 $K=(G,C\cup D,I_C\cup I_D)$ 为决策背景, $A\Rightarrow d$ 是 K 的决策蕴涵. $I_{\mathbb{D}}^{A\Rightarrow d}$ 中的决策蕴涵都不是概念规则当且仅当对于任意的 $A'\Rightarrow B'\in I_{\mathbb{D}}^{A\Rightarrow d}$, A' 不是内涵.

证明 **充分性.** 显然.

必要性. 假设存在 $A'\Rightarrow B'\in I_{\mathbb{D}}^{A\Rightarrow d}$ 且 A' 是内涵. 因为 $A'\Rightarrow B'\in I_{\mathbb{D}}^{A\Rightarrow d}$, 所以有 $A'\Rightarrow B'\in K_{\mathbb{D}}$, $A'\subseteq A$ 和 $d\in B'$. 一方面, 由定理 3.10 可知, $A'\Rightarrow A'^{CD}\in K_{\mathbb{D}}$. 另一方面, 因为 $A'\Rightarrow B'\in K_{\mathbb{D}}$, 由定理 3.10 可知, $B'\subseteq A'^{CD}$; 再

由 $d \in B'$ 可知 $d \in A'^{CD}$. 结合 $A' \Rightarrow A'^{CD} \in K_{\mathbb{D}}$、$A' \subseteq A$ 和 $d \in A'^{CD}$, 有 $A' \Rightarrow A'^{CD} \in I_{\mathbb{D}}^{A \Rightarrow d}$. 因为 A' 是内涵, 由性质 6.1 可知, $A' \Rightarrow A'^{CD}$ 是概念规则, 与 $I_{\mathbb{D}}^{A \Rightarrow d}$ 中的决策蕴涵都不是概念规则矛盾. □

性质 6.5 说明, 如果 $I_{\mathbb{D}}^{A \Rightarrow d}$ 中决策蕴涵的前件不是内涵, 则 $I_{\mathbb{D}}^{A \Rightarrow d}$ 中的决策蕴涵不是概念规则. 这是因为, 若 $I_{\mathbb{D}}^{A \Rightarrow d}$ 中存在一条决策蕴涵 $A' \Rightarrow B'$ 且其前件 A' 是内涵, 则可以从 $I_{\mathbb{D}}^{A \Rightarrow d}$ 找到一条概念规则 $A' \Rightarrow A'^{CD}$. 该概念规则携带决策信息 $A \Rightarrow d$. 反过来, 如果 $I_{\mathbb{D}}^{A \Rightarrow d}$ 中的决策蕴涵都不满足该条件, 由概念规则的定义, $I_{\mathbb{D}}^{A \Rightarrow d}$ 中的所有决策蕴涵都已被过滤, 即 $I_{\mathbb{D}}^{A \Rightarrow d}$ 中的所有决策蕴涵都不是概念规则. 此时, $K_{\mathbb{C}}$ 没有保留任何关于 $A \Rightarrow d$ 的决策信息. 换句话说, 概念规则定义中对决策蕴涵的限制导致 $K_{\mathbb{C}}$ 相对于 $K_{\mathbb{D}}$ 的信息损失, 进而导致概念规则相对于决策蕴涵的不完备性.

例 6.6 (接例 6.4) 以决策蕴涵 $\{a_2, a_3, a_4\} \Rightarrow \{d_2\} \in K_{\mathbb{D}}$ 为例. 集合 $I_{\mathbb{D}}^{\{a_2,a_3,a_4\} \Rightarrow \{d_2\}}$ 如表 6.5 所示.

表 6.5 集合 $I_{\mathbb{D}}^{\{a_2,a_3,a_4\} \Rightarrow \{d_2\}}$

决策蕴涵
$\{a_3, a_4\} \Rightarrow \{d_2\}$
$\{a_2, a_3, a_4\} \Rightarrow \{d_2\}$
$\{a_2, a_3\} \Rightarrow \{d_2\}$
$\{a_2, a_3, a_4\} \Rightarrow \{d_1, d_2\}$
$\{a_2, a_3\} \Rightarrow \{d_1, d_2\}$
$\{a_2, a_3, a_4\} \Rightarrow \{d_2, d_3\}$
$\{a_2, a_3\} \Rightarrow \{d_2, d_3\}$
$\{a_2, a_3, a_4\} \Rightarrow \{d_1, d_2, d_3\}$
$\{a_2, a_3\} \Rightarrow \{d_1, d_2, d_3\}$

对于表 6.5 中的决策蕴涵 $\{a_2, a_3, a_4\} \Rightarrow \{d_2, d_3\}$, 可以验证其前件 $\{a_2, a_3, a_4\}$ 是内涵, 因此 $\{a_2, a_3, a_4\} \Rightarrow \{a_2, a_3, a_4\}^{CD}$(即 $\{a_2, a_3, a_4\} \Rightarrow \{d_1, d_2, d_3\}$) 是概念规则, 因此被保留在 $K_{\mathbb{C}}$ 中. 因为 $\{a_2, a_3, a_4\}^{CD} = \{d_1, d_2, d_3\}$, 所以 $\{a_2, a_3, a_4\} \Rightarrow \{d_1, d_2, d_3\} \in I_{\mathbb{D}}^{\{a_2,a_3,a_4\} \Rightarrow \{d_2\}}$ 被保留在 $K_{\mathbb{C}}$ 中. 这意味着, 决策信息 $\{a_2, a_3, a_4\} \Rightarrow \{d_2\}$ 也被保留在 $K_{\mathbb{C}}$ 中.

对于决策蕴涵 $\{a_1, a_2, a_5\} \Rightarrow \{d_3\} \in K_{\mathbb{D}}$, 由例 6.4可知, $I_{\mathbb{D}}^{\{a_1,a_2,a_5\} \Rightarrow \{d_3\}}$ 中所有决策蕴涵的前件都不是内涵. 根据概念规则的定义, 此时 $I_{\mathbb{D}}^{\{a_1,a_2,a_5\} \Rightarrow \{d_3\}}$ 中的所有决策蕴涵都不是概念规则 (即不在 $K_{\mathbb{C}}$ 中), 所以 $K_{\mathbb{C}}$ 损失了关于 $\{a_1, a_2, a_5\} \Rightarrow \{d_3\}$ 的所有决策信息.

此时, 结合性质 6.3 和定理 6.1, 可以给出 $K_{\mathbb{C}}$ 产生信息损失的原因.

定理 6.2 设 $K = (G, C \cup D, I_C \cup I_D)$ 为决策背景, $A \Rightarrow B \in K_{\mathbb{D}}$. $K_{\mathbb{C}} \nvdash A \Rightarrow$

B 当且仅当存在 $d \in B$ 满足对于任意的 $A' \Rightarrow B' \in I_{\mathbb{D}}^{A\Rightarrow d}$, A' 不是 (G, C, I_C) 的内涵.

尽管已经证明 $K_{\mathbb{C}}$ 相对于 $K_{\mathbb{D}}$ 存在信息损失, 并且揭示了信息损失的原因, 但是我们并不清楚这种损失对于实际应用是否重要. 为此, 下面从决策蕴涵规范基的角度对该问题加以说明.

由定理 4.3 可知, 决策蕴涵规范基是完备无冗余且最优的. 从信息损失的角度看, 决策蕴涵规范的完备性意味着 $\mathcal{D}_K$ 保留了 $K_{\mathbb{D}}$ 中的所有决策信息. $\mathcal{D}_K$ 的最优性意味着, 在平均意义下, $\mathcal{D}_K$ 中的每一条决策蕴涵都包含最丰富的决策信息.

性质 6.6 表明, 如果决策前提 A 不是内涵, $K_{\mathbb{C}}$ 将损失决策信息 $A \Rightarrow A^{CD}$.

性质 6.6　设 $K = (G, C \cup D, I_C \cup I_D)$ 为决策背景, A 是 K 的决策前提, 则 A 不是 (G, C, I_C) 的内涵当且仅当 $K_{\mathbb{C}} \nvdash A \Rightarrow A^{CD}$.

证明　**必要性.** 因为 A 是 K 的决策前提, 由定义 4.2 可知, $A^{CD} \supset \cup\{A'^{CD} | A' \subset A\}$, 所以 $A^{CD} \setminus \cup\{A'^{CD} | A' \subset A\} \neq \varnothing$. 接下来证明, 对于任意的 $d \in A^{CD} \setminus \cup\{A'^{CD} | A' \subset A\}$, 有 $d \notin A^{K_{\mathbb{C}}}$. 假设 $d \in A^{K_{\mathbb{C}}}$. 由定义 3.5 可知, $A^{K_{\mathbb{C}}} = \cup\{B' | A' \Rightarrow B' \in K_{\mathbb{C}}, A' \subseteq A\}$, 因为 A 不是内涵, 所以不存在 $A' \Rightarrow B' \in K_{\mathbb{C}}$ 满足 $A' = A$, 此时有 $A^{K_{\mathbb{C}}} = \cup\{B' | A' \Rightarrow B' \in K_{\mathbb{C}}, A' \subset A\}$. 因为 $d \in A^{K_{\mathbb{C}}}$, 所以存在 $A'' \Rightarrow B'' \in K_{\mathbb{C}}$ 满足 $A'' \subset A$ 且 $d \in B''$. 因为 $A'' \Rightarrow B'' \in K_{\mathbb{C}} \subseteq K_{\mathbb{D}}$, 由定理 3.10 可知, $B'' \subseteq A''^{CD}$, 所以 $d \in B'' \subseteq A''^{CD} \subseteq \cup\{A'^{CD} | A' \subset A\}$, 与 $d \in A^{CD} \setminus \cup\{A'^{CD} | A' \subset A\}$ 矛盾. 因此有 $d \notin A^{K_{\mathbb{C}}}$.

因为对于任意的 $d \in A^{CD} \setminus \cup\{A'^{CD} | A' \subset A\}$, $d \notin A^{K_{\mathbb{C}}}$ 成立, 所以 $A^{CD} \not\subseteq A^{K_{\mathbb{C}}}$. 由定理 3.3 可知, $K_{\mathbb{C}} \nvdash A \Rightarrow A^{CD}$.

充分性. 假设 A 是内涵, 由性质 6.1 可知, $A \Rightarrow A^{CD}$ 是概念规则, $A \Rightarrow A^{CD} \in K_{\mathbb{C}}$, 与 $K_{\mathbb{C}} \nvdash A \Rightarrow A^{CD}$ 矛盾. □

虽然一个内涵可能拥有多个最小生成子[21], 但是该内涵一般并不是它自身的最小生成子. 因此, 可以断言, 几乎所有的决策前提都不是内涵, 由性质 6.6 可知, $K_{\mathbb{C}}$ 几乎损失了 $\mathcal{D}_K$ 中的所有决策蕴涵, 而其中每一条决策蕴涵又包含最丰富的决策信息. 例 6.1验证了该论断.

例 6.7 (接例 6.1) 以例 6.1中的决策背景 K 为例, $\{a_2, a_4, a_5, a_6\}$ 是 K 的概念内涵. 计算可知, $\{a_4, a_5\}$ 是 $\{a_2, a_4, a_5, a_6\}$ 的一个最小生成子, 并且是 K 的决策前提. 显然, $K_{\mathbb{C}}$ 包含概念规则 $\{a_2, a_4, a_5, a_6\} \Rightarrow \{a_2, a_4, a_5, a_6\}^{CD}$(即 $\{a_2, a_4, a_5, a_6\} \Rightarrow \{d_1, d_2\}$). 然而, 通过定理 3.3 可以验证, $K_{\mathbb{C}} \nvdash \{a_4, a_5\} \Rightarrow \{d_1, d_2\}$, 即 $K_{\mathbb{C}}$ 损失了决策信息 $\{a_4, a_5\} \Rightarrow \{a_4, a_5\}^{CD}$(即 $\{a_4, a_5\} \Rightarrow \{d_1, d_2\}$). 相比而言, 因为 $\{a_2, a_4, a_5, a_6\} \Rightarrow \{d_1, d_2\}$ 可以从 $\{a_4, a_5\} \Rightarrow \{d_1, d_2\}$ 推理得到 (应用扩增推理规则), 所以 $\{a_4, a_5\} \Rightarrow \{d_1, d_2\}$ 比 $\{a_2, a_4, a_5, a_6\} \Rightarrow \{d_1, d_2\}$ 包含更多的决策信息.

事实上, 可以验证, 例 6.1中除了 $\{a_2\}$ 之外的所有决策前提都不是内涵, 因此 $K_{\mathbb{C}}$ 损失了 $\mathcal{D}_K$ 中除 $\{a_2\} \Rightarrow \{d_1\}$ 之外的所有决策蕴涵.

6.3 粒规则和决策蕴涵的知识表示能力

本节对粒规则和决策蕴涵的知识表示能力进行比较性研究. 因为 $K_{\mathbb{G}} \subseteq K_{\mathbb{C}} \subseteq K_{\mathbb{D}}$, 而 $K_{\mathbb{C}}$ 相对于 $K_{\mathbb{D}}$ 可能不是完备的, 所以 $K_{\mathbb{G}}$ 作为 $K_{\mathbb{C}}$ 的子集相对于 $K_{\mathbb{D}}$ 也可能不是完备的.

例 6.8 (接例 6.3) 以决策蕴涵 $\{a_1\} \Rightarrow \{d_3\} \in K_{\mathbb{D}}$ 为例. 例 6.3已经说明 $K_{\mathbb{C}} \nvdash \{a_1\} \Rightarrow \{d_3\}$; 又因为 $K_{\mathbb{G}} \subseteq K_{\mathbb{C}}$, 显然 $K_{\mathbb{G}} \nvdash \{a_1\} \Rightarrow \{d_3\}$.

再以 $\{a_2, a_3\} \Rightarrow \{d_1\} \in K_{\mathbb{D}}$ 为例, 因为 $\{d_1\} = \{a_2, a_3\}^{K_{\mathbb{C}}}$, 由定理 3.3 可知, $K_{\mathbb{C}} \vdash \{a_2, a_3\} \Rightarrow \{d_1\}$. 尽管 $\{a_2, a_3\} \Rightarrow \{d_1\} \in K_{\mathbb{D}}$ 可以从 $K_{\mathbb{C}}$ 导出, 但是不能从 $K_{\mathbb{G}}$ 导出. 这是因为 $\{d_1\} \nsubseteq \varnothing = \{a_2, a_3\}^{K_{\mathbb{G}}}$, 所以 $K_{\mathbb{G}} \nvdash \{a_2, a_3\} \Rightarrow \{d_1\}$.

由例 6.8可以看出, 通过 $K_{\mathbb{G}}$ 表示 $K_{\mathbb{D}}$ 中的决策信息时存在信息的损失. 类似于性质 6.3, 性质 6.7 将这样的信息损失归结到一类特殊的情形.

性质 6.7 设 $K = (G, C \cup D, I_C \cup I_D)$ 为决策背景, $A \Rightarrow B \in K_{\mathbb{D}}$. $K_{\mathbb{G}} \nvdash A \Rightarrow B$ 当且仅当存在 $d \in B$ 满足 $K_{\mathbb{G}} \nvdash A \Rightarrow d$.

证明 作为练习. □

定理 6.3 识别出 $K_{\mathbb{G}}$ 相对于 $K_{\mathbb{D}}$ 的信息损失.

定理 6.3 设 $K = (G, C \cup D, I_C \cup I_D)$ 为决策背景, $A \Rightarrow d \in K_{\mathbb{D}}$, 则 $K_{\mathbb{G}} \nvdash A \Rightarrow d$, 当且仅当对于任意的 $A' \Rightarrow B' \in I_{\mathbb{D}}^{A \Rightarrow d}$, A' 不是条件属性粒.

证明 作为练习. □

例 6.9 (接例 6.1) 以 K 的决策蕴涵 $\{a_3, a_4, a_5\} \Rightarrow \{d_2\}$ 为例. 集合 $I_{\mathbb{D}}^{\{a_3, a_4, a_5\} \Rightarrow \{d_2\}}$ 如表 6.6 所示.

表 6.6 集合 $I_{\mathbb{D}}^{\{a_3, a_4, a_5\} \Rightarrow \{d_2\}}$

决策蕴涵
$\{a_4, a_5\} \Rightarrow \{d_2\}$
$\{a_4, a_5\} \Rightarrow \{d_1, d_2\}$
$\{a_3, a_4, a_5\} \Rightarrow \{d_1, d_2\}$
$\{a_3, a_5\} \Rightarrow \{d_2\}$
$\{a_3, a_5\} \Rightarrow \{d_2, d_3\}$
$\{a_3, a_4, a_5\} \Rightarrow \{d_2, d_3\}$
$\{a_3, a_4\} \Rightarrow \{d_2\}$
$\{a_3, a_4, a_5\} \Rightarrow \{d_2\}$
$\{a_3, a_4, a_5\} \Rightarrow \{d_1, d_2, d_3\}$

计算可知, 表 6.6 中的所有前提都不是条件属性粒, 由定理 6.3 可知, $\{a_3, a_4, a_5\} \Rightarrow \{d_2\}$ 不能从 $K_{\mathbb{G}}$ 导出.

为了揭示从 $K_{\mathbb{D}}$ 到 $K_{\mathbb{G}}$ 产生信息损失 $A \Rightarrow B$ 的原因, 根据性质 6.7, 有必要研究产生信息损失 $A \Rightarrow d$ $(d \in B)$ 的原因.

在 6.2节已经得出以下结论.

(1) 集合 $I_{\mathbb{D}}^{A\Rightarrow d}$ 包含决策信息 $A \Rightarrow d$, 且其中任意一条决策蕴涵都携带决策信息 $A \Rightarrow d$.

(2) 决策信息 $A \Rightarrow d$ 不能从 $K_{\mathbb{D}} \setminus I_{\mathbb{D}}^{A\Rightarrow d}$ 获得.

因此, 对于 $K_{\mathbb{G}}$ 来说, 决策信息 $A \Rightarrow d$ 保留在 $K_{\mathbb{G}}$ 中等价于 $K_{\mathbb{G}}$ 至少包含一条 $I_{\mathbb{D}}^{A\Rightarrow d}$ 中的决策蕴涵. 换句话说, $K_{\mathbb{G}}$ 损失了决策信息 $A \Rightarrow d$, 等价于 $I_{\mathbb{D}}^{A\Rightarrow d}$ 中的任意一条决策蕴涵都不在 $K_{\mathbb{G}}$ 中, 即 $I_{\mathbb{D}}^{A\Rightarrow d}$ 中的决策蕴涵都不是粒规则. 性质 6.8 将该条件与定理 6.3 联系起来.

性质 6.8 设 $K = (G, C \cup D, I_C \cup I_D)$ 为决策背景, $A \Rightarrow d \in K_{\mathbb{D}}$. $I_{\mathbb{D}}^{A\Rightarrow d}$ 中的决策蕴涵都不是粒规则, 当且仅当对于任意的 $A' \Rightarrow B' \in I_{\mathbb{D}}^{A\Rightarrow d}$, A' 不是条件属性粒.

证明 作为练习. □

性质 6.8 说明, 如果集合 $I_{\mathbb{D}}^{A\Rightarrow d}$ 中存在决策蕴涵 $A' \Rightarrow B'$ 且 A' 是条件属性粒, 则可以从 $I_{\mathbb{D}}^{A\Rightarrow d}$ 找到一条粒规则 $A' \Rightarrow A'^{CD}$. 该粒规则携带决策信息 $A \Rightarrow d$ 并且被保留在集合 $K_{\mathbb{G}}$ 中. 反过来, 如果集合 $I_{\mathbb{D}}^{A\Rightarrow d}$ 中的决策蕴涵都不满足该条件, 根据粒规则的定义, $I_{\mathbb{D}}^{A\Rightarrow d}$ 中的所有决策蕴涵都不在 $K_{\mathbb{G}}$ 中, 即 $K_{\mathbb{G}}$ 没有保留关于 $A \Rightarrow d$ 的任何信息. 换句话说, 粒规则定义中对决策蕴涵的限制导致 $K_{\mathbb{G}}$ 相对于 $K_{\mathbb{D}}$ 的信息损失, 进而导致粒规则相对于决策蕴涵的不完备性.

例 6.10 (接例 6.6和例 6.9) 以决策蕴涵 $\{a_2, a_3, a_4\} \Rightarrow \{d_2\} \in K_{\mathbb{D}}$ 为例. 对于集合 $I_{\mathbb{D}}^{\{a_2,a_3,a_4\}\Rightarrow\{d_2\}}$ 中的决策蕴涵 $\{a_2, a_3, a_4\} \Rightarrow \{d_2, d_3\}$(表 6.5), 可以验证 $\{a_2, a_3, a_4\}$ 是条件属性粒 (表 6.1), 因此 $\{a_2, a_3, a_4\} \Rightarrow \{a_2, a_3, a_4\}^{CD}$ 是粒规则, 并被保留在 $K_{\mathbb{G}}$ 中. 因为 $\{a_2, a_3, a_4\}^{CD} = \{d_1, d_2, d_3\}$, 所以 $\{a_2, a_3, a_4\} \Rightarrow \{d_1, d_2, d_3\} \in I_{\mathbb{D}}^{\{a_2,a_3,a_4\}\Rightarrow\{d_2\}}$ 被保留在 $K_{\mathbb{G}}$, 因此决策信息 $\{a_2, a_3, a_4\} \Rightarrow \{d_2\}$ 也被保留在 $K_{\mathbb{G}}$ 中.

再以决策蕴涵 $\{a_3, a_4, a_5\} \Rightarrow \{d_2\} \in K_{\mathbb{D}}$ 为例. 例 6.9已经验证 $I_{\mathbb{D}}^{\{a_3,a_4,a_5\}\Rightarrow\{d_2\}}$ 中的所有决策蕴涵前件都不是条件属性粒. 此时, 由粒规则的定义可知, $I_{\mathbb{D}}^{\{a_3,a_4,a_5\}\Rightarrow\{d_2\}}$ 中的所有决策蕴涵都不在 $K_{\mathbb{G}}$ 中, 并且 $K_{\mathbb{G}}$ 没有保留关于 $\{a_3, a_4, a_5\} \Rightarrow \{d_2\}$ 的任何决策信息.

定理 6.4 总结了 $K_{\mathbb{G}}$ 相对于 $K_{\mathbb{D}}$ 产生信息损失 $A \Rightarrow B$ 的原因.

定理 6.4 设 $K = (G, C \cup D, I_C \cup I_D)$ 为决策背景, $A \Rightarrow B \in K_{\mathbb{D}}$, 则 $K_{\mathbb{G}} \nvdash A \Rightarrow B$ 当且仅当存在 $d \in B$ 满足对于任意的 $A' \Rightarrow B' \in I_{\mathbb{D}}^{A\Rightarrow d}$, A' 不是条

件属性粒.

在 6.2节, 我们得出结论, $\mathcal{D}_K$ 保留了 $K_{\mathbb{D}}$ 中的所有决策信息, 并且 $\mathcal{D}_K$ 中的每条决策蕴涵都包含最丰富的决策信息. 性质 6.9 表明, 若决策前提 A 不是条件属性粒, 那么 $K_{\mathbb{G}}$ 会损失决策信息 $A \Rightarrow A^{CD}$.

性质 6.9 设 $K=(G, C \cup D, I_C \cup I_D)$ 是决策背景, A 是 K 的决策前提, 则 A 不是条件属性粒当且仅当 $K_{\mathbb{G}} \nvdash A \Rightarrow A^{CD}$.

证明 作为练习. □

类似于 $K_{\mathbb{C}}$, $K_{\mathbb{G}}$ 几乎损失了 $\mathcal{D}_K$ 中的所有决策蕴涵. 进一步, 因为粒规则要求决策前提不但是内涵, 而且是条件属性粒, 所以 $K_{\mathbb{G}}$ 会比 $K_{\mathbb{C}}$ 损失 $\mathcal{D}_K$ 中更多的决策信息.

例 6.11 (接例 6.1和例 6.7) 以例 6.1中的决策背景 K 为例. 例 6.7说明, 除了 $\{a_2\}$, K 的其他决策前提都不是内涵, 因此也不是条件属性粒 (因为条件属性粒必定是内涵). 进一步可以验证, $\{a_2\}$ 也不是条件属性粒, 因此 K 中的所有决策前提都不是条件属性粒. 此时, $K_{\mathbb{G}}$ 损失 $\mathcal{D}_K$ 中的所有决策蕴涵.

6.4 粒规则和概念规则的知识表示能力

本节对粒规则和概念规则进行比较性研究.

例 6.8说明, $K_{\mathbb{G}}$ 相对于 $K_{\mathbb{C}}$ 可能存在信息损失. 下面将 $K_{\mathbb{G}}$ 相对于 $K_{\mathbb{C}}$ 的信息损失 $A \Rightarrow B$ 归纳为形如 $A \Rightarrow d(d \in B)$ 的信息损失.

性质 6.10 设 $K=(G, C \cup D, I_C \cup I_D)$ 为决策背景, $A \Rightarrow B \in K_{\mathbb{C}}$, 则 $K_{\mathbb{G}} \nvdash A \Rightarrow B$ 当且仅当存在 $d \in B$ 满足 $K_{\mathbb{G}} \nvdash A \Rightarrow d$.

证明 作为练习. □

对于决策蕴涵 $A \Rightarrow d$, 集合 $I_{\mathbb{D}}^{A \Rightarrow d}$ 包含与 $A \Rightarrow d$ 相关的所有决策信息. 类似地, 可以用集合 $I_{\mathbb{C}}^{A \Rightarrow d}$ 表示 $K_{\mathbb{C}}$ 中与 $A \Rightarrow d$ 相关的所有决策信息, 即

$$I_{\mathbb{C}}^{A \Rightarrow d}=\{A' \Rightarrow B' \in K_{\mathbb{C}} | A' \subseteq A, d \in B'\}$$

在 6.3节, 我们已经得出结论, 决策信息 $A \Rightarrow d$ 保留在 $K_{\mathbb{G}}$ 中, 当且仅当 $K_{\mathbb{G}}$ 至少包含一条来自 $I_{\mathbb{D}}^{A \Rightarrow d}$ 的决策蕴涵. 性质 6.11进一步证明, 后者等价于 $K_{\mathbb{G}}$ 至少包含一条来自 $I_{\mathbb{C}}^{A \Rightarrow d}$ 的概念规则.

性质 6.11 设 $K=(G, C \cup D, I_C \cup I_D)$ 为决策背景, $A \Rightarrow d$ 是 K 的决策蕴涵, 则有 $A' \Rightarrow B' \in I_{\mathbb{D}}^{A \Rightarrow d}$ 且 $A' \Rightarrow B' \in K_{\mathbb{G}}$ 当且仅当 $A' \Rightarrow B' \in I_{\mathbb{C}}^{A \Rightarrow d}$ 且 $A' \Rightarrow B' \in K_{\mathbb{G}}$.

证明 通过比较 $I_{\mathbb{D}}^{A \Rightarrow d}$ 和 $I_{\mathbb{C}}^{A \Rightarrow d}$ 的定义容易看出, 只需证明对于 $A' \Rightarrow B' \in K_{\mathbb{G}}$, $A' \Rightarrow B' \in I_{\mathbb{D}}^{A \Rightarrow d}$ 当且仅当 $A' \Rightarrow B' \in I_{\mathbb{C}}^{A \Rightarrow d}$. 因为 $K_{\mathbb{G}} \subseteq K_{\mathbb{C}} \subseteq K_{\mathbb{D}}$ 且

$A' \Rightarrow B' \in K_{\mathbb{G}}$, 所以该结论是显然的. □

例 6.12 (接例 6.2和例 6.6) 以 $\{a_2, a_3, a_4\} \Rightarrow \{d_2\} \in K_{\mathbb{D}}$ 为例, 其中 $\{a_2, a_3, a_4\}$ 是内涵. 集合 $I_{\mathbb{C}}^{\{a_2,a_3,a_4\}\Rightarrow\{d_2\}}$ 如表 6.7 所示.

表 6.7　集合 $I_{\mathbb{C}}^{\{a_2,a_3,a_4\}\Rightarrow\{d_2\}}$

概念规则	概念规则
$\{a_3, a_4\} \Rightarrow \{d_2\}$	$\{a_2, a_3, a_4\} \Rightarrow \{d_1, d_2, d_3\}$
$\{a_2, a_3, a_4\} \Rightarrow \{d_1, d_2\}$	$\{a_2, a_3, a_4\} \Rightarrow \{d_2, d_3\}$
$\{a_2, a_3, a_4\} \Rightarrow \{d_2\}$	

可以验证, $\{a_2, a_3, a_4\} \Rightarrow \{d_1, d_2\}$ 是粒规则 (表 6.3), 即 $\{a_2, a_3, a_4\} \Rightarrow \{d_1, d_2\} \in K_{\mathbb{G}}$. 此时, $\{a_2, a_3, a_4\} \Rightarrow \{d_1, d_2\} \in I_{\mathbb{C}}^{\{a_2,a_3,a_4\}\Rightarrow\{d_2\}}$ 当且仅当 $\{a_2, a_3, a_4\} \Rightarrow \{d_1, d_2\} \in I_{\mathbb{D}}^{\{a_2,a_3,a_4\}\Rightarrow\{d_2\}}$(表 6.5).

结合性质 6.11可得出结论, 决策信息 $A \Rightarrow d$ 保留在 $K_{\mathbb{G}}$ 中, 当且仅当 $K_{\mathbb{G}}$ 至少包含一条来自 $I_{\mathbb{C}}^{A\Rightarrow d}$ 的概念规则. 换句话说, $K_{\mathbb{G}}$ 损失了决策信息 $A \Rightarrow d$ 等价于 $I_{\mathbb{C}}^{A\Rightarrow d}$ 中的概念规则都不在 $K_{\mathbb{G}}$ 中, 即 $I_{\mathbb{C}}^{A\Rightarrow d}$ 中的概念规则都不是粒规则.

定理 6.5 设 $K = (G, C \cup D, I_C \cup I_D)$ 是决策背景, $A \Rightarrow d$ 是 K 的决策蕴涵, 其中 A 是 (G, C, I_C) 的概念内涵. $K_{\mathbb{G}} \nvdash A \Rightarrow d$ 当且仅当对于任意的 $A' \Rightarrow B' \in I_{\mathbb{C}}^{A\Rightarrow d}$, A' 不是条件属性粒.

证明　根据定理 6.3 和性质 6.11, $K_{\mathbb{G}} \nvdash A \Rightarrow d$ 当且仅当 $I_{\mathbb{C}}^{A\Rightarrow d}$ 中的概念规则都不是粒规则. 为了证明该定理, 只需证明下面两个命题等价.

(1) $I_{\mathbb{C}}^{A\Rightarrow d}$ 中的概念规则都不是粒规则.

(2) 对于任意的 $A' \Rightarrow B' \in I_{\mathbb{C}}^{A\Rightarrow d}$, A' 不是条件属性粒.

命题等价性的证明作为练习. □

定理 6.5 说明, 如果存在概念规则 $A' \Rightarrow B' \in I_{\mathbb{C}}^{A\Rightarrow d}$ 满足 A' 是条件属性粒, 则可以找到一条粒规则 $A' \Rightarrow A'^{CD}$ 满足 $A' \Rightarrow A'^{CD} \in I_{\mathbb{C}}^{A\Rightarrow d}$, 即这条粒规则携带决策信息 $A \Rightarrow d$, 并且将被保留在 $K_{\mathbb{G}}$ 中. 反过来, 如果 $I_{\mathbb{C}}^{A\Rightarrow d}$ 中的概念规则都不满足该条件, 由粒规则的定义可知, $I_{\mathbb{C}}^{A\Rightarrow d}$ 中的所有粒规则都不在 $K_{\mathbb{G}}$ 中. 换句话说, 粒规则定义中对概念规则的限制导致 $K_{\mathbb{G}}$ 相对于 $K_{\mathbb{C}}$ 的信息损失, 进而导致粒规则相对于概念规则的不完备性.

例 6.13 (接例 6.1和例 6.12) 以例 6.1中的决策背景为例, 考虑决策蕴涵 $\{a_2, a_5, a_6\} \Rightarrow \{d_1\} \in K_{\mathbb{D}}$, 其中 $\{a_2, a_5, a_6\}$ 是内涵. 计算可知

$$I_{\mathbb{C}}^{\{a_2,a_5,a_6\}\Rightarrow\{d_1\}} = \{\{a_2\} \Rightarrow \{d_1\}, \{a_2, a_6\} \Rightarrow \{d_1\}, \{a_2, a_5, a_6\} \Rightarrow \{d_1\}\}$$

可以验证, $I_{\mathbb{C}}^{\{a_2,a_5,a_6\}\Rightarrow\{d_1\}}$ 中的决策蕴涵前提都不是条件属性粒. 此时, 由定理 6.5 可知, $K_{\mathbb{G}} \nvdash \{a_2, a_5, a_6\} \Rightarrow \{d_1\}$, 即 $K_{\mathbb{G}}$ 损失了决策信息 $\{a_2, a_5, a_6\} \Rightarrow \{d_1\}$.

考虑 $\{a_2,a_3,a_4\}\Rightarrow\{d_2\}\in K_{\mathbb{C}}$. 对于 $\{a_2,a_3,a_4\}\Rightarrow\{d_1,d_2\}\in I_{\mathbb{C}}^{\{a_2,a_3,a_4\}\Rightarrow\{d_2\}}$ (表 6.7), 可以验证 $\{a_2,a_3,a_4\}$ 是条件属性粒, 因此概念规则 $\{a_2,a_3,a_4\}\Rightarrow\{a_2,a_3,a_4\}^{CD}$ 是粒规则且被保留在 $K_{\mathbb{G}}$ 中. 因为 $\{a_2,a_3,a_4\}^{CD}=\{d_1,d_2,d_3\}$, 所以 $\{a_2,a_3,a_4\}\Rightarrow\{d_1,d_2,d_3\}\in I_{\mathbb{C}}^{\{a_2,a_3,a_4\}\Rightarrow\{d_2\}}$ 被保留在 $K_{\mathbb{G}}$ 中. 此时, 决策信息 $\{a_2,a_3,a_4\}\Rightarrow\{d_2\}$ 也被保留在 $K_{\mathbb{G}}$ 中.

定理 6.6 总结了 $K_{\mathbb{G}}$ 相对于 $K_{\mathbb{C}}$ 产生信息损失 $A\Rightarrow B$ 的原因.

定理 6.6 设 $K=(G,C\cup D,I_C\cup I_D)$ 是决策背景, $A\Rightarrow B\in K_{\mathbb{C}}$, 则 $K_{\mathbb{G}}\nvdash A\Rightarrow B$ 当且仅当存在 $d\in B$ 满足对于任意的 $A'\Rightarrow B'\in I_{\mathbb{C}}^{A\Rightarrow d}$, A' 不是条件属性粒.

6.5 概念规则和粒规则相关工作评述

本节回顾一些关于概念规则和粒规则的相关工作, 并就其中概念规则的无冗余性和基于粒规则表示的概念规则作出评价.

首先, 引入文献 [17] 中概念规则的非冗余性定义.

定义 6.4 [17] 设 $K=(G,C\cup D,I_C\cup I_D)$ 为决策背景. 对于任意的 $A\Rightarrow B\in K_{\mathbb{C}}$, 若存在 $A'\Rightarrow B'\in K_{\mathbb{C}}\setminus\{A\Rightarrow B\}$ 满足 $A'\subseteq A$ 且 $B\subseteq B'$, 则 $A\Rightarrow B$ 在 $K_{\mathbb{C}}$ 中是冗余的; 否则, $A\Rightarrow B$ 相对于集合 $K_{\mathbb{C}}$ 是非冗余的.

因为概念规则是特殊的决策蕴涵, 所以可以从决策蕴涵的逻辑角度分析定义 6.4. 根据扩增推理规则和合并推理规则的合理性, 对于决策蕴涵集 $\mathcal{L}$, 如果决策蕴涵 $A\Rightarrow B$ 可以通过迭代应用扩增推理规则和合并推理规则从 $\mathcal{L}\setminus\{A\Rightarrow B\}$ 中推导出来, 则 $A\Rightarrow B$ 相对于 $\mathcal{L}$ 是冗余的. 换句话说, 如果想去除冗余的概念规则, 则需要去除可以通过扩增推理规则和合并推理规则得到的概念规则. 进一步, 因为这两条推理规则是非冗余的, 所以单独使用任意一条推理规则都不足以完成该任务. 通过比较扩增推理规则的定义和定义 6.4, 我们发现, 定义 6.4只使用了扩增推理规则进行推导, 所以并不能删掉所有冗余的概念规则. 换言之, 即使是符合定义 6.4的无冗余概念规则, 也可能通过合并推理规则从 $K_{\mathbb{C}}$ 得到, 因此该概念规则相对于 $K_{\mathbb{C}}$ 仍然是冗余的. 下面通过例子进行说明.

例 6.14 (接例 6.1) 以概念规则 $\{a_2,a_3,a_4\}\Rightarrow\{d_1,d_2,d_3\}\in K_{\mathbb{C}}$ 为例 (表 6.2), 经验证, 尽管该决策蕴涵在定义 6.4的意义下是无冗余的, 但是通过合并推理规则, 可以从另外两条概念规则 $\{a_2\}\Rightarrow\{d_1\}$ 和 $\{a_2,a_3,a_4\}\Rightarrow\{d_2,d_3\}$ 推导出来. 因此

$$K_{\mathbb{C}}\setminus\{\{a_2,a_3,a_4\}\Rightarrow\{d_1,d_2,d_3\}\}\vdash\{a_2,a_3,a_4\}\Rightarrow\{d_1,d_2,d_3\}$$

即 $\{a_2,a_3,a_4\}\Rightarrow\{d_1,d_2,d_3\}$ 相对于 $K_{\mathbb{C}}$ 是冗余的.

为了作出区分, 我们将定义 6.4中的冗余概念规则和非冗余概念规则分别记作

α 冗余概念规则和 α 非冗余概念规则. 在文献 [20] 中, 如果一条 α 非冗余概念规则 $A \Rightarrow B$ 满足性质 6.12 中的条件, 那么它可以通过相应的粒规则以合并的方式表示出来.

性质 6.12 [20] 设 $K = (G, C \cup D, I_C \cup I_D)$ 为决策背景, $A \Rightarrow B \in K_{\mathbb{C}}$, 下列条件等价.

(1) $A \Rightarrow B$ 是 α 非冗余的.

(2) $A \Rightarrow B = \bigcap_{g \in A^C} g^C \Rightarrow \bigcap_{g \in A^C} g^D$, 且对于任意的 $g_1 \in B^D \setminus A^C$, $(g_1^C \cap A)^C \not\subseteq B^D$ 成立.

事实上, 性质 6.12 的结论可以拓展到任何形如 $A \Rightarrow A^{CD}$ 的概念规则.

性质 6.13 设 $K = (G, C \cup D, I_C \cup I_D)$ 为决策背景, 则 $A \Rightarrow A^{CD}$ 是概念规则当且仅当 $A \Rightarrow A^{CD} = \bigcap_{g \in A^C} g^C \Rightarrow \bigcap_{g \in A^C} g^D$.

证明 显然. □

从决策蕴涵的逻辑角度看, 粒规则的合并可以看作粒规则上的推理规则. 因此, 性质 6.12 说明, 对于 $A \subseteq C$ 和 $B \subseteq D$, 如果对于任意的 $g_1 \in B^D \setminus A^C$ 有 $(g_1^C \cap A)^C \not\subseteq B^D$, 则 $\bigcap_{g \in A^C} g^C \Rightarrow \bigcap_{g \in A^C} g^D$ (即 $A \Rightarrow B$) 是 α 非冗余概念规则. 该结论可以转换为一条推理规则 (记作 mergence), 即

$$\frac{g^C \Rightarrow g^D, g \in A^C, \text{对于任意的} g_1 \in B^D \setminus A^C \text{有} (g_1^C \cap A)^C \not\subseteq B^D}{\bigcap_{g \in A^C} g^C \Rightarrow \bigcap_{g \in A^C} g^D}$$

等价于

$$\frac{g^C \Rightarrow g^D, g \in A^C, \text{对于任意的} g_1 \in B^D \setminus A^C \text{有} (g_1^C \cap A)^C \not\subseteq B^D}{A \Rightarrow B}$$

从决策蕴涵的逻辑角度看, 如果 mergence 是合理的, 那么任意的 α 非冗余概念规则都可以使用 mergence 从相应的粒规则中推导得出. 再由定义 6.4可知, 所有的 α 冗余概念规则可以使用扩增推理规则从 α 非冗余概念规则得出, 因此所有的概念规则都可以通过使用 mergence 和扩增推理规则从粒规则得出. 换句话说, 粒规则相对于概念规则似乎是完备的.

类似地, 性质 6.13 说明, 对于集合 $A \subseteq C$, $\bigcap_{g \in A^C} g^C \Rightarrow \bigcap_{g \in A^C} g^D$ 是概念规则. 该过程也可以表示为一条推理规则 (记作 mergence′), 即

$$\frac{g^C \Rightarrow g^D, g \in A^C}{\bigcap_{g \in A^C} g^C \Rightarrow \bigcap_{g \in A^C} g^D}$$

如果 mergence′ 是合理的, 那么所有形如 $A \Rightarrow A^{CD}$ 的概念规则都可以使用 mergence′ 从相应的粒规则得到, 进而所有概念规则 (形如 $A \Rightarrow B$) 可以使用扩增

推理规则从 $A \Rightarrow A^{CD}$ 得到 (由定理 3.10 可知, $A \Rightarrow B$ 满足 $B \subseteq A^{CD}$). 既然所有的概念规则都可以通过使用 mergence′ 和扩增推理规则从粒规则得到, 似乎也能说明粒规则相对于概念规则是完备的.

6.4节已经说明粒规则相对于概念规则存在信息损失. 由此可见, mergence 和 mergence′ 并不是合理的推理规则. 下面作出解释.

从决策蕴涵的逻辑角度看, 使用推理规则 (扩增推理规则和合并推理规则) 推导其他决策蕴涵的过程不依赖其他先验知识. 然而, mergence 和 mergence′ 都依赖先验知识. 例如, mergence 和 mergence′ 都需要给定 A^C, 而 A^C 只能借助决策背景进行计算. 进一步, mergence 需要检验对于任意的 $g_1 \in B^D \setminus A^C$, $(g_1^C \cap A)^C \not\subseteq B^D$ 是否成立, 这些检验同样依赖决策背景. 如果从 mergence 和 mergence′ 中去除这些先验知识, 将得到一条合法的 (即不需要先验知识的) 推理规则 (记作 mergence″), 即

$$\frac{g^C \Rightarrow g^D, g_1^C \Rightarrow g_1^D}{g^C \cap g_1^C \Rightarrow g^D \cap g_1^D}$$

换句话说, 推理规则只能依赖集合上的运算, 而不能依赖其他任何先验知识. 对于推理规则 mergence″, 尽管其中出现运算 $(.)^C$ 和 $(.)^D$, 但它们在生成粒规则的过程中已被计算出来. 因此, 在推理过程中, 用到的粒规则 $g^C \Rightarrow g^D$ 的前件和后件均是集合, 而非 g 上的运算.

例 6.15说明 mergence″ 并不是合理的推理规则.

例 6.15 (接例 6.1) 以例 6.1中的决策背景为例, 对于 $g_2, g_5 \in G$, 由性质 6.2 可知 $g_2^C \Rightarrow g_2^D$ 和 $g_5^C \Rightarrow g_5^D$, 即 $\{a_3, a_4, a_6\} \Rightarrow \{d_2\}$ 和 $\{a_2, a_4, a_5, a_6\} \Rightarrow \{d_1, d_2\}$ 是 K 的粒规则. 在这两条粒规则上使用 mergence″, 可以得到 $\{a_3, a_4, a_6\} \cap \{a_2, a_4, a_5, a_6\} \Rightarrow \{d_2\} \cap \{d_1, d_2\}$, 即 $\{a_4, a_6\} \Rightarrow \{d_2\}$, 经验证 $\{a_4, a_6\} \Rightarrow \{d_2\}$ 并不是 K 中的决策蕴涵.

综上所述, mergence 和 mergence′ 都不是合法的推理规则, 所以继续讨论 mergence 和 mergence′ 的合理性并没有意义. 相比之下, mergence″ 是合法的推理规则, 但它并不合理. 事实上, 因为粒规则相对于概念规则和决策蕴涵是不完备的, 所以不存在合理的推理规则可以从粒规则中推导出所有的概念规则或决策蕴涵. 类似的结论也适用于仅从概念规则获得决策蕴涵的情形.

6.6 小　结

本章对决策蕴涵、概念规则和粒规则的知识表示能力作了比较性研究, 主要内容包括以下几个方面.

(1) 验证概念规则和粒规则相对于决策蕴涵的不完备性和粒规则相对于概念规则的不完备性.

(2) 识别概念规则或粒规则相对于决策蕴涵的信息损失, 以及粒规则相对于概念规则的信息损失.

(3) 归纳出概念规则和粒规则产生信息损失的原因.

(4) 评述概念规则和粒规则的一些已有工作.

基于上述研究结果, 我们可以得出结论, 相比粒规则, 概念规则具备较强的知识表示能力; 相比粒规则和概念规则, 决策蕴涵具备更强的知识表示能力. 因此, 为了保证信息的完备性, 有必要以决策蕴涵 (而不是概念规则或粒规则) 为基本工具进行知识表示与推理.

另外, 尽管已经验证了概念规则和粒规则相对于决策蕴涵的不完备性, 但是这并不意味着概念规则和粒规则的重要性低于决策蕴涵. 事实上, 在本体和知识图谱等实际应用中, 知识通常是以概念形式存储的, 所以考虑概念之间的知识可能要比考虑决策蕴涵更加合理. 因此, 概念规则和粒规则的潜在价值值得进一步探索.

第 7 章 模糊决策蕴涵逻辑

对模糊概念格的研究已经很多[29,37,103-107], 其中由 Belohlávek 提出的模糊概念格模型[32] 泛化了许多模糊概念格模型, 因此被认为是最灵活的一种模型. Belohlávek 等研究了基于模糊概念格的模糊属性蕴涵, 从逻辑上对其语义特征和语构特征进行了讨论[39,40,108-113]. 具体来说, Belohlávek 定义了模糊属性蕴涵的模型及其在模糊形式背景中成立的程度, 讨论了成立程度的不同表示, 尤其是与模糊概念格和语气真值算子的关系[108]. 据此, Belohlávek 等定义了模糊属性蕴涵在模糊属性蕴涵集合中的语义蕴含程度及模糊属性蕴涵集合的完备性和无冗余性[109]. 在语构方面, Belohlávek 等扩展了经典的 Armstrong 推理规则[114], 提出分级模糊逻辑 (graded-style) 和 Pavelka 模糊逻辑 (Pavelka-style)[111], 并提出相应的推理规则, 建立语构与语义的协调性和完备性[112]. Belohlávek 等还讨论了基于相似关系的函数依赖, 研究了其语义特征和语构特征, 得出与模糊属性蕴涵类似的结论[113].

然而, 因为模糊属性蕴涵并不区分条件属性和决策属性, 导致模糊属性蕴涵集合中包含许多条件属性之间和决策属性之间的模糊属性蕴涵, 造成极大的资源浪费. 为此, 本章以完备剩余格为真值结构, 基于 Pavelka 模糊逻辑对模糊决策蕴涵进行研究. 类似于第 3 章对决策蕴涵的研究, 模糊决策蕴涵的逻辑研究也分为语义和语构两部分. 语义部分的研究包括以下几个方面.

(1) 模糊决策蕴涵的合理性. 如何判断模糊决策蕴涵的合理程度?

(2) 模糊决策蕴涵集的封闭性. 模糊决策蕴涵的合理程度是否可以提高?

(3) 模糊决策蕴涵集的完备性. 如何在不损失信息的前提下生成一个模糊决策蕴涵集?

(4) 模糊决策蕴涵集的无冗余性. 一个模糊决策蕴涵集是否是紧致的?

(5) 模糊决策蕴涵规范基. 如何生成完备无冗余的模糊决策蕴涵集?

本章主要研究模糊决策蕴涵的合理性、完备性和冗余性. 第 8章研究模糊决策蕴涵规范基.

在语构方面, 需要给定一个模糊决策蕴涵集和一些模糊决策推理规则, 然后研究如何应用这些模糊决策推理规则从给定的模糊决策蕴涵集中推导新的模糊决策蕴涵. 这个方面的研究需要回答下列问题.

(1) 模糊决策推理规则的合理性. 模糊决策推理规则推导出的任何模糊决策

蕴涵是否都是合理的?

(2) 模糊决策推理规则集的完备性. 是否可以由给定的模糊决策推理规则推导出所有合理的模糊决策蕴涵?

(3) 模糊决策推理规则集的无冗余性. 模糊决策推理规则之间是否是紧致的, 即某些模糊决策推理规则是否可以由其他模糊决策推理规则导出?

在语义方面, 我们将定义一致闭包, 讨论一致闭包与模型的关系, 给出模糊决策蕴涵完备性的讨论. 在语构方面, 我们导出三条推理规则, 证明其合理性和完备性.

7.1 基础知识: 完备剩余格与 L-模糊集

为了理解本章内容, 首先需要回顾一些模糊逻辑方面的基本知识.

经典的命题逻辑是真和假、成立和不成立、满足和不满足的二值逻辑. 模糊逻辑将这些内容模糊化和多值化, 因此模糊逻辑一般也称为多值逻辑. 最常用的模糊化方法是将命题的真假扩张到 $[0,1]$ 区间. 为了增加结论的灵活性, 本章采用 Pavelka 逻辑体系[115-117], 其中的真值结构采用泛化了 $[0,1]$ 区间的完备剩余格[30,38,118].

完备剩余格泛化了一些应用广泛的模糊逻辑代数结构, 如 MV 代数、BL 代数、有界 Heyting 代数、格蕴涵代数等, 因此受到许多逻辑学家的关注[119].

定义 7.1 完备剩余格是一个代数结构 $(L,\wedge,\vee,\otimes,\rightarrow,0,1)$, 满足

(1) $(L,\wedge,\vee,0,1)$ 为完备格, 其中 0 和 1 分别为最小元和最大元.

(2) $(L,\otimes,1)$ 为交换独异点, 即 $\otimes$ 是可交换的和可结合的, 且对任意的 $a\in L$, $a\otimes 1=1\otimes a=a$ 成立.

(3) $\otimes$ 和 $\rightarrow$ 构成伴随对, 满足伴随条件, 即

$$a\otimes b\leqslant c \text{ 当且仅当} a\leqslant b\rightarrow c$$

其中, $a, b, c\in L$.

例 7.1 常用的完备剩余格区间为 $[0,1]$, 其中 0 和 1 分别为最小元和最大元, $\wedge$ 和 $\vee$ 定义为 min 和 max, 几种重要的伴随对如下所示, 即

$$\text{Łukasiewicz 伴随对}\begin{cases} a\otimes b=\max(a+b-1,0)\\ a\rightarrow b=\min(1-a+b,1)\end{cases}$$

$$\text{Gödel 伴随对}\begin{cases} a\otimes b=\min(a,b)\\ a\rightarrow b=\begin{cases}1, & a\leqslant b\\ b, & \text{其他}\end{cases}\end{cases}$$

$$\text{Goguen 伴随对}\begin{cases} a\otimes b=ab \\ a\to b=\begin{cases}1, & a\leqslant b\\ b/a, & \text{其他}\end{cases}\end{cases}$$

在定义 7.1中, 要求 L 为完备格就是要求真值不但可以在 $[0,1]$ 区间 (例 7.1), 而且可以包含真值不可比的序偶结构 (参考第 10章), 其中的运算 $\wedge$ 和 $\vee$ 泛化了 $[0,1]$ 的 min 和 max 运算, 同时也是全称量词 "对于任意的 $\cdots$, $\cdots$ 成立" 和存在量词 "存在一个 $\cdots$, 满足 $\cdots$" 的模糊化表示. 例如, 有两个命题 P_1 和 P_2, 经典情形下的表述 "对于任意的 i, P_i 成立" 的真值可以表示为 $\wedge_i\|P_i\|$, 其中当 P_i 成立时, $\|P_i\|=1$, P_i 不成立时, $\|P_i\|=0$. 在模糊情形下, $\wedge_i\|P_i\|$ 同样可以表示类似的模糊命题. 例如, 当 $\|P_1\|=0.5$, $\|P_2\|=1$ 时, $\wedge_i\|P_i\|=0.5$ 表示命题 "对于任意的 i, P_i 成立" 的真值为 0.5. 类似地, 在模糊情形下, $\vee_i\|P_i\|=1$ 表示命题 "存在一个 i, P_i 成立" 的真值为 1. 这是显然的, 因为命题 P_2 是成立的.

完备剩余格在给定真值结构 $(L,\wedge,\vee,0,1)$ 的基础上, 还引入两个逻辑运算 $\otimes$ 和 $\to$, 其中 $\otimes$ 泛化了命题逻辑中的合取逻辑连接词, $\to$ 泛化了命题逻辑中的蕴含逻辑连接词. 例如, 假设有两个模糊命题 P 和 Q, 其成立的程度分别为 0.5 和 0.6, 则复合命题 "P 且 Q" 成立的程度由 $0.5\otimes 0.6$ 给出, 复合命题 "若 P 则 Q" 成立的程度由 $0.5\to 0.6$ 给出. 对于这两个复合命题, 难以根据两个子命题成立的程度给出一个明确且唯一的真值, 不同的计算方式导致不同的选择, 这也是例 7.1中存在不同伴随对的原因. 例如, 若使用 Łukasiewicz 伴随对, 则 $0.5\otimes 0.6=0.1$, 即 Łukasiewicz 伴随对认为 "P 且 Q" 成立的程度为 0.1; 使用 Gödel 伴随对, 则 $0.5\otimes 0.6=0.5$, 使用 Goguen 伴随对, 则 $0.5\otimes 0.6=0.3$. 为了囊括这些合理的选择, 完备剩余格根据这些逻辑运算定义伴随对应该满足的条件. 要求 $\otimes$ 是可交换和可结合的意味着, 合取运算是可交换和可结合的, 即要求 "P 且 Q" 成立的程度等于 "Q 且 P" 成立的程度, "(P 且 Q) 且 R" 成立的程度等于 "P 且 (Q 且 R)" 成立的程度. 要求 $a\otimes 1=1\otimes a=a$ 即要求程度完全为真 (程度为 1) 的命题在合取运算中是可以消去的. 例如, 命题 P 和 Q 成立的程度分别为 a 和 1, 即命题 Q 是完全成立的, 则 "P 且 Q" 成立的程度等于命题 P 成立的程度 a. 蕴含连接词在合取连接词的基础上依据伴随条件进行定义, 其含义与模糊三段论有关, 具体的解释不太直观, 读者可以参考文献 [30].

事实上, 给定满足定义 7.1条件 (2) 的 $\otimes$, 存在唯一的 $\to$ 满足伴随条件; 反之, 若 $\to$ 满足以下条件.

(1) $a=1\to a$.

(2) $a\to(b\to c)=b\to(a\to c)$.

其中, $a, b, c \in L$, 则存在唯一的 $\otimes$ 满足伴随条件.

换句话说, $\otimes$ 和 $\rightarrow$ 是伴随出现的.

另外, 由 $\wedge$ 的解释可以看出, 命题“对于任意的 i, P_i 成立”是否成立与“P_1 且 P_2”是否成立具有相同真值, 因此 $\wedge$ 也可以看作是合取连接词的一种实现. 有资料将 $\wedge$ 称为弱合取 (weak conjunction) 连接词, $\otimes$ 称为强合取 (strong conjunction) 连接词.

满足 $a \otimes b = a \wedge b$ 的完备剩余格称为 Heyting 代数[30].

引理 7.1 [38]　设 L 为一完备剩余格.

(1) 若 $a_1 \leqslant a_2$, 则 $a_1 \otimes a \leqslant a_2 \otimes a$.

(2) 若 $a_1 \leqslant a_2$, 则 $a_1 \rightarrow b \geqslant a_2 \rightarrow b$.

(3) 若 $b_1 \leqslant b_2$, 则 $a \rightarrow b_1 \leqslant a \rightarrow b_2$.

(4) $a \leqslant b$ 当且仅当 $a \rightarrow b = 1$.

(5) $a \leqslant b \rightarrow c$ 当且仅当 $b \leqslant a \rightarrow c$.

(6) $(a \otimes b) \rightarrow c = (a \rightarrow (b \rightarrow c))$.

(7) $a \rightarrow \bigwedge b_i = \bigwedge (a \rightarrow b_i)$.

(8) $1 \rightarrow a = a$.

(9) $a \otimes (a \rightarrow b) \leqslant b$.

(10) $a \leqslant (b \rightarrow (a \otimes b))$.

其中, $a, b, c, a_i, b_i \in L$.

由引理 7.1可以看出 $\otimes$ 和 $\rightarrow$ 运算的一些特性. 首先, $\otimes$ 对两个变量均具有单调性, $\rightarrow$ 对第一变量具有反单调性, 对第二变量具有单调性, 这些性质可以结合合取和蕴含连接词的性质来理解. 例如, $\rightarrow$ 对第一变量的反单调性是因为在经典情形下, 当 $\|P_1\| = 0$、$\|P_2\| = 1$、$\|Q\| = 0$ 时, 有 $\|P_1\| \rightarrow \|Q\| = 1 \geqslant \|P_2\| \rightarrow \|Q\| = 0$.

引理 7.1 的结论 (4) 事实上是实质蕴含的一个模糊化扩展, 即条件命题“若 P, 则 Q”为假当且仅当 $\|P\| \nleqslant \|Q\|$. 显然, $\|P\| \nleqslant \|Q\|$ 当且仅当 $\|P\| = 1$ 且 $\|Q\| = 0$.

对于其他性质, 可以类似验证均为经典情形的扩展.

下面引入基于完备剩余格的模糊集. 设 L 为完备剩余格, 集合 U 上的一个 L-模糊集 (或模糊集) 是从 U 到 L 的映射 $A : U \rightarrow L$, 其中 $A(u)$ 为 $u \in U$ 隶属于 A 的程度, 使用 L^U 记 U 上的所有 L-模糊集. 令 $A, B \in L^U$, 经典意义下集合的交和并在模糊集情形下记为

$$(A \cap B)(u) = A(u) \wedge B(u)$$

$$(A \cup B)(u) = A(u) \vee B(u)$$

类似地, 经典意义下集合的其他运算也可以应用到 L-模糊集上. 例如, $A \subseteq B$ 成立当且仅当对任意的 $u \in U$, $A(u) \leqslant B(u)$ 成立. 设 $a \in L$, $A \in L^U$, 两个特殊的模糊集 $a \otimes A$ 和 $a \to A$ 定义为

$$(a \otimes A)(u) = a \otimes A(u)$$
$$(a \to A)(u) = a \to A(u)$$

L-模糊集之间的包含关系定义为

$$S(A, B) = \bigwedge_{u \in U} (A(u) \to B(u))$$

为了增加灵活性, 可以在完备剩余格上引入语气真值算子[120](truth-stressing hedge).

定义 7.2 设 L 为一完备剩余格, L 上的语气真值算子是一个映射 $* : L \to L$, 满足以下条件.

(1) $1^* = 1$, $a^* \leqslant a$.

(2) $(a \to b)^* \leqslant a^* \to b^*$.

(3) $a^{**} = a^*$.

其中, a, $b \in L$.

例 7.2 两种特殊的语气真值算子如下.

(1) 等值语气真值算子 (Identity), 即对任意的 $a \in L$, $a^* = a$ 成立.

(2) 严格语气真值算子 (Globalization), 即

$$a^* = \begin{cases} 1, & a = 1 \\ 0, & \text{其他} \end{cases}$$

按照文献 [120] 的解释, 语气真值算子用来强调 "命题为 $\cdots$ 真的程度". 例如, 等值语气真值算子可以解释为命题为真的程度, 严格语气真值算子可以解释为命题为完全真的程度. 语气真值算子也可以从伴随对的角度解释, 读者可以参考文献 [38].

容易验证, 等值语气真值算子 $*_I$ 是最大的语义真值算子, 严格语气真值算子 $*_G$ 是最小的语气真值算子. 事实上, 对于 $a \in L$, 若 $a = 1$, 则对于任意的语气真值算子 $*$ 都有 $a^* = 1$; 若 $a < 1$, 则有 $a^{*_G} = 0 \leqslant a^* \leqslant a = a^{*_I}$. 因此, 本章的例子主要以等值和严格语气真值算子为主, 其他语气真值算子的计算结果必然位于这两个语气真值算子的结果区间.

引理 7.2 设 L 为一完备剩余格, U 为一集合, A, B, $C \in L^U$, $*$ 为 L 上的语气真值算子, 则

$$S(A \cup B, C) = S(A, C) \wedge S(B, C)$$

$$S(A, B) \otimes S(B, C) \leqslant S(A, C)$$

$$a^* \otimes b^* \leqslant (a \otimes b)^*$$

$$a \to S(A, B) = S(a \otimes A, B) = S(A, a \to B)$$

其中, $a, b \in L$.

证明 其他结论的证明可以参考文献 [38]. 现证明 $a \to S(A, B) = S(a \otimes A, B)$. 由引理 7.1, 我们有

$$\begin{aligned} a \to S(A, B) &= a \to \bigwedge_{u \in U} (A(u) \to B(u)) \\ &= \bigwedge_{u \in U} (a \to (A(u) \to B(u))) \\ &= \bigwedge_{u \in U} ((a \otimes A)(u) \to B(u)) \\ &= S(a \otimes A, B) \end{aligned}$$

类似可证, $a \to S(A, B) = S(A, a \to B)$. □

7.2 逻辑研究: 模糊决策蕴涵的语义

我们引入模糊决策蕴涵的概念.

定义 7.3 设 C 和 D 为两个集合, L 为完备剩余格, L^C 和 L^D 分别为 C 和 D 上的所有 L-模糊集集合. 一个基于 C 和 D 的模糊决策蕴涵 (简称模糊决策蕴涵) 是形如 $A \Rightarrow B$ 的式子, 其中 $A \in L^C$, $B \in L^D$. 此时, 称 A 为该模糊决策蕴涵的前提 (前件), B 为该模糊决策蕴涵的结论 (后件).

类似决策蕴涵, 定义 7.3中的模糊决策蕴涵只是一个形式. 另外, 记模糊决策蕴涵 $A \Rightarrow B$ 时, 假设 $A \in L^C$ 和 $B \in L^D$.

例 7.3 设 $L = \{0, 0.25, 0.5, 0.75, 1\}$、$C = \{s, l\}$、$D = \{f, n\}$. 由定义 7.3, 任意满足 $A \in L^C$ 和 $B \in L^D$ 的表达式 $A \Rightarrow B$ 都是基于 C 和 D 的模糊决策蕴涵, 如 $\{0.75/s, 0.25/l\} \Rightarrow \{0.25/f, 0.75/n\}$.

下面给出模糊决策蕴涵的语义特征. 首先, 引入语义导出、模型、完备性、无冗余性和封闭性等概念, 并给出几个判定完备性的判定准则. 然后, 引入闭包和一致闭包的概念, 并证明一致闭包是使给定集合为给定模糊决策蕴涵集模型的最小集合.

7.2.1 模糊决策蕴涵的基础语义

定义 7.4 设 $T \in L^{C \cup D}$, T 满足 $A \Rightarrow B$ 的程度定义为

$$\|A \Rightarrow B\|_T = S(A, T \cap C)^* \to S(B, T \cap D)$$

其中, $*$ 为语气真值算子.

在决策蕴涵中 (定义 3.2), 定义 T 满足 $A \Rightarrow B$, 即若 $A \subseteq T \cap C$, 则 $B \subseteq T \cap D$. 为了将上述定义模糊化, 首先将 $A \subseteq T \cap C$ 和 $B \subseteq T \cap D$ 模糊化为 $S(A, T \cap C)$ 和 $S(B, T \cap D)$, 然后将"若 $\cdots$ 则 $\cdots$"模糊化为 $\to$, 因此模糊情形下 T 满足 $A \Rightarrow B$ 的程度定义为 $S(A, T \cap C) \to S(B, T \cap D)$. 由该定义可以看出, T 完全满足 $A \Rightarrow B$, 当且仅当在 T 这行数据上, T 包含 B 的程度完全超过 T 包含 A 的程度, 即 $S(A, T \cap C) \to S(B, T \cap D) = 1$ 当且仅当 $S(A, T \cap C) \leqslant S(B, T \cap D)$. 若 $S(A, T \cap C) \nleqslant S(B, T \cap D)$, 则这种完全超过可以模糊化为 $S(A, T \cap C) \to S(B, T \cap D)$. 换句话说, $\to$ 也是偏序的一种模糊化. 这是因为, 若 $a \leqslant b$, 则 $a \to b = 1$; 若 $a \nleqslant b$, 根据直觉, a 越大, a 小于等于 b 的程度越小, 反之, b 越大, a 小于等于 b 的程度越大, 这正好与 $\to$ 的性质相符.

另外, 在 $S(A, T \cap C)$ 上添加语气真值算子的目的是增加灵活性.

例 7.4 设 $L = \{0, 0.25, 0.5, 0.75, 1\}$、$C = \{s, l\}$、$D = \{f, n\}$. 使用 Łukasiewicz 伴随对和等值语气真值算子, 令 $A \Rightarrow B := \{0.75/s, 0.25/l\} \Rightarrow \{0.25/f, 0.75/n\}$, $T = \{1/s, 0/l, 0.5/f, 0.75/n\}$, 则

$$\|A \Rightarrow B\|_T = ((0.75 \to 1) \wedge (0.25 \to 0)) \to ((0.25 \to 0.5) \wedge (0.75 \to 0.75)) = 1$$

这表明, T 完全满足 $A \Rightarrow B$, 即在 T 这行数据上, T 包含 B 的程度完全超过 T 包含 A 的程度.

若令 $A \Rightarrow B := \{0.75/s, 0.25/l\} \Rightarrow \{1/f, 0.75/n\}$, 则

$$\begin{aligned}\|A \Rightarrow B\|_T &= ((0.75 \to 1) \wedge (0.25 \to 0)) \to ((1 \to 0.5) \wedge (0.75 \to 0.75)) \\ &= 0.75 \to 0.5 \\ &= 0.75\end{aligned}$$

在计算过程中, $S(A, T \cap C) = 0.75$ 是因为 $A(l) \to T(l) = 0.75$. 这表明, A 包含于 T 的程度为 0.75, 因为 A 在 l 属性上包含于 T 的程度是 0.75. 类似地, $S(B, T \cap D) = 0.5$ 是因为 $B(f) \to T(f) = 0.5$, 而 $\|A \Rightarrow B\|_T = 0.75$ 是因为 $0.75 \to 0.5 = 0.75$.

定义 7.4也可以由成立表示, 即模糊决策蕴涵 $A \Rightarrow B$ 在 T 这行数据上成立的程度由 $\|A \Rightarrow B\|_T$ 给出. 进一步, 将该定义扩展到一个 L-模糊集集合 $\mathcal{T}$(即含有 $|\mathcal{T}|$ 行数据的数据集), 我们有以下定义.

定义 7.5　基于 C 和 D 的模糊决策蕴涵 $A \Rightarrow B$ 在集合 $\mathcal{T} = \{T_1, T_2, \cdots, T_n\} \subseteq L^{C \cup D}$ 中成立的程度为

$$\|A \Rightarrow B\|_{\mathcal{T}} = \bigwedge\{\|A \Rightarrow B\|_T | T \in \mathcal{T}\}$$

例 7.5 (续例 7.4)　定义

$$\begin{aligned}\mathcal{T} = \{&\{1/s, 0/l, 0/f, 1/n\}, \{0.75/s, 0/l, 0/f, 1/n\}, \{0.75/s, 0/l, 0/f, 0.75/n\}\\ &\{1/s, 0/l, 0.5/f, 0.75/n\}, \{0/s, 1/l, 0.75/f, 0.5/n\},\\ &\{0.25/s, 0.5/l, 1/f, 0.25/n\}\{0.25/s, 0.5/l, 1/f, 0/n\}, \{1/s, 0/l, 1/f, 0/n\}\}\end{aligned}$$

计算可知, $\|A \Rightarrow B\|_{\mathcal{T}} = 1 \wedge 1 \wedge 1 \wedge 1 \wedge 1 \wedge 1 \wedge 0.75 \wedge 0.5 = 0.5$. 这表明, $A \Rightarrow B$ 在 $\mathcal{T}$ 数据集中成立的程度为 0.5.

定义 7.6　设 $\mathcal{L}$ 为一模糊决策蕴涵集, 且具有如下形式, 即

$$\{(A_1 \Rightarrow B_1)/\mathcal{L}(A_1 \Rightarrow B_1), \cdots, (A_n \Rightarrow B_n)/\mathcal{L}(A_n \Rightarrow B_n)\}$$

其中, $\mathcal{L}(A_i \Rightarrow B_i)$ 是 $A_i \Rightarrow B_i$ 属于集合 $\mathcal{L}$ 的隶属度.

$\mathcal{L}$ 的所有模型集合由下式给出, 即

$$\mathrm{Mod}(\mathcal{L}) = \{T \in L^{C \cup D} | \mathcal{L}(A \Rightarrow B) \leqslant \|A \Rightarrow B\|_T, \forall A \Rightarrow B\}$$

模糊决策蕴涵 $A \Rightarrow B$ 从 $\mathcal{L}$ 中导出的程度为

$$\|A \Rightarrow B\|_{\mathcal{L}} = \|A \Rightarrow B\|_{\mathrm{Mod}(\mathcal{L})} \tag{7.1}$$

例 7.6 (续例 7.4)　设

$$\begin{aligned}\mathcal{L} =& \{(\{0.75/s, 0.25/l\} \Rightarrow \{0.25/f, 0.75/n\})/0.75,\\ &(\{0.25/s, 0.75/l\} \Rightarrow \{0.75/f, 0.25/n\})/0.75\}\\ T =& \{0.75/s, 0.25/l, 0.25/f, 0.75/n\}\end{aligned}$$

因为 $\|\{0.75/s, 0.25/l\} \Rightarrow \{0.25/f, 0.75/n\}\|_T = 1 \geqslant 0.75$, 并且 $\|\{0.25/s, 0.75/l\} \Rightarrow \{0.75/f, 0.25/n\}\|_T = 1 \geqslant 0.75$, 所以 $T \in \mathrm{Mod}(\mathcal{L})$. 类似地, 计算可得

$$\{0.25/s, 0.75/l, 0.75/f, 0.25/n\} \in \mathrm{Mod}(\mathcal{L})$$

下面的性质给出语义导出的另一种表示方法.

性质 7.1 对于模糊决策蕴涵 $A \Rightarrow B, T \in L^{C \cup D}$ 和模糊决策蕴涵集 $\mathcal{L}$, 有以下结论.

(1) $\|A \Rightarrow a \otimes B\|_T = a \to \|A \Rightarrow B\|_T$.

(2) $\|A \Rightarrow B\|_T = \bigvee\{a \in L | \|A \Rightarrow a \otimes B\|_T = 1\}$.

(3) $\|A \Rightarrow B\|_{\mathcal{L}} = \bigvee\{c \in L | \|A \Rightarrow c \otimes B\|_{\mathcal{L}} = 1\}$.

证明 (1) 由引理 7.1和引理 7.2, 我们有

$$
\begin{aligned}
\|A \Rightarrow a \otimes B\|_T =& S(A,T)^* \to S(a \otimes B, T) \\
=& S(A,T)^* \to (a \to S(B,T)) \\
=& a \to (S(A,T)^* \to S(B,T)) \\
=& a \to \|A \Rightarrow B\|_T
\end{aligned}
$$

(2) 由结论 (1) 可得

$$
\begin{aligned}
\|A \Rightarrow B\|_T =& \bigvee\{a \in L | a \leqslant \|A \Rightarrow B\|_T\} \\
=& \bigvee\{a \in L | a \to \|A \Rightarrow B\|_T = 1\} \\
=& \bigvee\{a \in L | \|A \Rightarrow a \otimes B\|_T = 1\}
\end{aligned}
$$

(3) 类似于文献 [110] 中定理 1 的证明. □

性质 7.1表明, $\|A \Rightarrow B\|_T$ 是满足 $\|A \Rightarrow a \otimes B\|_T = 1$ 的最大 a 值, 这是因为

$$
\begin{aligned}
\|A \Rightarrow a \otimes B\|_T = 1 &\Longleftrightarrow a \to \|A \Rightarrow B\|_T = 1 \\
&\Longleftrightarrow a \leqslant \|A \Rightarrow B\|_T
\end{aligned}
$$

即当 $a = \|A \Rightarrow B\|_T$ 时, 有 $\|A \Rightarrow \|A \Rightarrow B\|_T \otimes B\|_T = 1$. 换句话说, 当 $A \Rightarrow B$ 在 T 上成立的程度为 $\|A \Rightarrow B\|_T$ 时, 我们也可以说 $\langle A \Rightarrow B, \|A \Rightarrow B\|_T\rangle$ 在 T 上成立, 此时有 $\|A \Rightarrow \|A \Rightarrow B\|_T \otimes B\|_T = 1$. 因此, $\langle A \Rightarrow \|A \Rightarrow B\|_T \otimes B, 1\rangle$ 在 T 上成立, 即 $A \Rightarrow \|A \Rightarrow B\|_T \otimes B$ 在 T 上完全成立. 从这个意义上来看, 性质 7.1提供了一种将 T 上不完全成立 (程度为 $\|A \Rightarrow B\|_T$) 的模糊决策蕴涵 $A \Rightarrow B$ 转换为完全成立的模糊决策蕴涵 $A \Rightarrow \|A \Rightarrow B\|_T \otimes B$ 的方法. 该结论可以由 7.3节的模糊转换推理规则来解释, 即

$$
\frac{\langle A \Rightarrow B, a\rangle}{\langle A \Rightarrow a \otimes B, 1\rangle}
$$

即若 $A \Rightarrow B$ 成立的程度为 a, 则 $A \Rightarrow a \otimes B$ 成立的程度为 1. 因此, 当 $A \Rightarrow B$ 在 T 上成立的程度为 $\|A \Rightarrow B\|_T$ 时, $A \Rightarrow \|A \Rightarrow B\|_T \otimes B$ 在 T 上成立的程度为 1.

进一步, 性质 7.1表明, $A \Rightarrow B$ 在 T 上成立的程度事实上是成立的最大程度. 对于任意的 $a \leqslant \|A \Rightarrow B\|_T$, 令 $\mathcal{L} = \{A \Rightarrow B/a\}$, 由定义 7.6可知, T 为 $\mathcal{L}$ 的模型, 即 $A \Rightarrow B$ 在 T 上以 a 的程度成立. 因为对于任意的 $a \leqslant \|A \Rightarrow B\|_T$, $A \Rightarrow B$ 在 T 上以 a 的程度成立, 所以 $\|A \Rightarrow B\|_T$ 是 $A \Rightarrow B$ 在 T 上成立的最大程度. 这也是性质 7.1使用运算 $\vee$ 的原因, 只需将 $\|A \Rightarrow a \otimes B\|_T = 1$ 换为 $a \leqslant \|A \Rightarrow B\|_T$ 便可看出这一点.

由定义 7.6可以看出, 对于任意的 $A \Rightarrow B$ 和 $T \in \mathrm{Mod}(\mathcal{L})$, 都有 $\mathcal{L}(A \Rightarrow B) \leqslant \|A \Rightarrow B\|_T$, 因此 $\mathcal{L}(A \Rightarrow B) \leqslant \|A \Rightarrow B\|_{\mathrm{Mod}(\mathcal{L})} = \|A \Rightarrow B\|_{\mathcal{L}}$. 直观上 (参考定理 7.1), 对于任意的 $A \Rightarrow B$, 我们可以由 $\mathcal{L}$ 导出一个新的模糊决策蕴涵集 $\overline{\mathcal{L}}$, 满足 $\overline{\mathcal{L}}(A \Rightarrow B) = \|A \Rightarrow B\|_{\mathcal{L}}$. 重复这个过程, 我们就可以得到一个不动点, 即封闭集.

定义 7.7 模糊决策蕴涵集 $\mathcal{L}$ 是封闭的, 若对于任意的 $A \Rightarrow B$, 我们有 $\|A \Rightarrow B\|_{\mathcal{L}} = \mathcal{L}(A \Rightarrow B)$. 设 $\mathcal{L}$ 为封闭的模糊决策蕴涵集, 称 $\mathcal{D} \subseteq \mathcal{L}$ 相对于 $\mathcal{L}$ 是完备的, 若对于任意的 $A \Rightarrow B$, 我们有 $\|A \Rightarrow B\|_{\mathcal{D}} = \|A \Rightarrow B\|_{\mathcal{L}}$. 记 $\overline{\mathcal{L}}(A \Rightarrow B) = \|A \Rightarrow B\|_{\mathcal{L}}$, 称 $\mathcal{L}$ 是无冗余的, 若 $\mathcal{L}$ 的任意真子集相对于 $\overline{\mathcal{L}}$ 都不是完备的.

现在证明, 只需要一步就可以由 $\mathcal{L}$ 得到相应的封闭集, 即设置 $\overline{\mathcal{L}}(A \Rightarrow B) = \|A \Rightarrow B\|_{\mathcal{L}}$, 进一步, $\mathcal{L}$ 相对于 $\overline{\mathcal{L}}$ 是完备的. 这也说明, 定义 7.7中无冗余性的定义是合理的. 因为 $\overline{\mathcal{L}}$ 是封闭集, 所以可以谈及完备性.

定理 7.1 设 $\mathcal{L}$ 为一模糊决策蕴涵集, 记 $\overline{\mathcal{L}}(A \Rightarrow B) = \|A \Rightarrow B\|_{\mathcal{L}}$, 则 $\overline{\mathcal{L}}$ 是封闭的, 且 $\mathcal{L}$ 相对于 $\overline{\mathcal{L}}$ 是完备的.

证明 首先证明 $\mathcal{L} \subseteq \overline{\mathcal{L}}$. 对于任意的 $A \Rightarrow B$, 我们有

$$\overline{\mathcal{L}}(A \Rightarrow B) = \|A \Rightarrow B\|_{\mathcal{L}} = \bigwedge_{T \in \mathrm{Mod}(\mathcal{L})} \|A \Rightarrow B\|_T \geqslant \mathcal{L}(A \Rightarrow B)$$

最后一个不等式是由模型的定义得到的.

接下来证明 $\mathrm{Mod}(\mathcal{L}) = \mathrm{Mod}(\overline{\mathcal{L}})$. 因为 $\mathcal{L} \subseteq \overline{\mathcal{L}}$, 我们有 $\mathrm{Mod}(\mathcal{L}) \supseteq \mathrm{Mod}(\overline{\mathcal{L}})$. 假设 $T \in \mathrm{Mod}(\mathcal{L})$, 则对于任意的模糊决策蕴涵 $A \Rightarrow B$, 我们有 $\overline{\mathcal{L}}(A \Rightarrow B) = \|A \Rightarrow B\|_{\mathcal{L}} = \bigwedge_{T' \in \mathrm{Mod}(\mathcal{L})} \|A \Rightarrow B\|_{T'} \leqslant \|A \Rightarrow B\|_T$, 即 T 是 $\overline{\mathcal{L}}$ 的一个模型. 因此, $\mathrm{Mod}(\mathcal{L}) \subseteq \mathrm{Mod}(\overline{\mathcal{L}})$.

因为 $\mathrm{Mod}(\mathcal{L}) = \mathrm{Mod}(\overline{\mathcal{L}})$, 所以 $\overline{\mathcal{L}}(A \Rightarrow B) = \|A \Rightarrow B\|_{\mathcal{L}} = \bigwedge_{T \in \mathrm{Mod}(\mathcal{L})} \|A \Rightarrow B\|_T = \bigwedge_{T \in \mathrm{Mod}(\overline{\mathcal{L}})} \|A \Rightarrow B\|_T = \|A \Rightarrow B\|_{\overline{\mathcal{L}}}$, 即 $\overline{\mathcal{L}}$ 是封闭的.

最后证明 $\mathcal{L}$ 的完备性. 因为 $\mathrm{Mod}(\mathcal{L}) \subseteq \mathrm{Mod}(\overline{\mathcal{L}})$, 所以 $\|A \Rightarrow B\|_{\mathcal{L}} = \bigwedge_{T \in \mathrm{Mod}(\mathcal{L})} \|A \Rightarrow B\|_T = \bigwedge_{T \in \mathrm{Mod}(\overline{\mathcal{L}})} \|A \Rightarrow B\|_T = \|A \Rightarrow B\|_{\overline{\mathcal{L}}}$, 所以 $\mathcal{L}$ 相对于 $\overline{\mathcal{L}}$ 是完备的. □

下面的定理说明, 我们只需要得到所有可以从模糊决策蕴涵集中完全导出的

模糊决策蕴涵, 那么其他模糊决策蕴涵的导出程度就可以由此表示了.

定理 7.2 模糊决策蕴涵集 $\mathcal{D} \subseteq \mathcal{L}$ 是完备的, 当且仅当对于任意的 $A \Rightarrow B$, 有

$$\|A \Rightarrow B\|_{\mathcal{D}} = 1 \Longleftrightarrow \|A \Rightarrow B\|_{\mathcal{L}} = 1$$

证明 作为练习. □

下面给出一个基于模型的完备性判定定理. 该判定定理说明, 完备的模糊决策蕴涵集合并不会改变封闭模糊决策蕴涵集合的模型.

定理 7.3 设 $\mathcal{L}$ 为一封闭的模糊决策蕴涵, 则 $\mathcal{D} \subseteq \mathcal{L}$ 是完备的, 当且仅当 $\mathrm{Mod}(\mathcal{D}) = \mathrm{Mod}(\mathcal{L})$.

证明 "$\Longrightarrow$": 因为 $\mathcal{D} \subseteq \mathcal{L}$, 我们有 $\mathrm{Mod}(\mathcal{D}) \supseteq \mathrm{Mod}(\mathcal{L})$. 设 $T \in \mathrm{Mod}(\mathcal{D})$, $A \Rightarrow B$ 为一模糊决策蕴涵. 因为 $\mathcal{L}$ 是封闭的, $\mathcal{D}$ 是完备的, 我们有 $\mathcal{L}(A \Rightarrow B) = \|A \Rightarrow B\|_{\mathcal{L}} = \|A \Rightarrow B\|_{\mathcal{D}} = \bigwedge_{T' \in \mathrm{Mod}(\mathcal{D})} \|A \Rightarrow B\|_{T'} \leqslant \|A \Rightarrow B\|_T$, 即 T 是 $\mathcal{L}$ 的一个模型, 所以有 $\mathrm{Mod}(\mathcal{D}) \subseteq \mathrm{Mod}(\mathcal{L})$, 结论成立.

"$\Longleftarrow$": 若 $\mathrm{Mod}(\mathcal{D}) = \mathrm{Mod}(\mathcal{L})$, 则对于任意的 $A \Rightarrow B$, 我们有

$$\|A \Rightarrow B\|_{\mathcal{D}} = \bigwedge_{T \in \mathrm{Mod}(\mathcal{D})} \|A \Rightarrow B\|_T = \bigwedge_{T \in \mathrm{Mod}(\mathcal{L})} \|A \Rightarrow B\|_T = \|A \Rightarrow B\|_{\mathcal{L}}$$

即 $\mathcal{D}$ 是完备的. □

作为定理 7.3 的一个推论, 我们可以得到, 对于任意两个完备的模糊决策蕴涵集 $\mathcal{D}_1$ 和 $\mathcal{D}_2$, 总有 $\mathrm{Mod}(\mathcal{D}_1) = \mathrm{Mod}(\mathcal{D}_2)$.

7.2.2 一致闭包及其性质

下面引入闭包和一致闭包的概念, 并给出一致闭包的一些性质. 我们将在7.3节说明一致闭包在模糊决策蕴涵语构推理中的作用.

定义 7.8 对于模糊决策蕴涵集 $\mathcal{L}$ 和 L-模糊集 $A \in L^C$, A 相对于 $\mathcal{L}$ 的闭包是一个 L-模糊集, 即

$$A^{\mathcal{L}} = \bigcup \{\mathcal{L}(A' \Rightarrow B') \otimes S(A', A)^* \otimes B' | A' \in L^C, B' \in L^D\}$$

A 相对于 $\mathcal{L}$ 的一致闭包定义为 $A \cup A^{\mathcal{L}}$.

容易验证, 定义 7.8是决策蕴涵中定义 3.5 的扩展.

例 7.7 (续例 7.4) 令 $A = \{0.75/s, 0.25/l\}$, $\mathcal{L} = \{A_1 \Rightarrow B_1/0.75, A_2 \Rightarrow B_2/0.75\}$, 其中

$$A_1 \Rightarrow B_1 := \{0.75/s, 0.25/l\} \Rightarrow \{0.25/f, 0.75/n\}$$

$$A_2 \Rightarrow B_2 := \{0.25/s, 0.75/l\} \Rightarrow \{0.75/f, 0.25/n\}$$

由定义 7.8可知

$$
\begin{aligned}
&\mathcal{L}(A_1 \Rightarrow B_1) \otimes S(A_1, A)^* \otimes B_1\\
=&0.75 \otimes 1 \otimes B_1\\
=&\{0/f, 0.5/n\}\\
&\mathcal{L}(A_2 \Rightarrow B_2) \otimes S(A_2, A)^* \otimes B_2\\
=&0.75 \otimes 0.5 \otimes B_2 = 0.25 \otimes B_2\\
=&\{0/f, 0/n\}
\end{aligned}
$$

因为对其余模糊决策蕴涵 $A_i \Rightarrow B_i$ 有

$$
\begin{aligned}
&\mathcal{L}(A_i \Rightarrow B_i) \otimes S(A_i, A)^* \otimes B_i\\
=&0 \otimes S(A_i, A)^* \otimes B_i\\
=&\{0/f, 0/n\}
\end{aligned}
$$

所以 $A^{\mathcal{L}} = \{0/f, 0.5/n\}$.

下面的定理说明, 对于任意给定的 L-模糊集 $A \in L^C$, 我们可以得到 $\mathcal{L}$ 的一个模型, 该模型正好是 A 的一致闭包.

定理 7.4 对于任意的 L-模糊集A, A 的一致闭包是 $\mathcal{L}$ 的一个模型, 即 $A \cup A^{\mathcal{L}} \in \mathrm{Mod}(\mathcal{L})$.

证明 对于任意的 $A_1 \Rightarrow B_1$, 记 $c = \mathcal{L}(A_1 \Rightarrow B_1) \otimes S(A_1, A)^*$, 显然有 $S(c \otimes B_1, c \otimes B_1) = 1$, 由引理 7.2有 $c \to S(B_1, c \otimes B_1) = 1$, 即 $c \leqslant S(B_1, c \otimes B_1)$. 代入 c 和 $A^{\mathcal{L}}$ 的定义, 可得 $\mathcal{L}(A_1 \Rightarrow B_1) \otimes S(A_1, A)^* \leqslant S(B_1, A^{\mathcal{L}})$, 即 $\mathcal{L}(A_1 \Rightarrow B_1) \leqslant S(A_1, A)^* \to S(B_1, A^{\mathcal{L}})$. 因为 $(A \cup A^{\mathcal{L}}) \cap C = A$, $(A \cup A^{\mathcal{L}}) \cap D = A^{\mathcal{L}}$, 我们有 $\|A_1 \Rightarrow B_1\|_{A \cup A^{\mathcal{L}}} = S(A_1, A)^* \to S(B_1, A^{\mathcal{L}}) \geqslant \mathcal{L}(A_1 \Rightarrow B_1)$, 所以 $A \cup A^{\mathcal{L}}$ 是 $\mathcal{L}$ 的一个模型. □

定理 7.4 是定理 3.2 在模糊情形下的扩展.

例 7.8 (续例 7.7) 令 $A = \{0.75/s, 0.25/l\}$, 由例 7.7可得 $A \cup A^{\mathcal{L}} = \{0.75/s, 0.25/l, 0/f, 0.5/n\}$. 容易验证, $A \cup A^{\mathcal{L}} \in \mathrm{Mod}(\mathcal{L})$. 事实上, 我们有

$$
\begin{aligned}
&\|\{0.75/s, 0.25/l\} \Rightarrow \{0.25/f, 0.75/n\}\|_{A \cup A^{\mathcal{L}}}\\
=&\mathcal{L}(\{0.75/s, 0.25/l\} \Rightarrow \{0.25/f, 0.75/n\})\\
=&0.75\\
&\|\{0.25/s, 0.75/l\} \Rightarrow \{0.75/f, 0.25/n\}\|_{A \cup A^{\mathcal{L}}}
\end{aligned}
$$

$$
\begin{aligned}
&=\mathcal{L}(\{0.25/s, 0.75/l\} \Rightarrow \{0.75/f, 0.25/n\}) \\
&=0.75
\end{aligned}
$$

下面证明, 模糊决策蕴涵 $A \Rightarrow A^{\mathcal{L}}$ 可以从 $\mathcal{L}$ 中完全导出.

定理 7.5 对任意的模糊决策蕴涵集 $\mathcal{L}$ 和 L-模糊集 $A \in L^C$, 我们有 $\|A \Rightarrow A^{\mathcal{L}}\|_{\mathcal{L}} = 1$.

证明 为了证明 $\|A \Rightarrow A^{\mathcal{L}}\|_{\mathcal{L}} = 1$, 需要证明, 对任意的 $T \in \mathrm{Mod}(\mathcal{L})$ 有 $\|A \Rightarrow A^{\mathcal{L}}\|_T = 1$. 设 $T \in \mathrm{Mod}(\mathcal{L})$, 则对任意的 $A' \Rightarrow B'$, 我们有 $\mathcal{L}(A' \Rightarrow B') \leqslant \|A' \Rightarrow B'\|_T$. 由 $\|A' \Rightarrow B'\|_T$ 的定义和引理 7.1可得

$$
(\mathcal{L}(A' \Rightarrow B') \otimes S(A', T \cap C)^* \to S(B', T \cap D)) = 1 \tag{7.2}
$$

由引理 7.2, 我们有 $S(A', A) \otimes S(A, T \cap C) \leqslant S(A', T \cap C)$, 即 $S(A, T \cap C) \leqslant S(A', A) \to S(A', T \cap C)$. 因此

$$
S(A, T \cap C)^* \leqslant (S(A', A) \to S(A', T \cap C))^* \leqslant S(A', A)^* \to S(A', T \cap C)^*
$$

最后一个不等式源于语气真值算子的定义, 此时有 $S(A, T \cap C)^* \otimes S(A', A)^* \leqslant S(A', T \cap C)^*$. 因此

$$
\mathcal{L}(A' \Rightarrow B') \otimes S(A, T \cap C)^* \otimes S(A', A)^* \leqslant \mathcal{L}(A' \Rightarrow B') \otimes S(A', T \cap C)^*
$$

由式 (7.2) 可得

$$
\begin{aligned}
&\mathcal{L}(A' \Rightarrow B') \otimes S(A, T \cap C)^* \otimes S(A', A)^* \to S(B', T \cap D) \\
\geqslant&\mathcal{L}(A' \Rightarrow B') \otimes S(A', T \cap C)^* \to S(B', T \cap D) \\
=&1
\end{aligned}
$$

即 $S(A, T \cap C)^* \leqslant (\mathcal{L}(A' \Rightarrow B') \otimes S(A', A)^*) \to S(B', T \cap D)$. 由引理 7.2有 $\mathcal{L}(A' \Rightarrow B') \otimes S(A', A)^* \to S(B', T \cap D) = S(\mathcal{L}(A' \Rightarrow B') \otimes S(A', A)^* \otimes B', T \cap D)$, 同时考虑 $A' \Rightarrow B'$ 是随意选取的, 因此

$$
S(A, T \cap C)^* \leqslant \bigwedge_{A' \Rightarrow B'} S(\mathcal{L}(A' \Rightarrow B') \otimes S(A', A)^* \otimes B', T \cap D)
$$

对于右式有

$$
\begin{aligned}
&\bigwedge_{A' \Rightarrow B'} S(\mathcal{L}(A' \Rightarrow B') \otimes S(A', A)^* \otimes B', T \cap D) \\
=&S\left(\bigcup_{A' \Rightarrow B'} \mathcal{L}(A' \Rightarrow B') \otimes S(A', A)^* \otimes B', T \cap D\right)
\end{aligned}
$$

$$=S(A^{\mathcal{L}}, T\cap D)$$

因此, $S(A, T\cap C)^*\leqslant S(A^{\mathcal{L}}, T\cap D)$, 即 $\|A\Rightarrow A^{\mathcal{L}}\|_T=1$, 结论成立. □

定理 7.5 是定理 3.1 在模糊情形下的扩展.

定理 7.6 设 $\mathcal{L}$ 为一模糊决策蕴涵集, 则

$$\mathrm{Mod}(\mathcal{L})=\{A\cup\bar{A}|A\in L^C, \bar{A}\in L^D\text{且}A^{\mathcal{L}}\subseteq\bar{A}\}$$

证明 由定理 7.4 容易看出, $\mathrm{Mod}(\mathcal{L})\supseteq\{A\cup A^{\mathcal{L}}|A\in L^C\}$. 进一步, 对于 $A^{\mathcal{L}}\subseteq\bar{A}$ 和任意的 $A'\Rightarrow B'$, 我们有 $S(B', A^{\mathcal{L}})\leqslant S(B', \bar{A})$, 因此 $\|A'\Rightarrow B'\|_{A\cup A^{\mathcal{L}}}\leqslant\|A'\Rightarrow B'\|_{A\cup\bar{A}}$, 即 $A\cup\bar{A}\in\mathrm{Mod}(\mathcal{L})$.

反过来, 设 $T\in\mathrm{Mod}(\mathcal{L})$, 由定理 7.5, 我们有 $\|(T\cap C)\Rightarrow(T\cap C)^{\mathcal{L}}\|_{\mathcal{L}}=1$. 因为 $T\in\mathrm{Mod}(\mathcal{L})$, 所以 $1=\|(T\cap C)\Rightarrow(T\cap C)^{\mathcal{L}}\|_{\mathcal{L}}=\|(T\cap C)\Rightarrow(T\cap C)^{\mathcal{L}}\|_{\mathrm{Mod}(\mathcal{L})}\leqslant\|(T\cap C)\Rightarrow(T\cap C)^{\mathcal{L}}\|_T$, 因此有 $\|T\cap C\Rightarrow(T\cap C)^{\mathcal{L}}\|_T=1$, 即

$$S(T\cap C, T\cap C)^*\to S((T\cap C)^{\mathcal{L}}, T\cap D)=1$$

由此可得 $S((T\cap C)^{\mathcal{L}}, T\cap D)=1$, 即 $(T\cap C)^{\mathcal{L}}\subseteq T\cap D$. 这意味着

$$(T\cap C)\cup(T\cap C)^{\mathcal{L}}\subseteq(T\cap C)\cup(T\cap D)=T\in\{A\cup\bar{A}|A\in L^C, A^{\mathcal{L}}\subseteq\bar{A}\}$$

因此, 结论成立. □

结合定理 7.6 和定理 7.3 有以下定理.

定理 7.7 $\mathcal{D}\subseteq\mathcal{L}$ 是完备的, 当且仅当对任意的 $A\in L^C$, $A^{\mathcal{D}}=A^{\mathcal{L}}$.

例 7.9 设 $C=\{x, y\}$、$D=\{z\}$、$L=\{0, 0.5, 1\}$, 使用 Łukasiewicz 伴随对和等值语气真值算子. 记

$$\mathcal{L}=\{(\{0.5/x, 1/y\}\Rightarrow 0.5/z)/1, (\{1/x, 0.5/y\}\Rightarrow 1/z)/1\}$$

我们计算一致闭包和模型, 如表 7.1所示.

表 7.1 一致闭包和模型

A	$A^{\mathcal{L}}$	$\mathrm{Mod}(\mathcal{L})$
$\{0/x, 0/y\}$	$\{0/z\}$	$\{0/x, 0/y, 0/z\}, \{0/x, 0/y, 0.5/z\}, \{0/x, 0/y, 1/z\}$
$\{0/x, 0.5/y\}$	$\{0/z\}$	$\{0/x, 0.5/y, 0/z\}, \{0/x, 0.5/y, 0.5/z\}, \{0/x, 0.5/y, 1/z\}$
$\{0/x, 1/y\}$	$\{0/z\}$	$\{0/x, 1/y, 0/z\}, \{0/x, 1/y, 0.5/z\}, \{0/x, 1/y, 1/z\}$
$\{0.5/x, 0/y\}$	$\{0.5/z\}$	$\{0.5/x, 0/y, 0.5/z\}, \{0.5/x, 0/y, 1/z\}$
$\{0.5/x, 0.5/y\}$	$\{0.5/z\}$	$\{0.5/x, 0.5/y, 0.5/z\}, \{0.5/x, 0.5/y, 1/z\}$
$\{0.5/x, 1/y\}$	$\{0.5/z\}$	$\{0.5/x, 1/y, 0.5/z\}, \{0.5/x, 1/y, 1/z\}$
$\{1/x, 0/y\}$	$\{0.5/z\}$	$\{1/x, 0/y, 0.5/z\}, \{1/x, 0/y, 1/z\}$
$\{1/x, 0.5/y\}$	$\{1/z\}$	$\{1/x, 0.5/y, 1/z\}$
$\{1/x, 1/y\}$	$\{1/z\}$	$\{1/x, 1/y, 1/z\}$

注意 $\mathrm{Mod}(\mathcal{L})$ 列的所有集合均为 $\mathcal{L}$ 的模型. 下面说明 $T=\{1/x,0.5/y,0.5/z\}$ 不是 $\mathcal{L}$ 的模型. 考查模糊决策蕴涵 $A\Rightarrow B:=\{1/x,0.5/y\}\Rightarrow 1/z\in\mathcal{L}$, 有 $\|A\Rightarrow B\|_T=S(1/z,0.5/z)=1\to 0.5=0.5<1=\mathcal{L}(A\Rightarrow B)$, 因此 T 不是 $\mathcal{L}$ 的模型. 类似上面的计算也可以看出, $\{1/x,0.5/y,1/z\}$ 为 $\mathcal{L}$ 的模型.

下面的定理说明, 模糊决策蕴涵 $A\Rightarrow B$ 从给定模糊决策蕴涵集中导出的程度可以由模糊决策蕴涵前提和结论之间的包含关系确定.

定理 7.8 对于模糊决策蕴涵集 $\mathcal{L}$ 和任意的 $A\Rightarrow B$, $\|A\Rightarrow B\|_{\mathcal{L}}=S(B,A^{\mathcal{L}})$ 成立.

证明 一方面, 因为 $A\cup A^{\mathcal{L}}$ 是 $\mathcal{L}$ 的一个模型, 我们有 $\|A\Rightarrow B\|_{\mathcal{L}}=\bigwedge_{T\in\mathrm{Mod}(\mathcal{L})}\|A\Rightarrow B\|_T\leqslant\|A\Rightarrow B\|_{A\cup A^{\mathcal{L}}}=S(B,A^{\mathcal{L}})$.

另一方面, 设 $T\in\mathrm{Mod}(\mathcal{L})$, 由定理 7.5, 我们有 $1=\|A\Rightarrow A^{\mathcal{L}}\|_{\mathcal{L}}=\|A\Rightarrow A^{\mathcal{L}}\|_{\mathrm{Mod}(\mathcal{L})}\leqslant\|A\Rightarrow A^{\mathcal{L}}\|_T$, 从而 $\|A\Rightarrow A^{\mathcal{L}}\|_T=1$, 即 $S(A,T\cap C)^*\leqslant S(A^{\mathcal{L}},T\cap D)$. 此时有

$$
\begin{aligned}
&S(B,A^{\mathcal{L}})\otimes S(A^{\mathcal{L}},T\cap D)\leqslant S(B,T\cap D)\\
\Longrightarrow&S(B,A^{\mathcal{L}})\otimes S(A,T\cap C)^*\leqslant S(B,T\cap D)\\
\Longleftrightarrow&S(B,A^{\mathcal{L}})\leqslant S(A,T\cap C)^*\to S(B,T\cap D)\\
\Longleftrightarrow&S(B,A^{\mathcal{L}})\leqslant\|A\Rightarrow B\|_T
\end{aligned}
$$

由 T 的任意性, 我们有 $S(B,A^{\mathcal{L}})\leqslant\bigwedge_{T\in\mathrm{Mod}(\mathcal{L})}\|A\Rightarrow B\|_T=\|A\Rightarrow B\|_{\mathcal{L}}$, 从而 $\|A\Rightarrow B\|_{\mathcal{L}}=S(B,A^{\mathcal{L}})$. □

显然, 定理 7.5 是定理 7.8 的特殊情形.

7.3 逻辑研究: 模糊决策蕴涵的语构

为了进行语构推理, Pavelka[115-117] 从一个由理论组成的模糊集开始, 采用基于程度的推理方式进行推理. 给定一个模糊决策蕴涵的模糊集 $\mathcal{L}$, 其中 $\mathcal{L}(A\Rightarrow B)$ 为 $A\Rightarrow B$ 的隶属度, 我们使用一个推理规则集 $\mathcal{R}$ 进行推理, 其中的每一条推理规则都具有下述形式, 即

$$
\frac{\langle\varphi_1,a_1\rangle,\langle\varphi_2,a_2\rangle,\cdots,\langle\varphi_n,a_n\rangle}{\langle\varphi,a\rangle}
$$

其中, $\varphi_1,\varphi_2,\cdots,\varphi_n,\varphi$ 是 $n+1$ 条模糊决策蕴涵; $a_1,a_2,\cdots,a_n,a\in L$, a_i 可以是 $\mathcal{L}(\varphi_i)$, 即模糊决策蕴涵 φ_i 在集合 $\mathcal{L}$ 中的隶属度, 或者如果 $\langle\varphi_i,a_i\rangle$ 是其他推理规则导出的, 那么 a_i 是该推理规则导出 φ_i 的程度.

因此, 上述推理规则表示, 如果模糊决策蕴涵 φ_i 具有 a_i 的隶属度或导出程度, 那么我们可以以 a 的程度导出模糊决策蕴涵 φ.

下面引入三条推理规则, 即模糊变换推理规则 (F-Transformation)、模糊扩增推理规则 (F-Add) 和模糊转换推理规则 (F-Sh↑), 并证明它们相对模糊决策蕴涵的语义是完备的.

(1) 模糊变换推理规则

$$\frac{\langle A \Rightarrow B, a\rangle}{\langle A' \Rightarrow B', a \otimes S(A, A')^* \otimes S(B', B)\rangle}$$

(2) 模糊扩增推理规则

$$\frac{\langle A \Rightarrow B_1, 1\rangle, \langle A \Rightarrow B_2, 1\rangle}{\langle A \Rightarrow B_1 \cup B_2, 1\rangle}$$

(3) 模糊转换推理规则

$$\frac{\langle A \Rightarrow B, a\rangle}{\langle A \Rightarrow a \otimes B, 1\rangle}$$

模糊扩增推理规则和模糊转换推理规则首先由文献 [111] 从其他推理规则推导出来的, 而其中的某些推理规则在模糊决策情形并不成立, 因此我们可以认为模糊扩增推理规则和模糊转换推理规则是为模糊决策蕴涵准备的新推理规则. 模糊变换推理规则是本节引入的新推理规则.

定义 7.9 模糊推理规则

$$\frac{\langle \varphi_1, a_1\rangle, \langle \varphi_2, a_2\rangle, \cdots, \langle \varphi_n, a_n\rangle}{\langle \varphi, a\rangle}$$

是合理的, 若

$$\text{Mod}(\{a_1/\varphi_1, a_2/\varphi_2, \cdots, a_n/\varphi_n\}) = \text{Mod}(\{a_1/\varphi_1, a_2/\varphi_2, \cdots, a_n/\varphi_n, a/\varphi\})$$

容易看出, 模糊推理规则是合理的当且仅当

$$\text{Mod}(\{a_1/\varphi_1, a_2/\varphi_2, \cdots, a_n/\varphi_n\}) \subseteq \text{Mod}(\{a/\varphi\})$$

另外, 由定义 7.9可以看出, 若一个推理规则是合理的, 那么对于任意满足 $\mathcal{L}(\varphi_i) = a_i$, $i = 1, 2, \cdots, n$ 的模糊决策蕴涵 $\mathcal{L}$, 我们有 $a \leqslant \|\varphi\|_{\mathcal{L}}$. 事实上, 若一个推理规则是合理的, 我们有

$$\text{Mod}(\mathcal{L}) \subseteq \text{Mod}(\{a_1/\varphi_1, a_2/\varphi_2, \cdots, a_n/\varphi_n\}) \subseteq \text{Mod}(\{a/\varphi\})$$

因此, $a \leqslant \|\varphi\|_{\{\varphi/a\}} \leqslant \|\varphi\|_{\mathcal{L}}$. 这个推论意味着, 对于可由推理规则获得的任意模糊决策蕴涵 $\langle A \Rightarrow B, a\rangle$, 我们都有 $a \leqslant \|A \Rightarrow B\|_{\mathcal{L}}$. 这个结论与性质 7.1是一致的.

下面证明这三条推理规则是合理的, 即任意可由推理规则获取的模糊决策蕴涵都是在语义特征上成立的模糊决策蕴涵.

定理 7.9 (合理性定理) 上述三条推理规则是合理的.

证明 对于模糊变换推理规则, 设 T 是 $\langle A \Rightarrow B, a\rangle$ 一个模型, 即 $a \leqslant \|A \Rightarrow B\|_T$, 我们需要证明 T 也是 $\langle A' \Rightarrow B', a \otimes S(A, A')^* \otimes S(B', B)\rangle$ 的一个模型. 由引理 7.2 有 $S(B, T \cap D) \otimes S(B', B) \leqslant S(B', T \cap D)$, 再由引理 7.1有

$$(S(A, T \cap C)^* \to S(B, T \cap D)) \otimes S(A, T \cap C)^* \leqslant S(B, T \cap D)$$

因此

$$(S(A, T \cap C)^* \to S(B, T \cap D)) \otimes S(A, T \cap C)^* \otimes S(B', B) \leqslant S(B', T \cap D)$$

因此

$$\|A \Rightarrow B\|_T \otimes S(A, T \cap C)^* \otimes S(B', B) \leqslant S(B', T \cap D)$$

由引理 7.2有, $S(A, A') \otimes S(A', T \cap C) \leqslant S(A, T \cap C)$, 因此

$$\|A \Rightarrow B\|_T \otimes (S(A, A') \otimes S(A', T \cap C))^* \otimes S(B', B) \leqslant S(B', T \cap D)$$

由引理 7.2有, $(S(A, A') \otimes S(A', T \cap C))^* \geqslant S(A, A')^* \otimes S(A', T \cap C)^*$, 可得

$$\|A \Rightarrow B\|_T \otimes S(A, A')^* \otimes S(A', T \cap C)^* \otimes S(B', B) \leqslant S(B', T \cap D)$$

因为 $a \leqslant \|A \Rightarrow B\|_T$, 所以

$$a \otimes S(A, A')^* \otimes S(A', T \cap C)^* \otimes S(B', B) \leqslant S(B', T \cap D)$$

即

$$a \otimes S(A, A')^* \otimes S(B', B) \leqslant \|A' \Rightarrow B'\|_T$$

这说明, T 也是 $\langle A' \Rightarrow B', a \otimes S(A, A')^* \otimes S(B', B)\rangle$ 的一个模型.

对于模糊扩增推理规则, 若 T 是 $\langle A \Rightarrow B_1, 1\rangle$ 和 $\langle A \Rightarrow B_2, 1\rangle$ 的一个模型, 即 $S(A, T \cap C)^* \leqslant S(B_1, T \cap D)$ 且 $S(A, T \cap C)^* \leqslant S(B_2, T \cap D)$, 则有 $S(A, T \cap C)^* \leqslant S(B_1, T \cap D) \wedge S(B_2, T \cap D) = S(B_1 \cup B_2, T \cap D)$, 即 T 是 $\langle A \Rightarrow B_1 \cup B_2, 1\rangle$ 的模型.

对于模糊转换推理规则, 设 T 是 $\langle A \Rightarrow B, a\rangle$ 的一个模型, 即 $a \leqslant \|A \Rightarrow B\|_T$. 为了证明 T 也是 $\langle A \Rightarrow a \otimes B, 1\rangle$ 的一个模型, 我们需要证明 $\|A \Rightarrow a \otimes B\|_T = 1$,

即 $S(A,T\cap C)^*\leqslant S(a\otimes B,T\cap D)$. 由引理 7.2, 这是显然的, 因为 $S(A,T\cap C)^*\leqslant a\to S(B,T\cap D)$, 即 $a\leqslant S(A,T\cap C)^*\to S(B,T\cap D)=\|A\Rightarrow B\|_T$. □

容易验证, 模糊转换推理规则的逆也成立, 即

$$\frac{\langle A\Rightarrow a\otimes B,1\rangle}{\langle A\Rightarrow B,a\rangle}$$

对于模糊决策蕴涵集 $\mathcal{L}$, 我们可以重复应用上述三条推理规则, 直到所有模糊决策蕴涵的隶属度到达一个不动点, 记为 $\overline{\mathcal{L}}_{\vdash}$, 即 $\overline{\mathcal{L}}_{\vdash}$ 相对于这三条推理规则是封闭的.

定义 7.10　一个模糊推理规则集相对于语义特征是完备的, 若对于任意模糊决策蕴涵的模糊集 $\mathcal{L}$ 和任意的 $A\Rightarrow B$, 我们有 $\overline{\mathcal{L}}_{\vdash}(A\Rightarrow B)\geqslant\|A\Rightarrow B\|_{\mathcal{L}}$.

结合定理 7.1 和定义 7.9 可知, 一个模糊推理规则集是合理的, 当且仅当对于任意的 $A\Rightarrow B$, $\overline{\mathcal{L}}_{\vdash}(A\Rightarrow B)\leqslant\|A\Rightarrow B\|_{\mathcal{L}}$, 而一个模糊推理规则集是完备的, 当且仅当对于任意的 $A\Rightarrow B$, $\overline{\mathcal{L}}_{\vdash}(A\Rightarrow B)\geqslant\|A\Rightarrow B\|_{\mathcal{L}}$. 因此, 一个模糊推理规则集是合理且完备的, 当且仅当对于任意的 $A\Rightarrow B$, $\overline{\mathcal{L}}_{\vdash}(A\Rightarrow B)=\|A\Rightarrow B\|_{\mathcal{L}}$.

定理 7.10　上述三条推理规则相对于模糊决策蕴涵的语义特征是完备的.

证明　设 $A\Rightarrow B$ 为一模糊决策蕴涵, 下面证明 $\overline{\mathcal{L}}_{\vdash}(A\Rightarrow B)\geqslant\|A\Rightarrow B\|_{\mathcal{L}}$. 因为 $\|A\Rightarrow B\|_{\mathcal{L}}=\bigwedge_{T\in\mathrm{Mod}(\mathcal{L})}\|A\Rightarrow B\|_T$, 所以只需找到 $\mathcal{L}$ 的一个模型 T, 并证明 $\|A\Rightarrow B\|_T\leqslant\overline{\mathcal{L}}_{\vdash}(A\Rightarrow B)$ 即可. 我们断言, $T=A\cup A^{\mathcal{L}}$ 即所求.

为了证明这一断言, 我们将模糊决策蕴涵 $\langle A_i\Rightarrow B_i,b_i\rangle$ 由模糊变换推理规则变为下列形式, 即

$$\frac{\langle A_i\Rightarrow B_i,b_i\rangle}{\langle A\Rightarrow B_i,b_i\otimes S(A_i,A)^*\otimes S(B_i,B_i)\rangle}$$

即

$$\frac{\langle A_i\Rightarrow B_i,b_i\rangle}{\langle A\Rightarrow B_i,b_i\otimes S(A_i,A)^*\rangle}$$

其中, $b_i=\mathcal{L}(A_i\Rightarrow B_i)$.

应用模糊转换推理规则有

$$\frac{\langle A\Rightarrow B_i,b_i\otimes S(A_i,A)^*\rangle}{\langle A\Rightarrow b_i\otimes S(A_i,A)^*\otimes B_i,1\rangle}$$

再由模糊扩增推理规则合并所有模糊决策蕴涵可得

$$\frac{\langle A\Rightarrow b_1\otimes S(A_1,A)^*\otimes B_1,1\rangle,\cdots,\langle A\Rightarrow b_n\otimes S(A_n,A)^*\otimes B_n,1\rangle}{\langle A\Rightarrow \bigcup_i(b_i\otimes S(A_i,A)^*\otimes B_i),1\rangle}$$

因为 $A^{\mathcal{L}} = \bigcup_i \{b_i \otimes S(A_i, A)^* \otimes B_i\}$, 可得 $\langle A \Rightarrow A^{\mathcal{L}}, 1\rangle$. 应用模糊变换推理规则, 可得

$$\frac{\langle A \Rightarrow A^{\mathcal{L}}, 1\rangle}{\langle A \Rightarrow B, 1 \otimes S(A, A)^* \otimes S(B, A^{\mathcal{L}})\rangle}$$

即

$$\frac{\langle A \Rightarrow A^{\mathcal{L}}, 1\rangle}{\langle A \Rightarrow B, S(B, A^{\mathcal{L}})\rangle}$$

这意味着, 我们可以以至少 $S(B, A^{\mathcal{L}})$ 的程度生成 $A \Rightarrow B$, 即 $S(B, A^{\mathcal{L}}) \leqslant \overline{\mathcal{L}}_{\vdash}(A \Rightarrow B)$.

另外, 由定理 7.4 可知, $A \cup A^{\mathcal{L}}$ 是 $\mathcal{L}$ 的一个模型. 再由 $\|A \Rightarrow B\|_{A \cup A^{\mathcal{L}}} = S(B, A^{\mathcal{L}}) \leqslant \overline{\mathcal{L}}_{\vdash}(A \Rightarrow B)$ 可知, 对于 $\mathcal{L}$ 的模型 $T = A \cup A^{\mathcal{L}}$ 有 $\|A \Rightarrow B\|_T \leqslant \overline{\mathcal{L}}_{\vdash}(A \Rightarrow B)$, 因此 $\overline{\mathcal{L}}_{\vdash}(A \Rightarrow B) \geqslant \|A \Rightarrow B\|_{\mathcal{L}}$. □

结合定理 7.9 和定理 7.10 可知, 上述三条推理规则是合理且完备的, 因此有 $\overline{\mathcal{L}}_{\vdash} = \overline{\mathcal{L}}$. 我们可以通过语义方式 (定理 7.1) 得到封闭的模糊决策蕴涵集, 也可以由语构方式, 即由三条模糊推理规则导出封闭的模糊决策蕴涵集 (定理 7.9 和定理 7.10).

例 7.10 (续例 7.4) 令 $\langle A \Rightarrow B, a\rangle := \langle\{0.75/s, 0.25/l\} \Rightarrow \{0.25/f, 0.75/n\}, 0.5\rangle$, 使用模糊变换推理规则可生成新的模糊决策蕴涵 $\langle\{0.75/s, 0.25/l\} \Rightarrow \{0/f, 1/n\}, 0.25\rangle$. 应用模糊转换推理规则可得 $\langle\{0.75/s, 0.25/l\} \Rightarrow \{0/f, 0.25/n\}, 1\rangle$. 直接应用模糊转换推理规则到 $\langle A \Rightarrow B, a\rangle$, 可以再次得到 $\langle\{0.75/s, 0.25/l\} \Rightarrow \{0/f, 0.25/n\}, 1\rangle$.

7.4 数据研究: 模糊决策背景中的模糊决策蕴涵

本节主要研究模糊决策蕴涵在模糊决策背景中的数据解释. 具体来说, 我们说明如何从模糊决策背景上衍生模糊决策蕴涵, 并证明该模糊决策蕴涵集的一些性质. 同时, 研究如何从一个给定的模糊决策蕴涵集生成一个模糊决策背景, 并证明该模糊决策背景可以导出一个与给定模糊决策蕴涵集相同的模糊决策蕴涵集.

7.4.1 模糊决策背景

下面引入模糊决策背景, 这是决策背景在模糊环境下的一个扩展. 首先, 引入模糊形式背景[112].

给定一个完备剩余格 L 和两个语气真值算子 $\_^{*G}$ 和 $\_^{*M}$, 一个模糊形式背景是一个三元组 (G, M, I), 其中 G 是对象集合, M 是属性集合, $I \in L^{G \times M}$ 是定义在 G 和 M 上的映射 $I(g, m) \in L$.

在 L^G 和 L^M 定义两个算子, 即

$$O^{\uparrow}(m) = \bigwedge_{g\in G}(O(g)^{*G} \to I(g,m)), \quad O \in L^G, m \in M$$

$$B^{\downarrow}(g) = \bigwedge_{m\in M}(B(m)^{*M} \to I(g,m)), \quad B \in L^M, g \in G$$

定义 $\mathcal{B}(G^{*G}, M^{*M}, I) = \{\langle O,B\rangle | O^{\uparrow} = B, B^{\downarrow} = O\}$. 对于元素 $\langle O_1, A\rangle$, $\langle O_2, B\rangle \in \mathcal{B}(G^{*G}, M^{*M}, I)$, 定义序

$$\langle O_1, A\rangle \leqslant \langle O_2, B\rangle \Longleftrightarrow O_1 \subseteq O_2$$

则 $\mathcal{B}(G^{*G}, M^{*M}, I)$ 是一个完备格, 称为 (G,M,I) 的模糊概念格[31].

下面关于 $\_^{\uparrow}$ 和 $\_^{\downarrow}$ 的性质来自文献 [40], 即

$$O^{\uparrow *M} \subseteq O^{\uparrow\downarrow\uparrow}\text{和}B^{\downarrow *G} \subseteq B^{\downarrow\uparrow\downarrow}. \tag{7.3}$$

现在给出模糊决策背景的定义.

定义 7.11 一个模糊决策背景是一个四元组 $K = (G,C,D,I)$, 其中 G 为对象集, C 为条件属性集, D 为决策属性集, $I = I_C \cup I_D$, I_C 是从 G 和 C 到 L 的映射 $I_C(g,m) \in L$, I_D 为从 G 和 D 到 L 的映射 $I_D(g,m) \in L$.

模糊决策背景可以由模糊形式背景表示, 即将模糊决策背景 (G,C,D,I) 看做 $(G,C\cup D,I)$. 此时, 我们说 (G,C,I_C) 和 (G,D,I_D) 是模糊形式背景 $(G,C\cup D,I)$ 的两个模糊子背景.

我们也可以将算子 $\_^{\uparrow}$ 和 $\_^{\downarrow}$ 应用到模糊决策背景, 此时不需要区分算子 $\_^{\downarrow}$ 是作用在 L^C 上还是在 L^D 上, 统一记为 $\_^{\downarrow}$. 然而, 我们需要区分算子 $\_^{\uparrow}$ 是如何作用在 L^G 上的, 记 $O^{\uparrow_C} = O^{\uparrow} \cap C$ 和 $O^{\uparrow_D} = O^{\uparrow} \cap D$, 即

$$O^{\uparrow_C}(m) = \bigwedge_{g\in G}(O(g)^{*G} \to I(g,m)), \quad O \in L^G, m \in C$$

$$O^{\uparrow_D}(m) = \bigwedge_{g\in G}(O(g)^{*G} \to I(g,m)), \quad O \in L^G, m \in D$$

例 7.11 表 7.2 是一个模糊决策背景, 其中 $L = \{0, 0.5, 1\}$, $G = \{$Mercury, Venus, Earth, Mars, Jupiter, Saturn, Uranus, Neptune, Pluto$\}$, $C = \{$small(s), large(l)$\}$, $D = \{$far(f), near(n)$\}$.

表格中的数字表示相应行的对象拥有相应列属性的程度. 例如, $I_C(\text{Uranus}, \text{s}) = 0.5$ 表示 Uranus 小的程度为 0.5, $I_C(\text{Uranus}, \text{l}) = 0.5$ 表示 Uranus 大的程度为 0.5, 即 Uranus 并非太小也并非太大.

表 7.2 模糊决策背景

对象	small	large	far	near
Mercury	1	0	0	1
Venus	1	0	0	1
Earth	1	0	0	1
Mars	1	0	0.5	1
Jupiter	0	1	1	0.5
Saturn	0	1	1	0.5
Uranus	0.5	0.5	1	0
Neptune	0.5	0.5	1	0
Pluto	1	0	1	0

我们使用下列记号, 对于 $g \in G$, 将 $I_C(g, m)$, $m \in C$ 记为 $C^g \in L^C$, 将 $I_D(g, m)$, $m \in D$ 记为 $D^g \in L^D$.

下面引入 $*$ 协调的概念.

定义 7.12 设 $K = (G, C, D, I)$ 为模糊决策背景, K 是 $*$ 协调的, 若对任意的 $g, h \in G$, 我们有 $S(C^g, C^h)^* \leqslant S(D^g, D^h)$, 其中 $*$ 为语气真值算子.

类似于决策背景的情形, $*$ 协调用来保证更强的条件会得到更强的结论. 可以证明, $*$ 协调是协调在模糊决策背景下的一个扩展.

本章假定模糊决策背景都是 $*$ 协调的.

例 7.12 表 7.2 对于任意的 $*$ 都不是 $*$ 协调的. 例如, 对于 Mercury 和 Pluto, 我们有 $S(\{1/\mathrm{s}, 0/\mathrm{l}\}, \{1/\mathrm{s}, 0/\mathrm{l}\})^* = 1$, 然而 $S(\{0/\mathrm{f}, 1/\mathrm{n}\}, \{1/\mathrm{f}, 0/\mathrm{n}\}) = 0 \to 1 \wedge 1 \to 0 = 0$. 因此, $S(\{1/\mathrm{s}, 0/\mathrm{l}\}, \{1/\mathrm{s}, 0/\mathrm{l}\})^* \nleq S(\{0/\mathrm{f}, 1/\mathrm{n}\}, \{1/\mathrm{f}, 0/\mathrm{n}\})$.

7.4.2 模糊决策背景中的模糊决策蕴涵

文献 [40] 证明, 模糊概念格的特殊情形 $\mathcal{B}(G^*, M, I)$, 即 $\_^{*G}$ 设为模糊决策蕴涵中的 $*$, $\_^{*M}$ 设为等值语气真值算子, 在模糊属性蕴涵的逻辑推理中占有特殊的地位. 下面证明, 这种特殊性在模糊决策蕴涵的逻辑推理中也存在. 为了说明这一点, 记

$$O^{\uparrow_C}(m) = \bigwedge_{g \in G} (O(g)^* \to I(g, m)), \quad O \in L^G, m \in C$$

$$O^{\uparrow_D}(m) = \bigwedge_{g \in G} (O(g)^* \to I(g, m)), \quad O \in L^G, m \in D$$

$$A^{\downarrow}(g) = \bigwedge_{m \in C} (A(m) \to I(g, m)), \quad A \in L^C, g \in G$$

$$B^{\downarrow}(g) = \bigwedge_{m \in D} (B(m) \to I(g, m)), \quad B \in L^D, g \in G$$

其中, $*$ 与模糊决策蕴涵上的语气真值算子一致.

下面定义基于模糊决策背景的模糊决策蕴涵.

定义 7.13 模糊决策蕴涵 $A \Rightarrow B$ 在 $K = (G, C, D, I)$ 上成立的程度由下式给出, 即

$$\|A \Rightarrow B\|_{\langle K\rangle} = \bigwedge_{g\in G} \|A \Rightarrow B\|_{C^g \cup D^g}$$

该程度事实上是 $A \Rightarrow B$ 在集合 $I_G = \{C^g \cup D^g | g \in G\} = \{I_g | g \in G\}$ 上成立的程度. 我们记模糊集 $\mathcal{K}(A \Rightarrow B) = \|A \Rightarrow B\|_{\langle K\rangle}$.

给定定义 7.13中的模糊集 $\mathcal{K}$, 模糊决策蕴涵集上的许多概念, 如完备性、模型和非冗余性都可以应用到该模糊决策蕴涵集上, 进而应用到模糊决策背景上. 在应用这些概念前, 首先证明模糊集 $\mathcal{K}$ 是封闭的.

定理 7.11 模糊决策蕴涵集 $\mathcal{K}$ 是封闭的, 即对任意的 $A \Rightarrow B$, 我们有 $\mathcal{K}(A \Rightarrow B) = \|A \Rightarrow B\|_{\mathcal{K}}$.

证明 因为对任意的 $T \in \mathrm{Mod}(\mathcal{K})$, 都有 $\mathcal{K}(A \Rightarrow B) \leqslant \|A \Rightarrow B\|_T$, 所以 $\mathcal{K}(A \Rightarrow B) \leqslant \bigwedge_{T\in\mathrm{Mod}(\mathcal{K})} \|A \Rightarrow B\|_T = \|A \Rightarrow B\|_{\mathcal{K}}$, 即 $\mathcal{K}(A \Rightarrow B) \leqslant \|A \Rightarrow B\|_{\mathcal{K}}$.

为了证明 $\mathcal{K}(A \Rightarrow B) \geqslant \|A \Rightarrow B\|_{\mathcal{K}}$, 需要证明 $\|A \Rightarrow B\|_{\langle K\rangle} = \bigwedge_{I_g\in I_G} \|A \Rightarrow B\|_{I_g} \geqslant \bigwedge_{T\in\mathrm{Mod}(\mathcal{K})} \|A \Rightarrow B\|_T = \|A \Rightarrow B\|_{\mathcal{K}}$, 只需证明 $I_G \subseteq \mathrm{Mod}(\mathcal{K})$. 事实上, 对任意的 $I_g \in I_G$ 和 $A \Rightarrow B$, 我们有 $\mathcal{K}(A \Rightarrow B) = \|A \Rightarrow B\|_{\langle K\rangle} = \bigwedge_{I'_g\in I_G} \|A \Rightarrow B\|_{I'_g} \leqslant \|A \Rightarrow B\|_{I_g}$, 即 I_g 是 $\mathcal{K}$ 的一个模型, 因此 $I_G \subseteq \mathrm{Mod}(\mathcal{K})$. □

定义 7.14 模糊集 $T \in L^{C\cup D}$ 是 K 的一个模型, 若对于任意的 $A \Rightarrow B$, 有 $\|A \Rightarrow B\|_{\langle K\rangle} \leqslant \|A \Rightarrow B\|_T$. 我们用 $\mathrm{Mod}(K)$ 记 K 的模型集合 (也是 $\mathcal{K}$ 的模型集合). 称模糊决策蕴涵集 $\mathcal{L}$ 相对于 K 是完备的, 若 $\mathcal{L}$ 相对于 $\mathcal{K}$ 是完备的. 称 $\mathcal{L}$ 是无冗余的, 若 $\mathcal{L}$ 任意真子集都不是完备的.

可以使用模糊决策背景中的任意一行生成一个特殊的模糊决策蕴涵集, 即 $\mathcal{I} = \{C^g \Rightarrow D^g | g \in G\}$. 初始看来, $\mathcal{I}$ 中的模糊决策蕴涵都可以从模糊决策背景中完全导出, 即 $\mathcal{K}(C^g \Rightarrow D^g) = 1$. 然而, 一般情形下该结论并不成立.

例 7.13 以表 7.2 中的对象 Mercury 为例, 可以生成模糊决策蕴涵 $\{1/\mathrm{s}, 0/\mathrm{l}\} \Rightarrow \{1/\mathrm{f}, 0/\mathrm{n}\}$. 对于对象 $h = \mathrm{Pluto}$, 我们有

$$\begin{aligned}
&\|\{1/\mathrm{s}, 0/\mathrm{l}\} \Rightarrow \{1/\mathrm{f}, 0/\mathrm{n}\}\|_{\mathcal{K}} \\
&= \bigwedge_{I_g\in I_G} \|\{1/\mathrm{s}, 0/\mathrm{l}\} \Rightarrow \{1/\mathrm{f}, 0/\mathrm{n}\}\|_{I_g} \\
&\leqslant \|\{1/\mathrm{s}, 0/\mathrm{l}\} \Rightarrow \{1/\mathrm{f}, 0/\mathrm{n}\}\|_{I_h}
\end{aligned}$$

$$= S(\{0/\mathrm{f}, 1/\mathrm{n}\}, \{1/\mathrm{f}, 0/\mathrm{n}\})$$

$$= 0$$

这意味着, $\{1/\mathrm{s}, 0/\mathrm{l}\} \Rightarrow \{1/\mathrm{f}, 0/\mathrm{n}\}$ 在表 7.2 中不成立.

事实上, 对于一般的情形, 我们有以下结论.

定理 7.12　$\mathcal{I} \subseteq \mathcal{K}$ 当且仅当 K 是 $*$ 协调的.

证明　容易看到, $\mathcal{I} \subseteq \mathcal{K}$ 当且仅当 $\mathcal{K}(C^g \Rightarrow D^g) = 1$, $g \in G$. 我们有

$$\begin{aligned}\mathcal{K}(C^g \Rightarrow D^g) = 1 &\iff \|C^g \Rightarrow D^g\|_{\langle K\rangle} = 1\\ &\iff \bigwedge_{I_h \in I_G} \|C^g \Rightarrow D^g\|_{I_h} = 1\\ &\iff \|C^g \Rightarrow D^g\|_{I_h} = 1\\ &\iff S(C^g, C^h)^* \leqslant S(D^g, D^h), \quad I_h \in I_G\end{aligned}$$

即 $\mathcal{I} \subseteq \mathcal{K}$ 当且仅当 K 是 $*$ 协调的. □

在模糊决策背景上, 我们有以下定理.

定理 7.13　对任意的 $A \in L^C$, 我们都有 $A^{\mathcal{K}} = A^{\downarrow\uparrow_D}$.

证明　令 $A \in L^C$, 首先证明 $A^{\mathcal{K}} \subseteq A^{\downarrow\uparrow_D}$, 即

$$\bigwedge_{m \in D} \left(A^{\mathcal{K}}(m) \to A^{\downarrow\uparrow_D}(m)\right) = 1$$

由 $A^{\downarrow\uparrow_D}$ 的定义, 需要证明

$$\bigwedge_{m \in D} \left(A^{\mathcal{K}}(m) \to \left(\bigwedge_{g \in G} (A^{\downarrow}(g)^* \to I(g, m))\right)\right) = 1$$

即

$$\bigwedge_{m \in D} \bigwedge_{g \in G} (A^{\mathcal{K}}(m) \to (A^{\downarrow}(g)^* \to I(g, m))) = 1$$

这等价于证明

$$\bigwedge_{m \in D} \bigwedge_{g \in G} (A^{\downarrow}(g)^* \to (A^{\mathcal{K}}(m) \to I(g, m))) = 1$$

再次利用 $\to$ 的连续性, 可得

$$\bigwedge_{g \in G} \left(A^{\downarrow}(g)^* \to \left(\bigwedge_{m \in D} (A^{\mathcal{K}}(m) \to I(g, m))\right)\right) = 1$$

由 $S(A^{\mathcal{K}}, D^g)$ 的定义, 可得

$$\bigwedge_{g\in G}(A^{\downarrow}(g)^* \to S(A^{\mathcal{K}}, D^g)) = 1$$

为证明该式, 利用 $A^{\downarrow}(g)$ 的定义, 需要证明

$$\bigwedge_{g\in G}\left(\left(\bigwedge_{m\in C}(A(m) \to I(g,m))\right)^* \to S(A^{\mathcal{K}}, D^g)\right) = 1$$

依据 $S(A, C^g)$ 的定义, 即

$$\bigwedge_{g\in G}(S(A, C^g)^* \to S(A^{\mathcal{K}}, D^g)) = 1$$

此时可得

$$\begin{aligned}
A^{\mathcal{K}} \subseteq A^{\downarrow\uparrow_D} &\Longleftrightarrow \bigwedge_{g\in G}(S(A, C^g)^* \to S(A^{\mathcal{K}}, D^g)) = 1\\
&\Longleftrightarrow \bigwedge_{g\in G}\|A \Rightarrow A^{\mathcal{K}}\|_{I_g} = \|A \Rightarrow A^{\mathcal{K}}\|_{\mathcal{K}} = 1
\end{aligned}$$

由定理 7.11 和定理 7.5 可知最后一式成立.

下面证明 $A^{\mathcal{K}} \supseteq A^{\downarrow\uparrow_D}$. 首先证明 $\bigwedge_{g\in G}\|A \Rightarrow A^{\downarrow\uparrow_D}\|_{C^g\cup D^g} = 1$, 即对于任意的 $g \in G$, $\|A \Rightarrow A^{\downarrow\uparrow_D}\|_{C^g\cup D^g} = 1$, 即 $S(A, C^g)^* \leqslant S(A^{\downarrow\uparrow_D}, D^g)$. 事实上, 因为 $A^{\downarrow}(g) = S(A, C_g)$, 我们有

$$\begin{aligned}
&S(A, C^g)^* \leqslant S(A^{\downarrow\uparrow_D}, D^g)\\
\Longleftrightarrow &S(A, C^g)^* \leqslant \bigwedge_{m\in D}(A^{\downarrow\uparrow_D}(m) \to D^g(m))\\
\Longleftrightarrow &S(A, C^g)^* \leqslant A^{\downarrow\uparrow_D}(m) \to D^g(m), \quad m \in D\\
\Longleftrightarrow &S(A, C^g)^* \leqslant \left(\bigwedge_{h\in G}(A^{\downarrow}(h)^* \to I(h,m))\right) \to D^g(m), \quad m \in D\\
\Longleftrightarrow &S(A, C^g)^* \leqslant \left(\bigwedge_{h\in G}(S(A, C^h)^* \to I(h,m))\right) \to D^g(m), \quad m \in D\\
\Longleftrightarrow &\bigwedge_{h\in G}(S(A, C^h)^* \to I(h,m)) \leqslant S(A, C^g)^* \to D^g(m), \quad m \in D
\end{aligned}$$

又因为 $\bigwedge_{h\in G}(S(A,C^h)^*\to I(h,m))\leqslant S(A,C^g)^*\to I(g,m)=S(A,C^g)^*\to D^g(m)$, 可知 $S(A,C^g)^*\leqslant S(A^{\downarrow\uparrow_D},D^g)$, 进而 $\|A\Rightarrow A^{\downarrow\uparrow_D}\|_{C^g\cup D^g}=1$, 我们有 $\bigwedge_{g\in G}\|A\Rightarrow A^{\downarrow\uparrow_D}\|_{C^g\cup D^g}=1$, 所以 $\mathcal{K}(A\Rightarrow A^{\downarrow\uparrow_D})=1$.

现在证明 $A^{\mathcal{K}}\supseteq A^{\downarrow\uparrow_D}$. 由定理 7.4, $A\cup A^{\mathcal{K}}$ 是 $\mathcal{K}$ 的一个模型, 因此 $\mathcal{K}(A\Rightarrow A^{\downarrow\uparrow_D})\leqslant\|A\Rightarrow A^{\downarrow\uparrow_D}\|_{A\cup A^{\mathcal{K}}}$, 即 $1=\mathcal{K}(A\Rightarrow A^{\downarrow\uparrow_D})\leqslant\|A\Rightarrow A^{\downarrow\uparrow_D}\|_{A\cup A^{\mathcal{K}}}=S(A,A)^*\to S(A^{\downarrow\uparrow_D},A^{\mathcal{K}})=S(A^{\downarrow\uparrow_D},A^{\mathcal{K}})$. 因此, $S(A^{\downarrow\uparrow_D},A^{\mathcal{K}})=1$, 我们有 $A^{\downarrow\uparrow_D}\subseteq A^{\mathcal{K}}$. □

该定理是本节的主要结论, 它建立了模糊决策蕴涵的逻辑研究和数据研究之间的联系. 定理表明, 对于任意模糊集, 我们可以通过给定的模糊决策蕴涵集得到闭包, 也可以通过模糊决策背景上的算子获取, 而且这两种方法是等价的.

由定理 7.13 和定理 7.6 可知, K 上的模型集合可以表示为

$$\mathrm{Mod}(K)=\mathrm{Mod}(\mathcal{K})=\{A\cup\bar{A}|A\in L^C,\bar{A}\in L^D\text{且}A^{\downarrow\uparrow_D}\subseteq\bar{A}\}.$$

这说明, 对任意 $A\in L^C$, $\bar{A}=A^{\downarrow\uparrow_D}$ 是使 $A\cup\bar{A}$ 成为 K 的模型的最小集合.

对于 $*$ 协调模糊决策背景, 模糊集 $\{C^g|g\in G\}$ 的一致闭包有更简单的形式.

定理 7.14 对于 $*$ 协调模糊决策背景 K 和 $g\in G$, 我们有 $(C^g)^{\mathcal{K}}=(C^g)^{\downarrow\uparrow_D}=D^g$.

证明 由定理 7.13, 只需证明 $(C^g)^{\mathcal{K}}=D^g$. 由 $\_^{\mathcal{K}}$ 的定义有

$$\begin{aligned}(C^g)^{\mathcal{K}}=&\bigcup\{\mathcal{K}(A\Rightarrow B)\otimes S(A,C^g)^*\otimes B\}\\ \supseteq&\mathcal{K}(C^g\Rightarrow D^g)\otimes S(C^g,C^g)^*\otimes D^g\end{aligned}$$

由定理 7.12 可知, $\mathcal{K}(C^g\Rightarrow D^g)=1$, 因此 $(C^g)^{\mathcal{K}}\supseteq\mathcal{K}(C^g\Rightarrow D^g)\otimes S(C^g,C^g)^*\otimes D^g=D^g$.

另外, 因为对所有的 $A\Rightarrow B$, 我们有 $\bigwedge_{I_h\in I_G}\|A\Rightarrow B\|_{I_h}\leqslant\|A\Rightarrow B\|_{I_g}$, 所以 $\mathcal{K}(A\Rightarrow B)\leqslant\|A\Rightarrow B\|_{I_g}$. 依据 $\|A\Rightarrow B\|_{I_g}$ 的定义可得 $\mathcal{K}(A\Rightarrow B)\leqslant S(A,C^g)^*\to S(B,D^g)$, 等价于 $\mathcal{K}(A\Rightarrow B)\otimes S(A,C^g)^*\leqslant S(B,D^g)$. 利用 $S(B,D^g)$ 的定义, 可得

$$\mathcal{K}(A\Rightarrow B)\otimes S(A,C^g)^*\leqslant\bigwedge_{m\in D}(B(m)\to D^g(m))$$

因此, 对所有的 $A\Rightarrow B$ 和 $m\in D$, 有

$$\mathcal{K}(A\Rightarrow B)\otimes S(A,C^g)^*\leqslant B(m)\to D^g(m)$$

利用伴随对的性质, 可得 $\mathcal{K}(A \Rightarrow B) \otimes S(A, C^g)^* \otimes B(m) \leqslant D^g(m)$, 即 $\bigcup(\mathcal{K}(A \Rightarrow B) \otimes S(A, C^g)^* \otimes B) \subseteq D^g$, 依据 $(C^g)^{\mathcal{K}}$ 的定义, 即 $(C^g)^{\mathcal{K}} \subseteq D^g$. □

定理 7.14 说明, 在 $*$ 协调模糊决策背景中, 模糊集 C^g, $g \in G$ 相对于 $\mathcal{K}$ 的闭包等于该模糊集在算子 $\_^{\downarrow}$ 和 $\_^{\uparrow_D}$ 下的闭包, 即 D^g, $g \in G$.

7.4.3 基于模糊决策蕴涵的模糊决策背景

前一节证明, 可以从一个模糊决策背景得到模糊决策蕴涵集. 这一节, 我们研究如何从给定的模糊决策蕴涵集生成一个模糊决策背景, 并证明该模糊决策背景上的模糊决策蕴涵集与给定的模糊决策蕴涵集的封闭集正好相等. 这是文献 [91] 所述思路的一个应用.

下面生成一个基于一致闭包的完备的模糊决策蕴涵集合.

定理 7.15　对于给定的模糊决策蕴涵集 $\mathcal{L}$, 记 $\mathcal{D} = \{A \Rightarrow A^{\mathcal{L}} | A \in L^C\}$, 那么 $\mathcal{D}$ 相对于 $\overline{\mathcal{L}}$ 是完备的, 其中 $\overline{\mathcal{L}}$ 是由定理 7.1 导出的封闭模糊决策蕴涵集合.

证明　为了证明 $\mathcal{D}$ 是完备的, 只需证明 $\mathrm{Mod}(\mathcal{D}) = \mathrm{Mod}(\overline{\mathcal{L}})$. 由定理 7.1 和定理 7.5, 我们有 $\mathcal{D} \subseteq \overline{\mathcal{L}}$, 因此 $\mathrm{Mod}(\mathcal{D}) \supseteq \mathrm{Mod}(\overline{\mathcal{L}})$.

下面证明 $\mathrm{Mod}(\mathcal{D}) \subseteq \mathrm{Mod}(\overline{\mathcal{L}})$. 设 $T \in \mathrm{Mod}(\mathcal{D})$, 则对任意的 $A \in L^C$, 我们有 $\|A \Rightarrow A^{\mathcal{L}}\|_T = 1$, 因此 $S(A, T \cap C)^* \leqslant S(A^{\mathcal{L}}, T \cap D)$. 由 $\_^{\mathcal{L}}$ 的定义、引理 7.1和引理 7.2, 我们有

$$
\begin{aligned}
S(A, T \cap C)^* \leqslant & S\left(\bigcup_{A' \Rightarrow B'} (\mathcal{L}(A' \Rightarrow B') \otimes S(A', A)^* \otimes B'), T \cap D\right) \\
= & \bigwedge_{A' \Rightarrow B'} S(\mathcal{L}(A' \Rightarrow B') \otimes S(A', A)^* \otimes B', T \cap D) \\
\leqslant & S(\mathcal{L}(A \Rightarrow B) \otimes S(A, A)^* \otimes B, T \cap D) \\
= & \bigwedge_{u \in D} ((\mathcal{L}(A \Rightarrow B) \otimes B(u)) \rightarrow (T \cap D)(u)) \\
= & \bigwedge_{u \in D} (\mathcal{L}(A \Rightarrow B) \rightarrow (B(u) \rightarrow T \cap D(u))) \\
= & \mathcal{L}(A \Rightarrow B) \rightarrow \bigwedge_{u \in D} (B(u) \rightarrow T \cap D(u)) \\
= & \mathcal{L}(A \Rightarrow B) \rightarrow S(B, T \cap D)
\end{aligned}
$$

因此, $\mathcal{L}(A \Rightarrow B) \leqslant S(A, T \cap C)^* \rightarrow S(B, T \cap D)$, 即 $\mathcal{L}(A \Rightarrow B) \leqslant \|A \Rightarrow B\|_T$. 由 $A \Rightarrow B$ 的任意性可知, $T \in \mathrm{Mod}(\mathcal{L}) = \mathrm{Mod}(\overline{\mathcal{L}})$, 因此 $\mathrm{Mod}(\mathcal{D}) \subseteq \mathrm{Mod}(\overline{\mathcal{L}})$.

我们证明了 $\mathrm{Mod}(\mathcal{D}) = \mathrm{Mod}(\overline{\mathcal{L}})$, 因此 $\mathcal{D}$ 是完备的. □

例 7.14 (续例 7.9) 例 7.9中 A 和 $A^{\mathcal{L}}$ 的列表事实上也给出了完备模糊决策蕴涵集 $\mathcal{D}$. 进一步, 由例 7.9也可以看出 $\mathcal{L} \subseteq \mathcal{D}$. 因此, 虽然 $\mathcal{D}$ 是完备的, 但不一定是无冗余的. 例如, 不属于集合 $\mathcal{L}$ 的模糊决策蕴涵都是冗余的. 事实上, 即使 $\mathcal{L}$ 也不是无冗余的. 考虑 $\mathcal{D} = \{\{1/x, 0.5/y\} \Rightarrow 1/z\}$ 及 $A = \{0.5/x, 1/y\}$. 同样采用 Łukasiewicz 伴随对和等值语气真值算子, 计算可知 $A^{\mathcal{D}} = \{0.5/z\} = A^{\mathcal{L}}$. 这表明, $A \Rightarrow A^{\mathcal{L}}$ 可以由 $\mathcal{D}$ 完全导出, 因此 $\mathrm{Mod}(\mathcal{D}) = \mathrm{Mod}(\mathcal{D} \cup \{\{0.5/x, 1/y\} \Rightarrow 0.5/z\})$, 而 $\mathcal{D} \cup \{\{0.5/x, 1/y\} \Rightarrow 0.5/z\} = \mathcal{L}$, 因此 $\mathrm{Mod}(\mathcal{D}) = \mathrm{Mod}(\mathcal{L})$. 这说明, 模糊决策蕴涵 $\{0.5/x, 1/y\} \Rightarrow 0.5/z$ 也是冗余的.

下面基于定理 7.15 中的 $\mathcal{D}$ 生成一个模糊决策背景 $K_D = (G_D, C \cup D, I_C \cup I_D)$, $g \in G_D$ 当且仅当存在 $A \Rightarrow A^{\mathcal{L}} \in \mathcal{D}$ 满足 $I_C(g,m) = A(m)$, $m \in C$ 和 $I_D(g,m) = A^{\mathcal{L}}(m)$, $m \in D$.

定理 7.16 定义 $\mathcal{K}_D(A \Rightarrow B) = \bigwedge_{g \in G_D} \|A \Rightarrow B\|_{I_g}$, 则 K_D 是 $*$ 协调的.

证明 根据 K_D 的生成过程, 只需要证明对任意的 A_1, $A_2 \in L^C$, 我们有 $S(A_1, A_2)^* \leqslant S(A_1^{\mathcal{L}}, A_2^{\mathcal{L}})$. 事实上, 我们有

$$\begin{aligned} S(A_1, A_2)^* \leqslant S(A_1^{\mathcal{L}}, A_2^{\mathcal{L}}) &\Longleftrightarrow S(A_1, A_2)^* \leqslant \bigwedge_{m \in D} (A_1^{\mathcal{L}}(m) \to A_2^{\mathcal{L}}(m)) \\ &\Longleftrightarrow S(A_1, A_2)^* \leqslant A_1^{\mathcal{L}}(m) \to A_2^{\mathcal{L}}(m), \quad m \in D \\ &\Longleftrightarrow S(A_1, A_2)^* \leqslant A_1^{\mathcal{L}}(m) \to \\ &\qquad \bigvee_{A \Rightarrow B} (\mathcal{L}(A \Rightarrow B) \otimes S(A, A_2)^* \otimes B(m)), \quad m \in D \end{aligned}$$

因此, 只需证明, 对任意的 $m \in D$, 我们有

$$S(A_1, A_2)^* \leqslant A_1^{\mathcal{L}}(m) \to (\mathcal{L}(A_1 \Rightarrow A_1^{\mathcal{L}}) \otimes S(A_1, A_2)^* \otimes A_1^{\mathcal{L}}(m))$$

即 $S(A_1, A_2)^* \leqslant A_1^{\mathcal{L}}(m) \to (S(A_1, A_2)^* \otimes A_1^{\mathcal{L}}(m))$, 由引理 7.2, 这是显然的. □

进一步, 我们可以从生成的模糊决策背景中得到模糊决策蕴涵集 $\overline{\mathcal{L}}$.

定理 7.17 $\mathcal{K}_D = \overline{\mathcal{L}}$.

证明 由定理 7.13, 若我们可以证明对任意的 $A \in L^C$, $A^{\downarrow\uparrow_D} = A^{\mathcal{L}}$ 成立, 则有 $A^{\mathcal{K}_D} = A^{\mathcal{L}}$. 由定理 7.6 可知, $\mathrm{Mod}(\mathcal{K}_D) = \mathrm{Mod}(\mathcal{L})$. 进一步, 因为 $\mathcal{K}_D$ 和 $\overline{\mathcal{L}}$ 是封闭的, 由定理 7.3 可知 $\mathcal{K}_D = \overline{\mathcal{L}}$.

现在证明, 对任意 $A \in L^C$ 都有 $A^{\downarrow\uparrow_D} = A^{\mathcal{L}}$. 首先将 $A^{\downarrow\uparrow_D}(m)$ 变换为

$$A^{\downarrow\uparrow_D}(m) = \bigwedge_{g \in G_D} (A^{\downarrow}(g)^* \to I(g,m))$$

$$= \bigwedge_{g \in G_D} \left(\left(\bigwedge_{n \in C} A(n) \to I(g,n) \right)^* \to I(g,m) \right)$$
$$= \bigwedge_{g \in G_D} (S(A,C^g)^* \to I(g,m))$$

由 K_D 的定义可知, 存在 $h \in G_D$ 满足 $C^h = A$ 和 $D^h = A^{\mathcal{L}}$, 因此有

$$\begin{aligned} A^{\downarrow\uparrow_D}(m) =& (S(A,A)^* \to I(h,m)) \\ & \bigwedge\{S(A,C^g)^* \to I(g,m) | g \in G_D, g \neq h\} \\ =& A^{\mathcal{L}}(m) \bigwedge\{S(A,C^g)^* \to I(g,m) | g \in G_D, g \neq h\} \end{aligned}$$

为证明 $A^{\downarrow\uparrow_D} = A^{\mathcal{L}}$, 只需证明 $A^{\mathcal{L}}(m) \leqslant \bigwedge\{S(A,C^g)^* \to I(g,m) | g \in G_D, g \neq h\}$ 即可. 现在证明, 对任意的 $g \in G_D$, 有 $A^{\mathcal{L}}(m) \leqslant S(A,C^g)^* \to I(g,m)$. 事实上, 对于 $g \in G_D$, 存在 $B \Rightarrow B^{\mathcal{L}} \in \mathcal{D}$ 满足 $C^g = B$ 且 $D^g = B^{\mathcal{L}}$, 因此只需要证明 $A^{\mathcal{L}}(m) \leqslant S(A,B)^* \to B^{\mathcal{L}}(m)$ 即可. 由 $\_^{\mathcal{L}}$ 的定义, 这等价于证明

$$A^{\mathcal{L}}(m) \leqslant S(A,B)^* \to \left(\bigvee (\mathcal{L}(A' \Rightarrow B') \otimes S(A',B)^* \otimes B'(m)) \right)$$

我们需要证明

$$A^{\mathcal{L}}(m) \leqslant S(A,B)^* \to (\mathcal{L}(A \Rightarrow A^{\mathcal{L}}) \otimes S(A,B)^* \otimes A^{\mathcal{L}}(m))$$

即

$$A^{\mathcal{L}}(m) \leqslant S(A,B)^* \to (S(A,B)^* \otimes A^{\mathcal{L}}(m))$$

由引理 7.2, 这是显然的. □

我们已经证明, 对于任意的模糊决策蕴涵集 $\mathcal{L}$, 我们可以生成一个模糊决策蕴涵完备集 $\mathcal{D}$, 然后由此生成一个相应的模糊决策背景 K_D. 进一步, 由定理 7.17, K_D 上的模糊决策蕴涵封闭集 $\mathcal{K}_D$ 等于给定的封闭集 $\overline{\mathcal{L}}$. 这意味着, 生成的模糊决策背景保持了来自模糊决策蕴涵集 $\mathcal{L}$ 的全部信息, 因此可以通过研究模糊决策背景来研究模糊决策蕴涵.

7.5 小 结

本章完成了模糊决策蕴涵的逻辑研究和数据研究. 对于逻辑研究, 我们给出封闭性、完备性、无冗余性的概念, 得到判定完备性的一些结论. 在模糊决策蕴涵的语构特征中, 我们使用 Pavelka 风格的模糊逻辑, 即从一个模糊决策蕴涵的模糊

集开始逻辑推理，并且使用程度推理的概念. 基于这种逻辑，我们给出三条推理规则，即模糊变换推理规则、模糊扩增推理规则和模糊转换推理规则，并且证明这三条推理规则相对于模糊决策蕴涵的语义理论是完备的. 对于数据研究，我们定义了如何从模糊决策背景中获取模糊决策蕴涵，并研究模糊决策蕴涵和模糊概念格之间的联系. 另外，从一个给定的模糊决策蕴涵集，我们给出一种方案. 该方案可以由给定的模糊决策蕴涵集生成模糊决策背景，证明该模糊决策背景上导出的模糊决策蕴涵集正好是给定的模糊决策蕴涵集.

今后的工作包括以下几方面.

(1) 使用模糊概念格研究条件子背景和决策子背景之间的联系.

(2) 研究不同语气真值算子下，模糊决策蕴涵和模糊决策背景的关系 (在 7.4.2 节，我们在 L^G 上使用语气真值算子 $*$，在 L^C 和 L^D 上使用等值语气真值算子).

(3) 将其他逻辑框架[121]，如 Kleene 逻辑、Heyting 逻辑、量子逻辑，在模糊决策背景框架下应用到模糊决策蕴涵.

第 8 章　模糊决策蕴涵规范基

如第 4 章所述, 对蕴涵基的研究是蕴涵研究的一个热点. 对于蕴涵, Duquenne 和 Guigues 等[94] 引入的蕴涵规范基是一个完备无冗余的蕴涵集, 而且在所有的完备蕴涵集中其所含的蕴涵最少. 对于决策蕴涵, 第 4 章提出决策蕴涵规范基, 该规范基具有和蕴涵规范基类似的性质, 即该规范基是完备无冗余的, 在所有完备的决策蕴涵集中, 其所含的决策蕴涵最少. 对于模糊属性蕴涵, Belohlávek 等提出所谓的伪内涵系统 (a system of pseudo-intents), 证明由该伪内涵系统生成的模糊属性蕴涵集合是完备无冗余的蕴涵集[40]. 在严格语气真值算子的情形下, 该模糊属性蕴涵集还是所含模糊属性蕴涵最少的蕴涵基, Belohlávek 等还提出该模糊属性蕴涵基的生成算法[110].

本章主要研究模糊决策蕴涵规范基的逻辑理论及其在模糊决策背景中的数据解释. 该研究可以看作是对第 4 章工作的扩展和深化. 首先, 引入模糊决策前提的概念, 并基于该前提给出模糊决策蕴涵规范基. 然后, 证明该规范基是完备的、无冗余的和最优的. 此外, 还说明如何从模糊决策背景的角度生成和解释模糊决策蕴涵规范基.

8.1　模糊决策前提和模糊决策蕴涵规范基

首先引入模糊决策前提.

定义 8.1　设 C, D 为两个集合, $\mathcal{L}$ 为基于 C 和 D 的模糊决策蕴涵集. $\mathcal{L}$ 的一个模糊决策前提 (简称 FD 前提)P 是 L^C 上的一个模糊集, 满足

(1) P 是极小的, 即对于任意的 $Q \subset P$, $Q^{\mathcal{L}} \subset P^{\mathcal{L}}$.

(2) P 是恰当的, 即

$$P^{\mathcal{L}} \neq \bigcup \{S(Q,P)^* \otimes Q^{\mathcal{L}} | Q\text{是 FD 前提}\}$$

用 FD($\mathcal{L}$) 记 $\mathcal{L}$ 的所有模糊决策前提, 并称

$$\mathcal{P}_{\mathcal{L}} = \{P \Rightarrow P^{\mathcal{L}} | P \in \mathrm{FD}(\mathcal{L})\}$$

为 $\mathcal{L}$ 的模糊决策蕴涵规范基.

例 8.1 类似于例 7.9, 设 $C=\{x,y\}$、$D=\{z\}$、$L=\{0,0.5,1\}$, 其中 $\otimes$ 和 $\to$ 为 Łukasiewicz 伴随对, 语气真值算子为等值语气真值算子. 记

$$\mathcal{L}=\{\{0.5/x,1/y\}\Rightarrow 0.5/z,\{1/x,0.5/y\}\Rightarrow 1/z\}$$

可验证满足 FD 前提条件 (1) 的模糊集有 $\{0/x,0/y\}$、$\{0.5/x,0/y\}$ 和 $\{1/x,0.5/y\}$, 其中模糊集 $\{0/x,0/y\}$ 和 $\{0.5/x,0/y\}$ 都不是恰当的. 以 $P=\{0.5/x,0/y\}$ 为例, 令 $Q=\{1/x,0.5/y\}$, 则 $S(Q,P)^*\otimes Q^{\mathcal{L}}=0.5\otimes Q^{\mathcal{L}}=0.5/z=P^{\mathcal{L}}$. 因此, $\mathcal{L}$ 的模糊决策蕴涵规范基为 $\{\{1/x,0.5/y\}\Rightarrow 1/z\}$. 这与例 7.14的结果是一致的.

接下来, 我们证明模糊决策蕴涵规范基是完备的、无冗余的和最优的 (定理 8.1、定理 8.2 和定理 8.5).

定理 8.1 模糊决策蕴涵规范基相对于 $\overline{\mathcal{L}}$ 是完备的.

证明 根据定理 7.15, 集合 $\mathcal{D}=\{A\Rightarrow A^{\mathcal{L}}|A\in L^C\}$ 相对于 $\overline{\mathcal{L}}$ 是完备的, 因此为了证明 $\mathcal{P}_{\mathcal{L}}$ 的完备性, 只需证明 $\mathrm{Mod}(\mathcal{P}_{\mathcal{L}})=\mathrm{Mod}(\mathcal{D})$. 显然, 我们有 $\mathcal{P}_{\mathcal{L}}\subseteq\mathcal{D}$, 因此 $\mathrm{Mod}(\mathcal{P}_{\mathcal{L}})\supseteq\mathrm{Mod}(\mathcal{D})$.

设 $T\in\mathrm{Mod}(\mathcal{P}_{\mathcal{L}})$, 我们证明 $T\in\mathrm{Mod}(\mathcal{D})$. 显然, 当 $Q\Rightarrow Q^{\mathcal{L}}\in\mathcal{D}$ 且 Q 为 FD 前提时, 因为 $T\in\mathrm{Mod}(\mathcal{P}_{\mathcal{L}})$, 我们有 $\|Q\Rightarrow Q^{\mathcal{L}}\|_T=1$, 所以只需证明对于任意的非 FD 前提 Q, 我们有 $\|Q\Rightarrow Q^{\mathcal{L}}\|_T=1$ 即可.

下面分两种情形讨论.

(1) Q 是极小的但不是恰当的. 为证明 $\|Q\Rightarrow Q^{\mathcal{L}}\|_T=1$, 只需证明 $S(Q,T\cap C)^*\leqslant S(Q^{\mathcal{L}},T\cap D)$. 因为 Q 不是模糊决策前提, 所以

$$Q^{\mathcal{L}}=\bigcup\{S(P,Q)^*\otimes P^{\mathcal{L}}|P\in\mathrm{FD}(\mathcal{L})\}$$

因此, 只需证明

$$\begin{aligned}S(Q,T\cap C)^*\leqslant& S\left(\bigcup\{S(P,Q)^*\otimes P^{\mathcal{L}}|P\in\mathrm{FD}(\mathcal{L})\},T\cap D\right)\\=&\bigwedge_{P\in\mathrm{FD}(\mathcal{L})}S(S(P,Q)^*\otimes P^{\mathcal{L}},T\cap D)\end{aligned}$$

因此, 需要证明, 对任意的 $P\in\mathrm{FD}(\mathcal{L})$ 都有

$$\begin{aligned}S(Q,T\cap C)^*\leqslant& S(S(P,Q)^*\otimes P^{\mathcal{L}},T\cap D)\\=&S(P,Q)^*\to\bigwedge_{u\in D}(P^{\mathcal{L}}(u)\to T\cap D(u))\end{aligned}$$

这等价于 $S(P,Q)^*\otimes S(Q,T\cap C)^*\leqslant S(P^{\mathcal{L}},T\cap D)$. 由引理 7.2, 只需证明

$$(S(P,Q)\otimes S(Q,T\cap C))^*\leqslant S(P^{\mathcal{L}},T\cap D)$$

因此, 需要证明 $S(P,T\cap C)^*\leqslant S(P^{\mathcal{L}},T\cap D)$, 即 $\|P\Rightarrow P^{\mathcal{L}}\|_T=1$. 这是显然的, 因为 $P\in \mathrm{FD}(\mathcal{L})$, 而且 $T\in \mathrm{Mod}(\mathcal{P}_{\mathcal{L}})$.

(2) Q 不是极小的. 此时, 我们可以找到满足 $P^{\mathcal{L}}=Q^{\mathcal{L}}$ 的极小 L 模糊集 $P\subset Q$. 若由此得到的 P 是恰当的, 则有 $P\Rightarrow P^{\mathcal{L}}\in\mathcal{P}_{\mathcal{L}}$. 因为 T 是 $P\Rightarrow P^{\mathcal{L}}$ 的一个模型, 我们有 $\|P\Rightarrow P^{\mathcal{L}}\|_T=1$, 即 $S(P,T\cap C)^*\leqslant S(P^{\mathcal{L}},T\cap D)$. 因为 $P\subset Q$, 我们有

$$S(Q,T\cap C)^*\leqslant S(P,T\cap C)^*\leqslant S(P^{\mathcal{L}},T\cap D)=S(Q^{\mathcal{L}},T\cap D)$$

这意味着, $\|Q\Rightarrow Q^{\mathcal{L}}\|_T=1$, 即 T 也是 $Q\Rightarrow Q^{\mathcal{L}}$ 的一个模型. 若由此得到的 P 不是恰当的, 由情形 (1) 可知, $\|P\Rightarrow P^{\mathcal{L}}\|_T=1$ 也成立, 类似前面的证明即可证得 T 也是 $Q\Rightarrow Q^{\mathcal{L}}$ 的一个模型.

因此, 我们有 $\mathrm{Mod}(\mathcal{P}_{\mathcal{L}})=\mathrm{Mod}(\mathcal{D})$, 即 $\mathcal{P}_{\mathcal{L}}$ 是完备的. □

下面证明模糊决策蕴涵规范基是无冗余的.

定理 8.2 模糊决策蕴涵规范基是无冗余的.

证明 为了证明 $\mathcal{P}_{\mathcal{L}}$ 是无冗余的, 只需证明对任意的 $P\Rightarrow P^{\mathcal{L}}\in\mathcal{P}_{\mathcal{L}}$, 我们有 $\mathrm{Mod}(\mathcal{P}_{\mathcal{L}})\neq \mathrm{Mod}(\mathcal{P}_{\mathcal{L}}\backslash\{P\Rightarrow P^{\mathcal{L}}\})$. 因为 $\mathcal{P}_{\mathcal{L}}\supset\mathcal{P}_{\mathcal{L}}\backslash\{P\Rightarrow P^{\mathcal{L}}\}$, 所以 $\mathrm{Mod}(\mathcal{P}_{\mathcal{L}})\subseteq \mathrm{Mod}(\mathcal{P}_{\mathcal{L}}\backslash\{P\Rightarrow P^{\mathcal{L}}\})$, 因此只需证明 $\mathrm{Mod}(\mathcal{P}_{\mathcal{L}})\subset \mathrm{Mod}(\mathcal{P}_{\mathcal{L}}\backslash\{P\Rightarrow P^{\mathcal{L}}\})$. 我们断言

$$T=P\cup\bigcup\{S(Q,P)^*\otimes Q^{\mathcal{L}}|Q\in \mathrm{FD}(\mathcal{L})且Q\neq P\}$$

正是所需模型, 即 $T\in \mathrm{Mod}(\mathcal{P}_{\mathcal{L}}\backslash\{P\Rightarrow P^{\mathcal{L}}\})$, 但 $T\notin \mathrm{Mod}(\mathcal{P}_{\mathcal{L}})$.

(1) $T\in \mathrm{Mod}(\mathcal{P}_{\mathcal{L}}\backslash\{P\Rightarrow P^{\mathcal{L}}\})$. 对任意的 $Q\Rightarrow Q^{\mathcal{L}}\in\mathcal{P}_{\mathcal{L}}\backslash\{P\Rightarrow P^{\mathcal{L}}\}$, 我们有

$$\begin{aligned}
S(Q,P)^*\leqslant S(Q,P)^*&\Longleftrightarrow S(Q,P)^*\leqslant\bigwedge_{u\in D}S(Q,P)^*\\
&\Longrightarrow S(Q,P)^*\leqslant\bigwedge_{u\in D}(Q^{\mathcal{L}}(u)\to(S(Q,P)^*\otimes Q^{\mathcal{L}}(u)))\\
&\Longleftrightarrow S(Q,P)^*\leqslant S(Q^{\mathcal{L}},S(Q,P)^*\otimes Q^{\mathcal{L}})
\end{aligned}$$

因为 $Q\in \mathrm{FD}(\mathcal{L})$ 且 $Q\neq P$, 所以

$$S(Q,P)^*\otimes Q^{\mathcal{L}}\subseteq\bigcup\{S(\tilde{Q},P)^*\otimes\tilde{Q}^{\mathcal{L}}|\tilde{Q}\in \mathrm{FD}(\mathcal{L}),\tilde{Q}\neq P\}$$

因此

$$S(Q^{\mathcal{L}},S(Q,P)^*\otimes Q^{\mathcal{L}})\leqslant S\left(Q^{\mathcal{L}},\bigcup\{S(Q,P)^*\otimes Q^{\mathcal{L}}|Q\in \mathrm{FD}(\mathcal{L}),Q\neq P\}\right)$$

可得

$$S(Q,P)^* \leqslant S\left(Q^{\mathcal{L}}, \bigcup\{S(Q,P)^* \otimes Q^{\mathcal{L}} | Q \in \mathrm{FD}(\mathcal{L}), Q \neq P\}\right)$$

注意到 $T \cap C = P$, $T \cap D = \bigcup\{S(Q,P)^* \otimes Q^{\mathcal{L}} | Q \in \mathrm{FD}(\mathcal{L}), Q \neq P\}$, 我们有 $S(Q, T\cap C)^* \leqslant S(Q^{\mathcal{L}}, T \cap D)$, 因此 $\|Q \Rightarrow Q^{\mathcal{L}}\|_T = 1$, 即 T 是 $\mathcal{P}_{\mathcal{L}} \backslash \{P \Rightarrow P^{\mathcal{L}}\}$ 的模型.

(2) $T \notin \mathrm{Mod}(\mathcal{P}_{\mathcal{L}})$. 因为 P 是 FD 前提, 所以是恰当的, 即 $P^{\mathcal{L}} \neq \bigcup\{S(Q,P)^* \otimes Q^{\mathcal{L}} | Q$是 FD 前提$\}$. 由 $P^{\mathcal{L}}$ 的定义, 我们有 $P^{\mathcal{L}} \supset \bigcup\{S(Q,P)^* \otimes Q^{\mathcal{L}} | Q$是 FD 前提$\}$. 由定理 7.6, $P \cup P^{\mathcal{L}}$ 是相对于 $\mathcal{L}$ 的最小模型, 而 $T \subset P \cup P^{\mathcal{L}}$, 因此 T 并非 $\mathcal{P}_{\mathcal{L}}$ 的一个模型.

因为 $T \in \mathrm{Mod}(\mathcal{P}_{\mathcal{L}} \backslash \{P \Rightarrow P^{\mathcal{L}}\})$, 但 $T \notin \mathrm{Mod}(\mathcal{P}_{\mathcal{L}})$, 所以 $\mathrm{Mod}(\mathcal{P}_{\mathcal{L}}) \subset \mathrm{Mod}(\mathcal{P}_{\mathcal{L}} \backslash \{P \Rightarrow P^{\mathcal{L}}\})$, 因此 $\mathcal{P}_{\mathcal{L}}$ 是无冗余的. □

为了证明模糊决策蕴涵规范基在所有完备集中是最优的, 首先证明任意集合的一致闭包可由模糊决策蕴涵规范基表示.

定理 8.3　对模糊决策蕴涵集 $\mathcal{L}$ 和 L-模糊集 $A \in L^C$, 我们有 $A^{\mathcal{L}} = \bigcup\{S(P,A)^* \otimes P^{\mathcal{L}} | P \in \mathrm{FD}(\mathcal{L})\}$.

证明　因为模糊决策蕴涵规范基 $\mathcal{P}_{\mathcal{L}}$ 是完备的, 因此 $\mathrm{Mod}(\mathcal{L}) = \mathrm{Mod}(\mathcal{P}_{\mathcal{L}})$. 由定理 7.4, 我们有 $A \cup A^{\mathcal{L}} \in \mathrm{Mod}(\mathcal{L})$ 和 $A \cup A^{\mathcal{P}_{\mathcal{L}}} \in \mathrm{Mod}(\mathcal{P}_{\mathcal{L}})$. 再由 $A \cup A^{\mathcal{L}}$ 和 $A \cup A^{\mathcal{P}_{\mathcal{L}}}$ 都是 A 相对于 $\mathcal{L}$ 的最小模型, 我们有 $A^{\mathcal{L}} = A^{\mathcal{P}_{\mathcal{L}}} = \bigcup\{S(P,A)^* \otimes P^{\mathcal{L}} | P \in \mathrm{FD}(\mathcal{L})\}$. □

上面定理也说明, 对于任意的模糊集 A 和任意两个完备集 $\mathcal{L}_1$ 和 $\mathcal{L}_2$, 我们有 $A^{\mathcal{L}_1} = A^{\mathcal{L}_2}$.

下面的定理说明, 一个模糊决策蕴涵的模糊集可以转换为一个模糊决策蕴涵的经典集, 并且转换后的集合保持了给定模糊集的全部信息, 即该集合相对于给定模糊集的封闭集是完备的.

定理 8.4　对任意的模糊决策蕴涵集 $\mathcal{L}$, 若记

$$\mathcal{L}_{>} = \{A \Rightarrow A^{\mathcal{L}} | \mathcal{L}(A \Rightarrow B) > 0\}$$

则 $\mathrm{Mod}(\mathcal{L}) = \mathrm{Mod}(\mathcal{L}_{>})$.

证明　由定理 7.5, 我们有 $\|A \Rightarrow A^{\mathcal{L}}\|_{\mathcal{L}} = \bigwedge_{T \in \mathrm{Mod}(\mathcal{L})} \|A \Rightarrow A^{\mathcal{L}}\|_T = 1$, 即对任意的 $T \in \mathrm{Mod}(\mathcal{L})$ 都有 $\|A \Rightarrow A^{\mathcal{L}}\|_T = 1$. 这意味着, 若 T 是 $\mathcal{L}$ 一个模型, 则 T 也是 $\mathcal{L}_{>}$ 的一个模型, 即 $\mathrm{Mod}(\mathcal{L}) \subseteq \mathrm{Mod}(\mathcal{L}_{>})$.

反过来, 若 T 是 $\mathcal{L}_{>}$ 的一个模型, 则对任意满足 $\mathcal{L}(A \Rightarrow B) > 0$ 的 $A \Rightarrow B$, 我们有 $1 = \mathcal{L}_{>}(A \Rightarrow A^{\mathcal{L}}) \leqslant \|A \Rightarrow A^{\mathcal{L}}\|_T$, 因此 $\|A \Rightarrow A^{\mathcal{L}}\|_T = 1$, 即 $S(A, T \cap C)^* \leqslant$

$S(A^{\mathcal{L}}, T \cap D)$. 由 $A^{\mathcal{L}}$ 的定义, 我们有

$$\mathcal{L}(A \Rightarrow B) \otimes B = \mathcal{L}(A \Rightarrow B) \otimes S(A, A)^* \otimes B \subseteq A^{\mathcal{L}}$$

因此, $S(A^{\mathcal{L}}, T \cap D) \leqslant S(\mathcal{L}(A \Rightarrow B) \otimes B, T \cap D)$, 从而

$$S(A, T \cap C)^* \leqslant S(\mathcal{L}(A \Rightarrow B) \otimes B, T \cap D)$$

此时有 $S(A, T \cap C)^* \leqslant \mathcal{L}(A \Rightarrow B) \to S(B, T \cap D)$, 即

$$\mathcal{L}(A \Rightarrow B) \leqslant S(A, T \cap C)^* \to S(B, T \cap D) = \|A \Rightarrow B\|_T$$

因此, T 也是 $\mathcal{L}$ 的一个模型. □

引理 8.1 设 $\mathcal{L}$ 为模糊决策蕴涵集, 若 $\|A \Rightarrow B\|_{\mathcal{L}} = 1$, 则 $\mathrm{Mod}(\mathcal{L}) = \mathrm{Mod}(\mathcal{L} \cup \{A \Rightarrow B\})$.

证明　由于 $\mathcal{L} \subseteq \mathcal{L} \cup \{A \Rightarrow B\}$, 因此 $\mathrm{Mod}(\mathcal{L}) \supseteq \mathrm{Mod}(\mathcal{L} \cup \{A \Rightarrow B\})$. 设 $T \in \mathrm{Mod}(\mathcal{L})$, 因为 $\|A \Rightarrow B\|_{\mathcal{L}} = 1$, 所以 $\|A \Rightarrow B\|_T = 1$. 因此, $T \in \mathrm{Mod}(\mathcal{L} \cup \{A \Rightarrow B\})$.

因此, $\mathrm{Mod}(\mathcal{L}) = \mathrm{Mod}(\mathcal{L} \cup \{A \Rightarrow B\})$. □

现在证明模糊决策蕴涵规范基的最优性.

定理 8.5 记模糊决策蕴涵集 $\mathcal{L}$ 中元素的个数为 $|\mathcal{L}| = |\{A \Rightarrow B | \mathcal{L}(A \Rightarrow B) > 0\}|$, 则模糊决策蕴涵规范基 $\mathcal{P}_{\mathcal{L}}$ 在所有完备的模糊决策蕴涵集中含有的模糊决策蕴涵最少, 即模糊决策蕴涵规范基是最优的.

证明　设 $\mathcal{D}$ 为完备的模糊决策蕴涵集, 并且在所有完备的模糊决策蕴涵集中含有的模糊决策蕴涵最少. 显然, $\mathcal{D}$ 是无冗余的, 否则可以去除冗余的模糊决策蕴涵并得到基数更小的完备集. 下面证明模糊决策蕴涵规范基与 $\mathcal{D}$ 含有相同基数的模糊决策蕴涵, 从而证明在所有完备的模糊决策蕴涵集中, 模糊决策蕴涵规范基所含的模糊决策蕴涵最少.

首先, 我们将模糊决策蕴涵集 $\mathcal{D}$ 变为集合 $\mathcal{D}_> = \{A \Rightarrow A^{\mathcal{D}} | \mathcal{D}(A \Rightarrow B) > 0\}$. 显然, $\mathcal{D}_>$ 与 $\mathcal{D}$ 所含的模糊决策蕴涵数是一样的, 根据定理 8.4 和定理 7.3, $\mathcal{D}_>$ 也是完备的模糊决策蕴涵集.

进一步, 对任意的 $A \Rightarrow A^{\mathcal{D}} \in \mathcal{D}_>$, 若 A 不是极小的, 则可以找到满足 $Q^{\mathcal{D}} = A^{\mathcal{D}}$ 的极小 L-模糊集 Q(若存在多个, 选取其中一个即可), 并用 $Q \Rightarrow Q^{\mathcal{D}}$ 替换 $A \Rightarrow A^{\mathcal{D}}$. 我们断言, 替换后的 $\mathcal{D}_>$ 也是完备的模糊决策蕴涵集. 下面分两步证明.

第一步, 由定理 7.2 和定理 7.5 有, $\|Q \Rightarrow Q^{\mathcal{D}}\|_{\mathcal{D}_>} = \|Q \Rightarrow Q^{\mathcal{D}}\|_{\mathcal{D}} = 1$. 再由引理 8.1有 $\mathrm{Mod}(\mathcal{D}_> \cup \{Q \Rightarrow Q^{\mathcal{D}}\}) = \mathrm{Mod}(\mathcal{D}_>)$, 因此 $\mathcal{D}_> \cup \{Q \Rightarrow Q^{\mathcal{D}}\}$ 也是完备的模糊决策蕴涵集.

第二步, 因为 $\mathcal{D}_> \cup \{Q \Rightarrow Q^{\mathcal{D}}\} \supset \mathcal{D}_> \cup \{Q \Rightarrow Q^{\mathcal{D}}\}\backslash\{A \Rightarrow A^{\mathcal{D}}\}$, 所以

$$\mathrm{Mod}(\mathcal{D}_> \cup \{Q \Rightarrow Q^{\mathcal{D}}\}) \subseteq \mathrm{Mod}(\mathcal{D}_> \cup \{Q \Rightarrow Q^{\mathcal{D}}\}\backslash\{A \Rightarrow A^{\mathcal{D}}\})$$

反过来, 设 $T \in \mathrm{Mod}(\mathcal{D}_> \cup \{Q \Rightarrow Q^{\mathcal{D}}\}\backslash\{A \Rightarrow A^{\mathcal{D}}\})$. 由 Mod 的定义可知, 对于 $Q \Rightarrow Q^{\mathcal{D}}$, 我们有 $\|Q \Rightarrow Q^{\mathcal{D}}\|_T = 1$, 即

$$S(Q, T \cap C)^* \leqslant S(Q^{\mathcal{D}}, T \cap D) = S(A^{\mathcal{D}}, T \cap D)$$

又因为 $Q \subset A$, 所以 $S(A, T \cap C)^* \leqslant S(Q, T \cap C)^*$. 进而

$$S(A, T \cap C)^* \leqslant S(Q, T \cap C)^* \leqslant S(A^{\mathcal{D}}, T \cap D)$$

即 $\|A \Rightarrow A^{\mathcal{D}}\|_T = 1$. 因此, $T \in \mathrm{Mod}(\mathcal{D}_> \cup \{Q \Rightarrow Q^{\mathcal{D}}\})$. 进而

$$\mathrm{Mod}(\mathcal{D}_> \cup \{Q \Rightarrow Q^{\mathcal{D}}\}) = \mathrm{Mod}(\mathcal{D}_> \cup \{Q \Rightarrow Q^{\mathcal{D}}\}\backslash\{A \Rightarrow A^{\mathcal{D}}\})$$

因此, 替换后的 $\mathcal{D}_>$(仍记为 $\mathcal{D}_>$) 也是完备的模糊决策蕴涵集. 同时, 替换后的 $\mathcal{D}_>$ 和替换前的 $\mathcal{D}_>$ 有相同的基数.

下面证明替换后的 $\mathcal{D}_>$ 为模糊决策蕴涵规范基. 因为对于任意的 $A \Rightarrow A^{\mathcal{D}} \in \mathcal{D}_>$, A 是极小的, 因此只需证明 A 是恰当的即可. 假设存在 $P \Rightarrow P^{\mathcal{D}} \in \mathcal{D}_>$, 且 P 不是恰当的, 那么

$$P^{\mathcal{D}} = \bigcup\{S(Q, P)^* \otimes Q^{\mathcal{D}} | Q \Rightarrow Q^{\mathcal{D}} \in \mathcal{D}_>, Q \neq P\} = P^{\mathcal{D}_> \backslash \{P \Rightarrow P^{\mathcal{D}}\}}$$

由定理 7.5, 可知

$$\|P \Rightarrow P^{\mathcal{D}}\|_{\mathcal{D}_> \backslash \{P \Rightarrow P^{\mathcal{D}}\}} = \|P \Rightarrow P^{\mathcal{D}_> \backslash \{P \Rightarrow P^{\mathcal{D}}\}}\|_{\mathcal{D}_> \backslash \{P \Rightarrow P^{\mathcal{D}}\}} = 1$$

由引理 8.1可知

$$\mathrm{Mod}(\mathcal{D}_> \backslash \{P \Rightarrow P^{\mathcal{D}}\}) = \mathrm{Mod}(\mathcal{D}_> \backslash \{P \Rightarrow P^{\mathcal{D}}\} \cup \{P \Rightarrow P^{\mathcal{D}}\}) = \mathrm{Mod}(\mathcal{D}_>)$$

即 $\mathcal{D}_> \backslash \{P \Rightarrow P^{\mathcal{D}}\}$ 也是完备的模糊决策蕴涵集. 这与 $\mathcal{D}_>$ 为基数最小的完备模糊决策蕴涵集矛盾, 因此对于任意的 $P \Rightarrow P^{\mathcal{D}} \in \mathcal{D}_>$, P 都是恰当的, 从而 $\mathcal{D}_>$ 为模糊决策蕴涵规范基. □

下面的结论是定理 8.1、定理 8.2 和定理 8.5 的一个推论.

定理 8.6 设 $\mathcal{L}$ 为模糊决策蕴涵集, 则 $\mathcal{L}$ 的模糊决策蕴涵规范基是完备的、无冗余的和最优的.

需要指出的是, 伪内涵系统只有在使用严格语气真值算子的情形下才是最优的, 其他任何情形都可能不是最优的[39]. 比较而言, 模糊决策蕴涵规范基在所有情形下都是最优的, 从这个意义上来说, 模糊决策蕴涵规范基是规范基在模糊决策情形下的完美扩展, 而伪内涵系统仅仅是规范基在模糊形式背景下的部分扩展.

8.2 模糊决策背景中的模糊决策蕴涵规范基

这一节将定义模糊决策背景上的模糊决策蕴涵规范基. 根据定理 7.13, 对模糊决策背景上模糊决策蕴涵规范基的研究可看做对模糊决策蕴涵规范基进行逻辑研究的特例. 结合定理 7.13 和定义 8.1, 我们给出下面的定义.

定义 8.2 模糊决策背景 K 的一个模糊决策前提 P 是 L^C 上的一个模糊集, 满足

(1) P 是极小的, 即对于任意的 $Q \subset P$, $Q^{\downarrow\uparrow_D} \subset P^{\downarrow\uparrow_D}$.

(2) P 是恰当的, 即

$$P^{\downarrow\uparrow_D} \neq \bigcup\{S(Q,P)^* \otimes Q^{\downarrow\uparrow_D} | Q\text{是 } K \text{ 的模糊决策前提}\}$$

K 的所有 FD 前提记为 FD(K), 称

$$\mathcal{P}_K = \{P \Rightarrow P^{\downarrow\uparrow_D} | P \in \mathrm{FD}(K)\}$$

为 K 的模糊决策蕴涵规范基.

下面的结论是定理 7.13 和定理 8.6 的一个推论.

定理 8.7 $\mathcal{P}_K$ 相对于 K 是完备的和无冗余的, 而且在所有相对于 K 完备的模糊决策蕴涵集中, $\mathcal{P}_K$ 所含的模糊决策蕴涵最少.

例 8.2 对于表 7.2 所示的模糊决策背景, 使用 Łukasiewicz 伴随对和等值语气真值算子, 计算 $A \in L^C$ 的闭包 $A^{\downarrow\uparrow_D}$, 如表 8.1 所示.

表 8.1 Łukasiewicz 伴随对和等值语气真值算子下的 $A^{\downarrow\uparrow_D}$

A		$A^{\downarrow\uparrow_D}$	
small	large	far	near
0	0	0	0
0	0.5	0.5	0
0	1	1	0.5
0.5	0	0	0
0.5	0.5	0.5	0
0.5	1	1	0.5
1	0	0	0
1	0.5	0.5	0.5
1	1	1	0.5

根据定义 8.2, 计算可知

$$\mathcal{P}_K = \{\{0/\mathrm{s}, 0.5/\mathrm{l}\} \Rightarrow \{0.5/\mathrm{f}, 0/\mathrm{n}\}, \{0/\mathrm{s}, 1/\mathrm{l}\} \Rightarrow \{1/\mathrm{f}, 0.5/\mathrm{n}\}$$

$$\{1/\mathrm{s}, 0.5/\mathrm{l}\} \Rightarrow \{0.5/\mathrm{f}, 0.5/\mathrm{n}\}\}$$

是表 7.2 的模糊决策蕴涵规范基.

如果使用 Łukasiewicz 伴随对和严格语气真值算子, 计算 $A \in L^C$ 的闭包 $A^{\downarrow\uparrow_D}$, 如表 8.2 所示.

表 8.2 Łukasiewicz 伴随对和严格语气真值算子下的 $A^{\downarrow\uparrow_D}$

A		$A^{\downarrow\uparrow_D}$	
small	large	far	near
0	0	0	0
0	0.5	0	0
0	1	1	0.5
0.5	0	0	0
0.5	0.5	0	0
0.5	1	1	0.5
1	0	0	0
1	0.5	0	0
1	1	1	1

根据定义 8.2, 计算可知

$$\mathcal{P}_K = \{\{0/\mathrm{s}, 1/\mathrm{l}\} \Rightarrow \{1/\mathrm{f}, 0.5/\mathrm{n}\}, \{1/\mathrm{s}, 1/\mathrm{l}\} \Rightarrow \{1/\mathrm{f}, 1/\mathrm{n}\}\}$$

是表 7.2 的模糊决策蕴涵规范基.

如果使用 Gödel 伴随对或 Goguen 伴随对, 并使用等值语气真值算子, 计算 $A \in L^C$ 的闭包 $A^{\downarrow\uparrow_D}$, 如表 8.3 所示.

表 8.3 Gödel 或 Goguen 伴随对和等值语气真值算子下的 $A^{\downarrow\uparrow_D}$

A		$A^{\downarrow\uparrow_D}$	
small	large	far	near
0	0	0	0
0	0.5	1	0
0	1	1	0
0.5	0	0	0
0.5	0.5	1	0
0.5	1	1	0
1	0	0	0
1	0.5	1	0
1	1	1	0

根据定义 8.2, 计算可知, $\mathcal{P}_K = \{\{0/\mathrm{s}, 0.5/\mathrm{l}\} \Rightarrow \{1/\mathrm{f}, 0/\mathrm{n}\}\}$ 是表 7.2 的模糊决策蕴涵规范基.

显然, 模糊决策蕴涵规范基与伴随对的选择是相关的. 进一步可验证, 模糊决策蕴涵规范基与语气真值算子的选择也是相关的.

8.3 小 结

本章引入模糊决策前提和模糊决策蕴涵规范基, 证明模糊决策蕴涵规范基是完备的、无冗余的和最优的. 我们还将模糊决策前提和模糊决策蕴涵规范基引入模糊决策背景中, 给出模糊决策蕴涵规范基的数据解释.

进一步的研究包括以下方面.

(1) 如何快速有效地计算 FD 前提和模糊决策蕴涵规范基. 因为 FD 前提是基于递归方式定义的, 类似伪内涵[2] 和伪内涵系统[40], 目前并没有十分有效的方法生成该蕴涵集.

(2) 将模糊决策蕴涵规范基应用于数据挖掘和数据分析.

(3) 如何将本章的结论扩展到其他逻辑体系[121], 如通过 Kleene 模糊逻辑、Heyting 模糊逻辑、量子逻辑等研究模糊决策蕴涵规范基.

第 9 章　模糊属性约简

属性约简 (即特征选择[122]) 是知识获取的重要预处理步骤. 其目的在于依据某些准则从属性中选取一些重要的属性. 在形式概念分析中, 许多研究者已经研究了基于形式背景、决策背景和模糊形式背景的属性约简方法. 这些方法依据的准则大致可分为保持概念格的不变性[2,35,36,67,70,123,124] 和保持知识结构的不变性[16,18]. 在粗糙集理论的启发下[92,125], 张文修等[123] 提出一种基于区分矩阵的属性约简方法. 随后, Liu 等[124] 扩展了文献 [123] 的方法, 提出两种属性约简方法, 即单步和多步属性约简方法. Wu 等[67] 研究了形式背景上的信息粒, 提出一种基于粒的属性约简模式. 另外, Liu 等 [124] 和魏玲等[70] 研究了基于形式概念分析和基于粗糙集的属性约简之间的联系. Li 等[16,18] 研究了保持知识结构不变的属性约简方法.

在模糊概念格中, Elloumi 等[35] 提出一种多水平 (基于阈值) 的模糊对象约简方法. 该约简方法保持了模糊概念格结构的不变性. Li 等[36] 将该技术应用于模糊属性约简, 引入 T 模糊概念格, 研究保持 T 模糊概念格不变的模糊属性约简方法. 随后, Li 等[126] 发展了文献 [127] 的方法, 并将可约元看作单边概念格的粒, 并提出保持粒不变的模糊属性约简方法.

本章分析了模糊形式背景中的知识结构, 提出基于完备剩余格的模糊属性约简框架, 并给出基于 Łukasiewicz 伴随对的模糊属性约简计算方法.

与文献 [36], [126] 相比, 本章所提的方法具有如下优点.

(1) 本章方法基于的概念格是具有语气真值算子的模糊概念格[128], 而非 T-模糊概念格[36] 或单边模糊概念格. 这是因为具有语气真值算子的模糊概念格泛化了很多模糊概念格模型[128], 包括基于阈值的模糊概念格模型等[35], 因此被认为是最灵活的模糊概念格模型.

(2) 本章方法保持了知识结构的不变性, 并没有保持代数结构 (即模糊概念格) 的不变性. 因此, 如果用户关注数据中的知识而非代数结构, 我们的方法将比文献 [36], [126] 所提的方法更有效.

(3) 文献 [36], [126] 将属性分为必要属性、非必要属性和绝对不必要属性. 我们认为, 这种划分过于严格了. 因此, 本章对这种分组进行扩展, 所提方法可以度量每个属性在保持知识不变上的重要程度.

本章的组织结构如下. 9.1节给出保持知识结构不变的模糊属性约简框架. 9.2

节提出一种利用 Łukasiewicz 伴随对计算模糊属性约简的方法. 9.3节验证所提方法的有效性.

9.1 基于模糊属性蕴涵的模糊属性约简

本节首先引入模糊属性蕴涵的概念, 然后通过分析模糊属性蕴涵的结构给出模糊属性约简框架, 最后讨论语气真值算子在模糊属性约简中的作用.

首先给出模糊形式背景的概念[32].

定义 9.1 [32] 给定完备剩余格 L, 一个模糊形式背景是一个三元组 $K=(G, M, I)$, 其中 G 是对象集, M 是属性集, $I \in L^{G\times M}$ 定义了对象 $g \in G$ 具有属性 $m \in M$ 的程度 $I(g,m)$.

本章讨论的方法基于模糊形式背景和模糊属性蕴涵. 其定义方式和解释类似模糊决策背景和模糊决策蕴涵.

例9.1 表 9.1 是一个模糊形式背景, 其中 $L=[0,1]$, $G=\{g_1,g_2,g_3,g_4,g_5,g_6,g_7,g_8,g_9\}$, $M=\{c_1,c_2,c_3,c_4,c_5,c_6,c_7,c_8\}$.

表 9.1 模糊形式背景

对象	c_1	c_2	c_3	c_4	c_5	c_6	c_7	c_8
g_1	0.3	1	0	0.2	0.7	0.1	0.3	0.7
g_2	1	0	0	1	0	0	0.7	0.3
g_3	0	0.3	0.7	0	0.7	0.3	0.6	0.4
g_4	0.8	0.2	0	0	0.7	0.3	0.2	0.8
g_5	0.5	0.5	0	1	0	0	0	1
g_6	0	0.2	0.8	0	1	0	0	1
g_7	1	0	0	0.7	0.3	0	0.2	0.8
g_8	0.1	0.8	0.1	0	0.9	0.1	0.7	0.3
g_9	0.3	0.7	0	0.9	0.1	0	1	0

定义 9.2 [32] M 上的模糊属性蕴涵具有形式 $A \Rightarrow B$, 其中 $A, B \in L^M$. 此时, A 称为该模糊属性蕴涵的前提 (前件), B 称为该模糊属性蕴涵的结论 (后件). 模糊集 $T \in L^M$ 满足 $A \Rightarrow B$ 的程度定义为

$$\|A \Rightarrow B\|_T = S(A,T)^* \to S(B,T) \tag{9.1}$$

其中, $*$ 为语气真值算子.

定义 9.3 [32] 模糊属性蕴涵 $A \Rightarrow B$ 在模糊形式背景 K 中成立的程度定义为

$$\|A \Rightarrow B\|_{\langle K\rangle} = \bigwedge_{g\in G} \|A \Rightarrow B\|_{I_g} \tag{9.2}$$

其中, $I_g(m) = I(g, m)$, $m \in M$.

例 9.2 根据例 9.1, 定义 M 上的模糊属性蕴涵为

$$A \Rightarrow B := \{0.3/c_1, 0.7/c_2, 0.3/c_3\} \Rightarrow \{0.4/c_4, 0.5/c_5\}$$

其含义为, 若对象在 c_1、c_2 和 c_3 属性上的取值大于等于 0.3、0.7 和 0.3, 则该对象在 c_4 和 c_5 属性上的取值大于等于 0.4 和 0.5. 令

$$T := T_{g_1} = \{0.3/c_1, 1/c_2, 0/c_3, 0.2/c_4, 0.7/c_5, 0.1/c_6, 0.3/c_7, 0.7/c_8\}$$

使用 Łukasiewicz 伴随对和严格语气真值算子, 则有 $\|A \Rightarrow B\|_T = 1$, 表示对象 g_1 支持模糊属性蕴涵 $A \Rightarrow B$. 若令 $T = T_{g_8}$, 则有 $\|A \Rightarrow B\|_T = 0.8$, 表示对象 g_8 支持 $A \Rightarrow B$ 的程度为 0.8. 进一步, 对于表 9.1 给出的模糊形式背景, 计算可得 $\|A \Rightarrow B\|_{\langle K \rangle} = 0.8$.

由定义 9.3, $A \Rightarrow B$ 在 K 中成立的程度是由 $S(A, I_g)$ 和 $S(B, I_g)$ 计算确定的. 因此, 为了保持模糊形式背景中知识结构的不变性, 只需保持 $S(A, I_g)$ 的不变性即可, $A \in L^M$, $g \in G$. 考虑计算 $S(A, I_g)$ 的复杂度, 本章仅考虑保持 $S(I_h, I_g)$ 的不变性, 其中 g, $h \in G$. 事实上, 如果数据中的对象较多, 则随着对象的增加, 将有越来越多的 $S(I_h, I_g)$ 需要计算, 因此保持 $S(I_h, I_g)$ 的不变性就近似于保持 $S(A, I_g)$ 的不变性.

为了使框架具有更多的灵活性, 我们将考虑保持 $S(I_h, I_g)^*$ 的不变性. 若语气真值算子为等值语气真值算子, 则保持 $S(I_h, I_g)^*$ 的不变性等价于保持 $S(I_h, I_g)$ 的不变性.

现在需要为每个属性 $m_i \in M$ 关联一个重要度 $\gamma_i \in L$, 该重要度是 m_i 在保持 $S(I_h, I_g)^*$ 不变性上的重要程度. 因此, 当 $L = [0, 1]$ 时, m_i 的重要度为 γ_i, 当且仅当 m_i 的可约度 (不重要度) 为 $1 - \gamma_i$.

考虑如下定义, 即

$$S(I_g, I_h)_{\{\gamma_i\}} := \left(\bigwedge_{m_i \in M} (\gamma_i \rightarrow (m_i(g) \rightarrow m_i(h))) \right)$$

其中, $m_i(g)$ 和 $m_i(h)$ 为 $I(g, m_i)$ 和 $I(h, m_i)$.

上述公式定义了 m_i 的重要度为 γ_i 时对象 g 和 h 的包含度. 此时, 若所有的属性都重要, 则由 $1 \rightarrow (m_i(g) \rightarrow m_i(h)) = m_i(g) \rightarrow m_i(h)$ 可知, $S(I_g, I_h)_{\{\gamma_i\}}$ 与 $S(I_g, I_h)$ 等价. 这表明, 所有的属性都参与了 $S(I_g, I_h)$ 的计算, 即所有属性对 $S(I_g, I_h)$ 的计算都是重要的. 假设某个属性 m_i 不重要, 即 $\gamma_i = 0$, 其他属性 γ_j 都重要, 即 $\gamma_j = 1$, $j \neq i$. 此时可得

$$S(I_g, I_h)_{\{\gamma_i\}} = \left(\bigwedge_{m_j \neq m_i} (1 \rightarrow (m_j(g) \rightarrow m_j(h))) \right) \wedge (0 \rightarrow (m_i(g) \rightarrow m_i(h)))$$

$$= \left(\bigwedge_{m_j \neq m_i} (m_j(g) \to m_j(h)) \right) \wedge 1$$

$$= \bigwedge_{m_j \neq m_i} (m_j(g) \to m_j(h))$$

即 $S(I_g, I_h)_{\{\gamma_i\}}$ 是在不考虑属性 m_i 时计算的, 因此除 m_i 外的所有属性对于 $S(I_g, I_h)$ 的计算都是重要的.

事实上, 依据 $\to$ 的定义, 若 $\gamma_i \leqslant m_i(g) \to m_i(h)$, 则有 $\gamma_i \to (m_i(g) \to m_i(h)) = 1$, 因此 $S(I_g, I_h)_{\{\gamma_i\}} = \bigwedge_{m_j \neq m_i} (m_j(g) \to m_j(h))$, 即属性 m_i 并不参与 $S(I_g, I_h)$ 的计算. 换句话说, 若 g 和 h 在 m_i 下的包含度 $m_i(g) \to m_i(h)$ 大于等于阈值 γ_i, 则可以认为该包含度并不影响整体的包含度 $S(I_g, I_h)$, 因此属性 m_i 对于保持 g 和 h 的包含度是不重要的.

将 $(\hat{\gamma}_1, \hat{\gamma}_2, \cdots, \hat{\gamma}_{|M|}) \leqslant (\gamma_1, \gamma_2, \cdots, \gamma_{|M|})$ 定义为 $\hat{\gamma}_i \leqslant \gamma_i$, $i = 1, 2, \cdots, |M|$. 下面的结论成立.

引理 9.1　对于任意的 $g, h \in G$, 若 $(\hat{\gamma}_1, \hat{\gamma}_2, \cdots, \hat{\gamma}_{|M|}) \leqslant (\gamma_1, \gamma_2, \cdots, \gamma_{|M|})$, 则 $S(I_g, I_h)_{\{\hat{\gamma}_i\}} \geqslant S(I_g, I_h)_{\{\gamma_i\}}$.

证明　对于 m_i, 由 $\hat{\gamma}_i \leqslant \gamma_i$ 可得 $(\hat{\gamma}_i \to (m_i(g) \to m_i(h))) \geqslant (\gamma_i \to (m_i(g) \to m_i(h)))$, 因此

$$\begin{aligned} S(I_g, I_h)_{\{\hat{\gamma}_i\}} &= \left(\bigwedge_{m_i \in M} (\hat{\gamma}_i \to (m_i(g) \to m_i(h))) \right) \\ &\geqslant \left(\bigwedge_{m_i \in M} (\gamma_i \to (m_i(g) \to m_i(h))) \right) \\ &= S(I_g, I_h)_{\{\gamma_i\}} \end{aligned}$$

□

引理 9.1表明, 模糊属性重要度 $(\gamma_1, \gamma_2, \cdots, \gamma_{|M|})$ 越小, $S(I_g, I_h)_{\{\gamma_i\}}$ 的值越大. 事实上, 模糊属性重要度越小, 属性参与计算 $S(I_g, I_h)$ 的程度越小 (特别地, 当属性重要度为 0 时, 相应属性完全不参与包含度的计算), 因此 $S(I_g, I_h)_{\{\gamma_i\}}$ 的值越大.

下面给出模糊属性约简的定义.

定义 9.4　称属性集 M 的重要度 $(\gamma_1, \gamma_2, \cdots, \gamma_{|M|})$ 为语气真值算子 $*$ 下的模糊属性约简, 若 $(\gamma_1, \gamma_2, \cdots, \gamma_{|M|})$ 为满足 $S(I_g, I_h)^*_{\{\gamma_i\}} \leqslant S(I_g, I_h)^*$, $\forall g, h \in G$ 的极小值.

从数学角度看, 上述定义要求 L 为有限集. 需要注意, 该定义只要求极小值而非最小值, 因为最小值可能并不存在.

由引理 9.1可知, $S(I_g, I_h)_{\{\gamma_i\}} \geqslant S(I_g, I_h)$, 因此 $S(I_g, I_h)^*_{\{\gamma_i\}} \geqslant S(I_g, I_h)^*$. 定义 9.4事实上是要求 $S(I_g, I_h)^*_{\{\gamma_i\}} = S(I_g, I_h)^*$. 另外, 该准则也保证了任意对象之间的相似度不变. 例如, 对于 g, $h \in G$, 模糊属性约简要求 $S(I_g, I_h)^*_{\{\gamma_i\}} = S(I_g, I_h)^*$ 和 $S(I_h, I_g)^*_{\{\gamma_i\}} = S(I_h, I_g)^*$. 定义 g 和 h 的相似度为 $E(g,h) = S(I_g, I_h)^* \wedge S(I_h, I_g)^*$, 则有 $E(g,h) = S(I_g, I_h)^* \wedge S(I_h, I_g)^* = S(I_g, I_h)^*_{\{\gamma_i\}} \wedge S(I_h, I_g)^*_{\{\gamma_i\}}$.

同时, 定义 9.4也与语气真值算子的选择有关. 对于语气真值算子 $*$ 和 $\circ$, 定义

$$* \leqslant \circ \iff a^* \leqslant a^\circ, \quad a \in L$$

定理 9.1 设 $* \leqslant \circ$, $\gamma_\circ = (\overline{\gamma}_1, \cdots, \overline{\gamma}_{|M|})$ 为语气真值算子 $\circ$ 下的模糊属性约简. 若 L 为有限集, 则存在 $*$ 下的模糊属性约简 $\gamma_* = (\gamma_1, \cdots, \gamma_{|M|})$, 满足 $\gamma_* \leqslant \gamma_\circ$.

证明 因为 $\gamma_\circ$ 为模糊属性约简, 所以对任意的 g, $h \in G$, $S(I_g, I_h)^\circ_{\{\overline{\gamma_i}\}} \leqslant S(I_g, I_h)^\circ$ 成立. 因为 $S(I_g, I_h)_{\{\overline{\gamma_i}\}} \geqslant S(I_g, I_h) \geqslant S(I_g, I_h)^\circ \geqslant S(I_g, I_h)^\circ_{\{\overline{\gamma_i}\}} \geqslant S(I_g, I_h)^*_{\{\overline{\gamma_i}\}}$, 所以由语气真值算子的性质可知, $S(I_g, I_h)^*_{\{\overline{\gamma_i}\}} \geqslant S(I_g, I_h)^* \geqslant S(I_g, I_h)^{\circ *} \geqslant S(I_g, I_h)^{\circ *}_{\{\overline{\gamma_i}\}} \geqslant S(I_g, I_h)^{**}_{\{\overline{\gamma_i}\}} = S(I_g, I_h)^*_{\{\overline{\gamma_i}\}}$, 因此 $S(I_g, I_h)^*_{\{\overline{\gamma_i}\}} = S(I_g, I_h)^*$. 这表明, $\{\overline{\gamma_i}\}$ 满足 $S(I_g, I_h)^*_{\{\overline{\gamma_i}\}} \leqslant S(I_g, I_h)^*$. 由 L 的有限性可知, 至少存在一个极小值 $\gamma_* = \{\gamma_i\} \leqslant \{\overline{\gamma_i}\}$ 满足 $S(I_g, I_h)^*_{\{\gamma_i\}} \leqslant S(I_g, I_h)^*$. □

由定理 9.1 可以看出, 当语气真值算子从最大的语气真值算子——等值语气真值算子变化到最小的语气真值算子——严格语气真值算子时, 模糊属性约简 $\{\gamma_i\}$ 也从最大的重要度变化到最小的重要度.

例 9.3 考虑表 9.1 中的对象 g_1 和 g_2, 使用 Łukasiewicz 伴随对和等值语气真值算子, 可以计算得到 $S(I_{g_2}, I_{g_1}) = 0.2$. 此时, 令 $\{\gamma_i\} = \{0,0,0,1,0,0,0,0\}$, 可得 $S(I_{g_2}, I_{g_1})^*_{\{\gamma_i\}} = 0.2^* = 0.2 = S(I_{g_2}, I_{g_1})$. 因此, 可以得出结论, 仅考虑对象 g_1 和 g_2(或者数据集中只有对象 g_1 和 g_2) 时, 只有属性 c_4 对计算 g_2 和 g_1 的包含度是必要的. 这是显然的, 因为该属性是区分 g_2 和 g_1 最重要的属性.

若使用严格语气真值算子, 则有 $S(I_{g_2}, I_{g_1})^* = 0.2^* = 0$. 令 $\{\gamma_i\} = \{0,0,0,0.21,0,0,0,0\}$, 可得 $S(I_{g_2}, I_{g_1})^*_{\{\gamma_i\}} = 0.99^* = 0 = S(I_{g_2}, I_{g_1})^*$. 这说明, 当使用严格语气真值算子时, c_4 将 g_2 和 g_1 的包含度降至 0.21. 事实上, 对于任意大于 0.2 的 γ_4, 不妨记为 $\gamma_4 = 0.2\cdots$, $S(I_{g_2}, I_{g_1})^*$ 的计算结果并不改变. 这意味着, 当使用严格语气真值算子时, c_4 的重要度下降至接近 0.2. 然而, 当使用等值语气真值算子时, 该值为 1. 进一步, 容易看出, 当语气真值算子从等值语气真值算子变为严格语气真值算子时, $\{\gamma_i\}$ 会从 $\{0,0,0,1,0,0,0,0\}$ 变化为 $\{0,0,0,0.2\cdots,0,0,0,0\}$.

现在对形式概念分析理论和粗糙集理论中的属性约简加以比较. 从理论模型

的角度看, 粗糙集强调的是属性的不可区分能力 (无论经典情形还是模糊情形, 情况均是如此[125]), 而形式概念分析强调的是代数结构和数据中的知识结构 (属性蕴涵、决策蕴涵、可变决策蕴涵、模糊属性蕴涵和模糊决策蕴涵). 其次, 从知识角度看, 形式概念分析中的模糊属性蕴涵与粗糙集中的模糊决策规则在语义上也有一些微妙的区别. 举例来说, 模糊属性蕴涵 $\{1/c_1, 0/c_2\} \Rightarrow \{0.4/d_1, 0.5/d_2\}$ 的含义是, 若对象在属性 c_1 和 c_2 的取值大于等于 1 和 0, 则该对象在 d_1 和 d_2 上的取值也大于等于 0.4 和 0.5. 该知识在粗糙集理论中的解释是, 若对象在属性 c_1 和 c_2 上的取值等于 (或接近于)1 和 0, 则该对象在属性 d_1 和 d_2 上的取值也等于 (或接近于)0.4 和 0.5. 最后, 基于剩余格的模糊属性约简在粗糙集理论中似乎尚未得到重视.

9.2 基于 Łukasiewicz 伴随对的模糊属性约简方法

现在考虑使用 Łukasiewicz 伴随对的模糊属性约简方法. 基于其他伴随对的模糊属性约简方法也可以类似地研究. 事实上, 基于 Goguen 伴随对的模糊属性约简方法类似于基于 Łukasiewicz 伴随对的模糊属性约简方法, 基于 Gödel 伴随对的模糊属性约简方法要比基于 Łukasiewicz 伴随对的模糊属性约简方法更加简洁.

引理 9.2 当使用 Łukasiewicz 伴随对时, 对于 $g, h \in G$, $i = 1, 2, \cdots, |M|$, 记

$$M_{gh}^i = m_i(g) \to m_i(h) = \min((1 - m_i(g) + m_i(h)), 1)$$

$$M_{gh} = S(I_g, I_h) = \min(\min_{m_i \in M}(1 - m_i(g) + m_i(h)), 1)$$

则 $(\gamma_1, \cdots, \gamma_{|M|})$ 是 M 的模糊属性约简, 当且仅当 $(\gamma_1, \cdots, \gamma_{|M|})$ 为满足下列条件之一的极小值.

(1) 若 $\bigwedge_{m_i \in M}(1 - \gamma_i + M_{gh}^i) > 1$, 则 $M_{gh} = 1$.

(2) 若 $\bigwedge_{m_i \in M}(1 - \gamma_i + M_{gh}^i) \leqslant 1$, 则 $(\bigwedge_{m_i \in M}(1 - \gamma_i + M_{gh}^i))^* \leqslant M_{gh}^*$.

证明 当使用 Łukasiewicz 伴随对时, $S(I_g, I_h)_{\{\gamma_i\}}$ 可以简化为

$$\begin{aligned}
\bigwedge_{m_i \in M}(\gamma_i \to (m_i(g) \to m_i(h))) &= \bigwedge_{m_i \in M}(\gamma_i \to M_{gh}^i) \\
&= \bigwedge_{m_i \in M}(\min(1 - \gamma_i + M_{gh}^i, 1)) \\
&= 1 \wedge \bigwedge_{m_i \in M}(1 - \gamma_i + M_{gh}^i)
\end{aligned}$$

由模糊属性约简的定义可知, 为了保证 $\{\gamma_i\}$ 为模糊属性约简, 要求

$$\left(1 \wedge \bigwedge_{m_i \in M} (1 - \gamma_i + M_{gh}^i)\right)^* \leqslant M_{gh}^*, \quad g, h \in G$$

等价于条件 (1) 和 (2). □

引理 9.3 设 L 为链, $*$ 为语气真值算子, $a \in L$, 定义 $b = \bigvee\{x | x^* = a^*\}$, 则下列结论之一成立.

(1) $b^* = a^*$.

(2) $b^* > a^*$, 且对任意的 $c < b$, 不等式 $c^* \leqslant a^*$ 成立.

证明 假设 $b^* \neq a^*$. 我们有 $b = \bigvee\{x | x^* = a^*\} \geqslant a$, 因此 $b^* \geqslant a^*$, 即 $b^* > a^*$. 假设 $c < b$, 只需证 $c^* \leqslant a^*$. 若 $c \leqslant a$, 则 $c^* \leqslant a^*$; 否则, 因为 L 为链, 可假设 $c > a$, 此时只需证 $c^* \leqslant a^*$. 事实上, 若 $c^* > a^*$, 对于任意满足 $x^* = a^* < c^*$ 的 x, 若 $x \geqslant c$, 则 $a^* = x^* \geqslant c^*$, 与 $c^* > a^*$ 矛盾, 因此有 $x < c$. 此时有 $b = \bigvee\{x | x^* = a^*\} \leqslant c$, 与 $c < b$ 矛盾. □

引理 9.3表明, 为了计算 $S(I_g, I_h)_{\{\gamma_i\}}^* \leqslant S(I_g, I_h)^*$ 约束下 $S(I_g, I_h)_{\{\gamma_i\}}$ 的极大值, 我们需要计算 $b = \bigvee\{x | x^* = S(I_g, I_h)^*\}$. 然而, 此时 $b^* = S(I_g, I_h)^*$ 并不一定成立. 例如, 当 $L = [0, 1]$ 且 $*$ 为严格语气真值算子时, $S(I_g, I_h) = 0.5$. 我们有 $b = \bigvee\{x | x^* = S(I_g, I_h)^*\} = 1$, $b^* = 1 \neq 0 = 0.5^*$. 因此, 在计算 b 后, 我们需要检查 $b^* = S(I_g, I_h)^*$ 是否成立. 若 $b^* = S(I_g, I_h)^*$, 则 b 为 $S(I_g, I_h)_{\{\gamma_i\}}$ 的极大值; 否则, 需要计算满足 $S(I_g, I_h)_{\{\gamma_i\}} < b$ 的 $S(I_g, I_h)_{\{\gamma_i\}}$ 极大值.

算法 9.1给出了基于 Łukasiewicz 伴随对的模糊属性约简算法.

算法 9.1 基于 Łukasiewicz 伴随对的模糊属性约简算法

输入: 模糊形式背景 K

输出: M 的模糊属性约简

1: 对 $g, h \in G$, $i = 1, 2, \cdots, |M|$, 计算 M_{gh}^i 和 M_{gh}
2: $I = \varnothing$; $J = \varnothing$
3: **for** $g \in G$ 和 $h \in G$ **do**
4: 　计算 $b = \bigvee\{x \in L | x^* = M_{gh}^*\}$
5: 　计算 $j = \mathrm{argmin}_i M_{gh}^i$
6: 　**if** $b^* = M_{gh}^*$ **then**
7: 　　$I = I \cup \{(j, 1 + M_{gh}^j - b)\}$
8: 　**else**
9: 　　$J = J \cup \{(j, 1 + M_{gh}^j - b)\}$
10: 　**end if**
11: **end for**
12: **for** $i = 1, \cdots, |M|$ **do**

13: **if** 不存在 $(i,c) \in I \cup J$ **then**
14: $\gamma_i = 0$
15: **else if** 存在 $(i,c) \in I$ 但不存在 $(i,d) \notin J$ **then**
16: $\gamma_i = \bigvee\{b|(j,b) \in I 且 j = i\}$
17: **else if** 存在 $(i,c) \in J$ 但不存在 $(i,d) \notin I$ **then**
18: $\gamma_i = \max\{x \in L|x < \bigvee\{c|(j,c) \in J 且 j = i\}\}$
19: **else**
20: 计算 $a_I = \bigvee\{c|(j,c) \in I 且 j = i\}$ 和 $a_J = \bigvee\{c|(j,c) \in J 且 j = i\}$
21: **if** $a_I > a_J$ **then**
22: $\gamma_i = a_I$
23: **else**
24: $\gamma_i = \max\{x \in L|x < a_J\}$
25: **end if**
26: **end if**
27: **end for**
28: 计算 $P = \{(g,h) \in G \times G|M_{gh} < 1 且 M_{gh}^i > \gamma_i, i = 1,2,\cdots,|M|\}$;
29: **if** $P \neq \varnothing$ **then**
30: 计算 $j = \mathrm{argmax}_i\, \gamma_i$, 令 $\gamma_j = \bigvee_{(g,h)\in P} M_{gh}^j$
31: **end if**
32: **return** $(\gamma_1, \cdots, \gamma_{|M|})$

算法 9.1使用引理 9.2的两个条件, 尝试在满足这些条件的前提下找到 γ_i 的极小值. 具体来说, 算法 9.1首先将引理 9.2的条件 (2) 变为两个约束集—I 和 J(第 3~11步), 并在第 15~26步检验这些约束. 最后, 算法 9.1在第 28步收集不满足条件 1 的序偶对 (g,h), 并在第 30步通过调整 γ_i 移除这些序偶对的影响.

定理 9.2 进一步保证了算法 9.1 的正确性.

定理 9.2 算法 9.1是正确的, 即算法 9.1的输出 $(\gamma_1, \cdots, \gamma_{|M|})$ 为 M 的模糊属性约简.

证明 首先考虑引理 9.2的条件 (2). 由引理 9.3, 定义 $b = \bigvee\{x \in L|x^* = M_{gh}^*\}$(算法 9.1的第 4步).

若 $b^* = M_{gh}^*$, 条件 (2) 可改写为

$$\bigwedge_{m_i \in M} (1 - \gamma_i + M_{gh}^i - b) \leqslant 0$$

为了计算该条件, 使用指标 j 记录使 $\bigwedge_{m_i\in M}(1-\gamma_i+M_{gh}^i-b)$ 取极小值的属

性下标. 因为 $\bigwedge_{m_i\in M}(1-\gamma_i+M_{gh}^i-b)$ 的计算依赖 γ_i, 首先考虑 $(1+M_{gh}^i-b)$, 后续的证明说明, 忽略 γ_i 并不影响最后的计算结果. 记

$$j=\underset{i}{\operatorname{argmin}}(1+M_{gh}^i-b)=\underset{i}{\operatorname{argmin}}\,M_{gh}^i$$

即 $1+M_{gh}^j-b=\min_i(1+M_{gh}^i-b)$, 我们要求选择的 γ_j 满足

$$1-\gamma_j+M_{gh}^j-b=\bigwedge_{m_i\in M}(1-\gamma_i+M_{gh}^i-b)$$

因此, 由条件 (2) 可得 $1-\gamma_j+M_{gh}^j-b\leqslant 0$, 即 $1+M_{gh}^j-b\leqslant\gamma_j$. 此时, 为了使 γ_j 满足条件 (2), $(j,1+M_{gh}^j-b)$ 应该加入序偶 (g,h) 需要满足的条件集, 如算法 9.1的第 7步.

若 $b^*\neq M_{gh}^*$, 则有 $b=\bigvee\{x\in L|x^*=M_{gh}^*\}>M_{gh}$. 因此, 约束 $(\bigwedge_{m_i\in M}(1-\gamma_i+M_{gh}^i))^*\leqslant M_{gh}^*$ 可导出约束 $(\bigwedge_{m_i\in M}(1-\gamma_i+M_{gh}^i))<b$, 即

$$\bigwedge_{m_i\in M}(1-\gamma_i+M_{gh}^i-b)<0$$

类似地, 可得到指标 j 和条件 $1+M_{gh}^j-b<\gamma_j$, 序偶 $(j,1+M_{gh}^j-b)$ 应该为 γ_j 满足的条件, 如算法 9.1第 9步所示. 总之, 为了满足条件 (2), 我们需要满足指标集 I 和 J 中的所有要求 (算法 9.1的第 15~26步).

对于其他指标, 因为并没有需要满足的要求, 因此可以赋值为 $[0,1]$ 中的任何值, 因此第 14步赋予 0 值.

考虑条件 (1), 记不满足条件 (1) 的序偶对为

$$P=\left\{(g,h)\in G\times G|M_{gh}<1\text{ 且 }M_{gh}^i>\gamma_i,i=1,2,\cdots,|M|\right\}$$

如算法 9.1的第 28步所示. 为了满足条件 (1), 我们可以逐渐增加某个 γ_i 的值, 直到 $P=\varnothing$ 为止. 为此, 计算 $j=\operatorname{argmax}_i\gamma_i$, 并令 $\hat{\gamma}_j=\bigvee_{(g,h)\in P}M_{gh}^j$, 即我们只需要找到所有 γ_i 中的最大值 γ_j, 并令 γ_j 为 $\bigvee_{(g,h)\in P}M_{gh}^j$, 这样对于所有的 $(g,h)\in P$, 存在 j 满足 $M_{gh}^j<\gamma_j$. 换句话说, 我们只需要设置一个 γ_i 便可以令所有的 $(g,h)\in P$ 都不满足 P 中的条件, 如算法 9.1的第 30步所示. 为了防止混淆, 在该证明中, 我们使用 $\hat{\gamma}_j$ 代替算法第 30步的 γ_j.

现在只需证明 $(\gamma_1,\cdots,\hat{\gamma}_j,\cdots,\gamma_{|M|})$ 为模糊属性约简. 首先, 容易证明$(\gamma_1,\cdots,\hat{\gamma}_j,\cdots,\gamma_{|M|})$ 满足条件 (1) 和 (2). 其次, 只需证明 $(\gamma_1,\cdots,\hat{\gamma}_j,\cdots,\gamma_{|M|})$ 为满足该条件的最小值. 这是显然的, 为了满足条件 (1), $\hat{\gamma}_j$ 的值不能再继续减小, 为了满足条件 (2), γ_i 的值也不能继续减小. □

在算法 9.1中, 计算 M_{gh}^i 和 M_{gh} 是最耗时的步骤, 其时间复杂度为 $2|G|^2|M|$, 空间复杂度为 $|G|^2|M| + |G|^2$. 算法的其他步骤均是在矩阵 M_{gh}^i 和 M_{gh} 上进行, 时间复杂度为 $|G|^2 + |M|$(第 3~11 步和第 12~27 步的复杂度), 空间复杂度为 $2|G|^2$(存储 I 和 J, 以及 P 所需的空间). 总之, 算法 9.1的时间复杂度为 $O(|G|^2|M|)$, 空间复杂度为 $O(|G|^2|M|)$.

作为定理 9.2 的一个推论, 下面研究等值语气真值算子时的模糊属性约简.

推论 9.1　若使用 Łukasiewicz 伴随对和等值语气真值算子, 定义集合 I 满足: 对于任意的 $(g,h) \in G \times G$, 存在 $j \in I$, 满足 $m_j(g) \to m_j(h) = \wedge_{m_i \in M}(m_i(g) \to m_i(h))$, 则

$$\gamma_i = \begin{cases} 1, & i \in I \\ 0, & \text{其他} \end{cases} \tag{9.3}$$

为模糊属性约简.

证明　当使用等值语气真值算子时, 在算法 9.1的第 4步有 $b = M_{gh}$, 因此第 7步有 $I = I \cup \{j, 1\}$, 第 9步有 $J = \varnothing$. 容易看出, 若不存在 $(i,c) \in I \cup J = I$, 则 γ_i 可置为 0; 否则, γ_i 应该在第 16步被置为 1. 进一步, 在第 28步, 至少存在一个指标满足 $\gamma_i = 1$(否则将不满足条件 $M_{gh}^i > \gamma_i, i = 1, 2, \cdots, |M|$), 因此 $P = \varnothing$. □

由推论 9.1可以看出, 当使用等值语气真值算子时, 模糊属性约简的重要度只有 0 和 1 两种可能. 换言之, 所有能使 $\wedge_{m_i \in M}(m_i(g) \to m_i(h))$ 达到极小值的指标均为必要属性, 即 $\gamma_i = 1$; 否则, 该属性是绝对不必要属性, 即 $\gamma_i = 0$.

例 9.4　将算法 9.1应用于表 9.1, 对于对象 g_1 和 g_2, 计算可得 $M_{g_2 g_1}^i = \{0.3, 1, 1, 0.2, 1, 1, 0.6, 1\}$, $M_{g_2 g_1} = 0.2$. 使用等值语气真值算子, 可得 $b = 0.2$. 因为 $j = 4$, $b^* = M_{g_2 g_1}^*$, 序偶 $(4,1)$ 应该加入 I, 所以在第 16步有 $\gamma_4 = 1$. 若使用严格语气真值算子, 可得 $b = 1$. 因为 $b^* \neq M_{g_2 g_1}^*$, 序偶 $(4, 0.2)$ 应该加入 J, 因此有 $\gamma_4 > 0.2$. 事实上, 等值语气真值算子下的模糊属性约简为 $(1,1,1,1,1,0,1,1)$, 其中属性 c_6 是完全可约简的. 当使用严格语气真值算子时, 模糊属性约简为 $(1, 0.5, 0.4, 0.3, 0.6, 0, 0.6, 0.6)$, 该值小于 $(1,1,1,1,1,0,1,1)$, 如定理 9.1 所示.

另外, 推论 9.1也可被用于计算使用等值语气真值算子和 Łukasiewicz 伴随对时的模糊属性约简. 此时, 推论 9.1中的 $I = \{1, 2, 3, 4, 5, 7, 8\}$, 该指标集满足对任意的 $(g,h) \in G \times G$, 存在 $j \in I$ 满足 $m_j(g) \to m_j(h) = \wedge_{m_i \in M}(m_i(g) \to m_i(h))$. 举例来说, 对于 $1 \in I$, 我们有 $m_1(g_2) \to m_1(g_3) = \wedge_{m_i \in M}(m_i(g_2) \to m_i(g_3)) = 0$; 对于 $3 \in I$, 我们有 $m_3(g_6) \to m_3(g_7) = \wedge_{m_i \in M}(m_i(g_6) \to m_i(g_7)) = 0.2$. 对于指标集 I, 可得到的模糊属性约简为 $(1,1,1,1,1,0,1,1)$, 与算法 9.1得到的模糊属性约简一致.

现在考虑移除属性 c_6 对模糊属性蕴涵的影响. 根据假设, 对于模糊属性蕴涵

$A \Rightarrow B$, 存在对象满足 $g_i = A$ 和 $g_j = B$. 作为例子, 考虑

$$g_4 \Rightarrow g_6 := \{0.8/c_1, 0.2/c_2, 0.7/c_5, 0.3/c_6, 0.2/c_7, 0.8/c_8\}$$
$$\Rightarrow \{0.2/c_2, 0.8/c_3, 1/c_5, 1/c_8\}$$

使用 Łukasiewicz 伴随对和等值语气真值算子, 计算可得 $\|g_4 \Rightarrow g_6\|_{\langle K\rangle} = 0.2$. 为了保持 $g_4 \Rightarrow g_6$ 的不变性, 只需保持 $S(g_6, g_4)$ 的不变性即可. 因为 $S(g_6, g_4) = c_3(g_6) \to c_3(g_4) = 0.2$, 所以移除 c_6 并不影响 $S(g_6, g_4)$ 的取值.

另外, M_{gh} 计算结果如表 9.2所示.

表 9.2 M_{gh} 计算结果

M_{gh}	g_1	g_2	g_3	g_4	g_5	g_6	g_7	g_8	g_9
g_1	1	0	0.3	0.2	0.3	0.2	0	0.6	0.3
g_2	0.2	1	0	0	0.3	0	0.5	0	0.3
g_3	0.3	0.3	1	0.3	0.3	0.4	0.3	0.4	0.3
g_4	0.5	0.3	0.2	1	0.3	0.2	0.6	0.3	0.2
g_5	0.2	0.3	0	0	1	0	0.5	0	0
g_6	0.2	0	0.4	0.2	0	1	0.2	0.3	0
g_7	0.3	0.5	0	0.3	0.5	0	1	0.1	0.2
g_8	0.6	0.1	0.5	0.4	0.1	0.3	0.2	1	0.2
g_9	0.3	0.3	0.1	0.1	0	0	0.2	0.1	1

9.3 实验和分析

为了评估算法 9.1的性能, 我们实现了该算法并在 UCI 数据集和多标记数据集 (MLD) 上进行实验. 因为算法 9.1的时空复杂度为 $O(|G|^2|M|)$, 所以该算法只适用于中小型的数据集, 特别是具有较少对象的数据集. 我们选择 4 个 UCI 数据集和 2 个 MLD 数据集, 如表 9.3 所示. 我们对这些数据集进行预处理, 包括移除缺失值、移除标记属性, 并将属性值归一化为 $[0, 1]$. 另外, 我们使用等值语气真值算子和严格语气真值算子进行实验验证. 如定理 9.1 所示, 选择不同的语气真值算子可以得到不同程度的属性约简, 然而这些值均位于由等值语气真值算子和严格语气真值算子所得的模糊属性约简范围内. 例如, 在数据集 cleverland 中, 使用等值语气真值算子时, 任何属性均是不可约简的. 当使用严格语气真值算子时, 有 3 个属性可以约简, 因此使用不同的语气真值算子会导致这 3 个属性具有不同的约简程度, 但其余属性必然还是不可约简的. 实验结果如表 9.3 所示. 其中, I 表示等值语气真值算子, G 表示严格语气真值算子.

在表 9.3 中, 我们只列出完全可约简的属性数 (即只有属性重要度为 0 的属性). 由表 9.3 可以看出, 模糊属性约简与属性数具有一定的联系, 即属性越多,

约简的效果就可能越好. 同时, 因为模糊属性约简与对象的包含度有关, 所以对象越多, 施加于 γ_i 上的约束就越多, γ_i 的值就越大. 换句话说, 对象越多, 就有更多的包含度需要保持, 因此需要更多的属性保持这些对象的包含度. 以数据集 spambase 为例. 虽然数据集 spambase (含有 58 个属性) 较其他三个数据集有更多的属性, 但是其约简效果 (使用等值语气真值算子和严格语气真值算子时分别为 0% 和 1.72%) 却不如其他数据集 (cleverland 的约简效果分别为 0% 和 21.43%; housing 的约简效果分别为 0% 和 7.14%; ionosphere 的约简效果分别为 2.94% 和 2.94%). 其原因在于 spambase 的对象数 (4601 个对象) 远多于其他数据集 (cleverland 只有 297 个对象; housing 的对象数为 504; ionosphere 的对象数为 351).

表 9.3 实验结果

数据集	对象数	属性数	来源	可约简属性数		约简率/%	
				I	G	I	G
cleverland	297	14	UCI	0	3	0	21.43
housing	504	14	UCI	0	1	0	7.14
ionosphere	351	34	UCI	1	1	2.94	2.94
spambase	4601	58	UCI	0	1	0	1.72
emotions	593	72	MLD	7	8	9.72	11.11
CAL500	502	68	MLD	11	11	16.18	16.18

另外, 数据集 housing 和 CAL500 具有的对象数较为接近 (分别为 593 和 502), 然而数据集 CAL500 上的约简效果 (分别为 16.18% 和 16.18%) 要优于数据集 housing (分别为 0 和 7.14%), 其原因可能在于数据集 CAL500 中含有的属性数更多 (CAL500 含有 68 个属性, housing 只含有 14 个属性).

9.4 小 结

本章在保持模糊属性蕴涵不变的基础上引入模糊属性约简. 不同于文献 [36] 的工作, 本研究从广义模糊概念格出发, 提出一种基于重要度的模糊属性约简方法. 当用户关注模糊属性蕴涵而非模糊概念格时, 我们的方法可能比文献 [36] 提出的方法更有效.

本章的模糊属性约简方法是在保持部分对象对包含度不变的准则下进行的. 如前所述, 这种特殊情况 (即保持部分对象对的包含度不变) 可以近似一般情况 (即保持模糊属性蕴涵不变), 特别是当模糊形式背景中存在较多对象时, 这种近似效果可能更好. 然而, 严格考虑一般情况, 并分析这种近似的质量对于本章所提的模糊属性约简框架也是非常重要的.

另一个有趣的工作是对形式概念分析和粗糙集中的模糊属性约简进行更深入的比较. 据我们所知, 只有文献 [124] 和 [70] 比较了形式概念分析和粗糙集中的属性约简方法. 然而, 由于形式概念分析中的模糊属性蕴涵和粗糙集中的模糊决策规则具有不同的语义, 进一步分析二者的异同, 并将之应用于模糊属性约简将是下一步的研究任务.

第 10 章　可变决策蕴涵逻辑

前面的章节研究了确定性决策蕴涵. 此时, 确定性决策蕴涵可能是决策蕴涵 $\{a,b\} \Rightarrow \{c\}$, 表示若对象具有属性 a 和 b, 则对象也具有属性 c; 也可能是模糊决策蕴涵 $\{0.5/a, 0.5/b\} \Rightarrow \{1/c\}$, 表示若对象具有属性 a 和 b 的程度分别超过 0.5 和 0.5, 则具有 c 的程度也会超过 1. 因此, 确定性决策蕴涵意味着, 该决策蕴涵本身是确定的, 即使其前件或后件可能具有一定的不确定性. 例如, 模糊决策蕴涵的前后件均为模糊集.

然而, 不确定性决策蕴涵在现实中也具有广泛的应用. 例如, 不确定性决策蕴涵可能具有形式 $(\{a,b\} \Rightarrow \{c\}, 0.5)$, 表示我们以 0.5 的程度确认下列命题的真实性, 即若对象具有属性 a 和 b, 则对象具有属性 c. 换言之, 我们并不能确认命题 $\{a,b\} \Rightarrow \{c\}$ 是否为真.

为了易于比较, 本章主要考虑具有可信度和支持度度量的关联规则[129]. 关联规则可以看作不确定性属性蕴涵. Zaki 等[87] 研究了关联规则的语义结论. Balcazar[130] 进一步研究了关联规则的语构结论, 证明文献 [131], [132] 提出的几种冗余性的等价性, 并证明以下推理规则的完备性.

(1)rR, 即

$$\frac{A \Rightarrow B, B' \subseteq B}{A \Rightarrow B'}$$

(2)rA, 即

$$\frac{A \Rightarrow B}{A \Rightarrow A \cup B}$$

(3)lA, 即

$$\frac{A \Rightarrow B' \cup B}{A \cup B' \Rightarrow B}$$

基于这些结果, Balcazar[130] 生成一个完备的极小关联规则集. 此外, Balcazar[130] 还研究了一种更为广泛的冗余性, 即相对于闭包的冗余性, 并提出相对于该冗余性的完备推理规则集和最优关联规则集.

然而, 因为文献 [130] 并未考虑决策知识, 因此并未为决策关联规则或不确定性决策蕴涵提出决策推理规则. 事实上, 当进行不确定性决策时, 推理规则 lA 和 rA 均是不合理的推理规则, 而仅有的推理规则 rR 并不足以推导出所有的不确定性决策蕴涵.

本章将决策蕴涵扩展到不确定性环境下, 并研究不确定性决策蕴涵的语义和语构特征. 与文献 [130] 的工作相比, 在语义方面, 本章给出一些更为基本的语义定义和推理模式, 因此推广了文献 [130] 的结论和成果. 在语构方面, 本章提出三条推理规则, 并证明这三条推理规则的合理性和完备性. 另外, 这些工作也可以为模糊属性蕴涵[39] 和模糊决策蕴涵提供一个不确定性的推理框架.

10.1 可变决策蕴涵

将 C 和 D 上所有的决策蕴涵记为 $\mathcal{I}(C,D)$, 下面给出可变决策蕴涵的定义.

定义 10.1 令 L 为一完备格, 可变决策蕴涵是具有形式 $(A \Rightarrow B, x)$ 的公式, 其中 $A \Rightarrow B$ 为决策蕴涵, $x \in L$ 为决策蕴涵 $A \Rightarrow B$ 的有效度.

由定义 10.1可以看到, 与关联规则不同[130], 可变决策蕴涵定义为具有有效度 (有效度为完备格中的一个元素) 的决策蕴涵, 我们并没有将有效度定义为具体的度量, 后面会看到该定义为推理带来的灵活性.

类似于决策蕴涵和模糊决策蕴涵, 可变决策蕴涵需要模型来明确其语义含义. 进一步, 为了包含可信度和支持度的计算并允许不同的有效度计算方法, 我们引入决策蕴涵函数的定义.

定义 10.2 令 L 为一完备格, $P(C \cup D)$ 为 $C \cup D$ 的幂集, $T \subseteq P(C \cup D)$. 相对于 T 的决策蕴涵函数 α_T 定义为映射 $\alpha_T : 2^C \times 2^D \mapsto L$, 满足对任意的 $B_1, B_2 \in 2^D$, 若 $B_1 \subseteq B_2$, 则 $\alpha_T(A, B_1) \geqslant \alpha_T(A, B_2)$, 其中 $\geqslant$ 为 L 上的偏序.

决策蕴涵函数泛化了关联规则的一些经典度量 (如可信度和支持度), 并允许根据不同的实际应用选择不同的有效度计算方法.

例 10.1 令 $L = [0,1]$, K 为决策背景, 定义 $T_K = \{g^C \cup g^D | g \in G\} \subseteq P(C \cup D)$.

(1) 定义相对于 T_K 的决策蕴涵函数 α_{T_K} 为

$$\alpha_{T_K}(A, B) = \frac{|A^C \cap B^D|}{|A^C|}$$

则 α_{T_K} 为 $A \Rightarrow B$ 的可信度 [129]. 此时, 我们认为决策蕴涵的正确率相对于应用来说是比较合理的度量.

(2) 相对于某些应用来说, 泛化性较正确性更重要. 更为合理的有效度计算方法是决策蕴涵 $A \Rightarrow B$ 的支持度[129], 即

$$\alpha_{T_K}(A, B) = \frac{|A^C \cap B^D|}{|G|}$$

(3) 在数据挖掘中, 我们通常会同时考虑可信度和支持度, 因此可以定义

$$\alpha_{T_K}(A,B)=\left(\frac{|A^C\cap B^D|}{|A^C|},\frac{|A^C\cap B^D|}{|G|}\right)$$

其中, $L=[0,1]\times[0,1]$ 为直积格.

容易验证, 上述三种有效度计算方法均满足, 若 $B_1\subseteq B_2$, 则 $\alpha_{T_K}(A,B_1)\geqslant\alpha_{T_K}(A,B_2)$, 因此是合理的决策蕴涵函数.

注意定义 10.2并没有对前件进行约束, 因此可能存在决策蕴涵函数不满足以下条件, 即若 $A_1\subseteq A_2$, 则 $\alpha_T(A_1,B)\geqslant\alpha_T(A_2,B)$, 也不满足若 $A_1\subseteq A_2$, 则 $\alpha_T(A_1,B)\leqslant\alpha_T(A_2,B)$.

例 10.2　考虑可信度度量, 给定决策背景 $K=(\{g,h\},\{a,b\},\{c,d\},I)$, 其中 $I=\{(g,a),(g,b),(g,c),(h,b),(h,d)\}$. 令 $A_2=\{a,b\}$, $B=\{c\}$, $A_1=\{b\}$, 容易验证决策蕴涵 $A_2\Rightarrow B$ 的可信度为 1, 决策蕴涵 $A_1\Rightarrow B$ 的可信度为 0.5, 因此有 $\alpha_{T_K}(A_1,B)<\alpha_{T_K}(A_2,B)$. 另外, 令 $A_2=\{a,b\}$, $B=\{d\}$, $A_1=\{b\}$, 计算可得 $\alpha_{T_K}(A_1,B)=0.5>0=\alpha_{T_K}(A_2,B)$.

容易验证下列结论.

引理 10.1　$\alpha_T(A,\bigcup_i B_i)\leqslant\bigwedge_i\alpha_T(A,B_i)$.

10.1.1　可变决策蕴涵的语义

本节讨论可变决策蕴涵的语义特征. 首先给出模型的定义.

定义 10.3　令 $(A\Rightarrow B,x)$ 为可变决策蕴涵, α_T 为相对于 T 的决策蕴涵函数. 称 α_T 满足 $(A\Rightarrow B,x)$, 若 $x\leqslant\alpha_T(A,B)$ 成立, 记为 $\alpha_T\models(A\Rightarrow B,x)$. 所有满足 $(A\Rightarrow B,x)$ 的决策蕴涵函数记为 $\mathcal{M}(A\Rightarrow B,x)$. 令 $\mathcal{L}$ 为可变决策蕴涵集. 称 α_T 满足 $\mathcal{L}$, 若对任意的 $(A\Rightarrow B,x)\in\mathcal{L}$, $\alpha_T\models(A\Rightarrow B,x)$ 成立, 记为 $\alpha_T\models\mathcal{L}$. 所有满足 $\mathcal{L}$ 的决策蕴涵函数记为 $\mathcal{M}(\mathcal{L})$.

由定义 10.3, 对于给定数据集 T 和度量 α_T, α_T 满足 $(A\Rightarrow B,x)$ 意味着 $A\Rightarrow B$ 在 T 上的 α_T 度量至少为 x. 因此, α_T 满足 $(A\Rightarrow B,x)$ 当且仅当 α_T 是 $(A\Rightarrow B,x)$ 的一个模型, α_T 满足 $\mathcal{L}$ 当且仅当 α_T 是 $\mathcal{L}$ 的一个模型. 因此, $\mathcal{M}(A\Rightarrow B,x)$ 是 $(A\Rightarrow B,x)$ 的模型集合, $\mathcal{M}(\mathcal{L})$ 是 $\mathcal{L}$ 的模型集合.

例 10.3　令 $L=\{0,1\}$, $(A\Rightarrow B,1)$ 为一可变决策蕴涵. 对于 $T\in P(C\cup D)$, 即 $T\subseteq C\cup D$, 定义

$$\alpha_T(A',B')=\begin{cases}1, & A'\nsubseteq T\cap C\ \text{或}B'\subseteq T\cap D\\0, & \text{其他}\end{cases}$$

即 T 为 $A' \Rightarrow B'$ 的模型, 当且仅当 T 不满足前件 $(A' \nsubseteq T \cap C)$ 或 T 满足后件 $(B' \subseteq T \cap D)$. 进一步, 对于 $S \subseteq P(C \cup D)$, 定义

$$\alpha_S(A', B') = \bigwedge_{T \in S} \alpha_T(A', B')$$

则 α_S 满足 $(A \Rightarrow B, 1)$ 当且仅当 $\alpha_S(A, B) = 1$. 因此, α_S 满足 $(A \Rightarrow B, 1)$ 当且仅当对于任意的 $T \in S$, $A \nsubseteq T \cap C$ 或$B \subseteq T \cap D$. 因此, S 为 $A \Rightarrow B$ 的模型, 当且仅当 $T \in S$ 为 $A \Rightarrow B$ 的模型. 该结果等价于决策蕴涵的定义 3.2. 因此, 可变决策蕴涵泛化了决策蕴涵, 定义于可变决策蕴涵之上的模型也泛化了决策蕴涵之上的模型.

下面的结论表明, 给定一个可变决策蕴涵集, 存在一个集合意义下的最小模型满足该可变决策蕴涵集, 即 $\mathcal{M}(\mathcal{L})$ 存在最小元素 $\alpha_{\mathcal{L}}$.

引理 10.2 令 $\mathcal{L}$ 为一可变决策蕴涵集, 定义

$$\alpha_{\mathcal{L}}(A, B) = \bigvee \{y_i | (A \Rightarrow B_i, y_i) \in \mathcal{L} \text{ 且} B \subseteq B_i\}$$

则 $\alpha_{\mathcal{L}}$ 为决策蕴涵函数, 且满足 $\alpha_{\mathcal{L}} \models \mathcal{L}$. 进一步, 若 $\alpha_V \models \mathcal{L}$, 则有 $\alpha_{\mathcal{L}} \leqslant \alpha_V$, 其中 $\leqslant$ 是逐点定义的.

证明 容易验证, $\alpha_{\mathcal{L}}$ 为决策蕴涵函数.

对于 $(A \Rightarrow B, x) \in \mathcal{L}$, 因为 $(A \Rightarrow B, x) \in \mathcal{L}$ 且 $B \subseteq B$, 所以

$$\alpha_{\mathcal{L}}(A, B) = \bigvee \{y_i | (A \Rightarrow B_i, y_i) \in \mathcal{L} \text{ 且} B \subseteq B_i\} \geqslant x$$

因此 $\alpha_{\mathcal{L}} \models \mathcal{L}$.

设 $\alpha_V \models \mathcal{L}$, $A \Rightarrow B \in \mathcal{I}(C, D)$. 由 $\alpha_V \models \mathcal{L}$, 对于任意满足 $B \subseteq B_i$ 的 $(A \Rightarrow B_i, y_i) \in \mathcal{L}$ 有 $y_i \leqslant \alpha_V(A, B_i)$, 因此

$$\bigvee \{y_i | (A \Rightarrow B_i, y_i) \in \mathcal{L} \text{ 且} B \subseteq B_i\} \leqslant \bigvee \{\alpha_V(A, B_i) | (A \Rightarrow B_i, y_i) \in \mathcal{L} \text{ 且} B \subseteq B_i\}$$

因为 α_V 是决策蕴涵函数, 所以对于任意满足 $B \subseteq B_i$ 的 $(A \Rightarrow B_i, y_i) \in \mathcal{L}$ 有

$$\alpha_V(A, B_i) \leqslant \alpha_V\left(A, \bigcap_{j \in J} B_j\right)$$

其中, $J = \{i | (A \Rightarrow B_i, y_i) \in \mathcal{L} \text{ 且} B \subseteq B_i\}$.

因此, 可得

$$\bigvee \{\alpha_V(A, B_i) | (A \Rightarrow B_i, y_i) \in \mathcal{L} \text{ 且} B \subseteq B_i\}$$

$$\leqslant \alpha_V\left(A, \bigcap_{j\in J} B_j\right) \leqslant \alpha_V(A,B)$$

其中, 最后一式成立是因为 $B \subseteq \bigcap_{j\in J} B_j = \bigcap\{B_i|(A \Rightarrow B_i, y_i) \in \mathcal{L}\text{ 且}B \subseteq B_i\}$.

因此

$$\alpha_{\mathcal{L}}(A,B) = \bigvee\{y_i|(A \Rightarrow B_i, y_i) \in \mathcal{L}\text{ 且}B \subseteq B_i\} \leqslant \alpha_V(A,B) \qquad \square$$

由引理 10.2可得以下结论.

定理 10.1 令 $\mathcal{L}$ 为一可变决策蕴涵集, 则决策蕴涵函数 α_T 满足 $\mathcal{L}$ 当且仅当 $\alpha_{\mathcal{L}} \leqslant \alpha_T$, 其中 $\alpha_{\mathcal{L}}$ 由引理 10.2定义.

下面定义基于可变决策蕴涵的语义导出.

定义 10.4 令 $\mathcal{L}$ 为一可变决策蕴涵集. 可变决策蕴涵 $(A \Rightarrow B, x)$ 可由 $\mathcal{L}$ 语义导出, 若满足 $\mathcal{L}$ 的 α_T 均满足 $(A \Rightarrow B, x)$, 记为 $\mathcal{L} \vdash (A \Rightarrow B, x)$. 可变决策蕴涵集 $\mathcal{D}$ 可由 $\mathcal{L}$ 语义导出, 若 $\mathcal{D}$ 中的任意可变决策蕴涵均可由 $\mathcal{L}$ 语义导出.

例 10.4 令 $L = \{0,1\}$, $\mathcal{L}$ 为可变决策蕴涵集, $(A \Rightarrow B, 1)$ 为可变决策蕴涵. 符号 $S \subseteq P(C \cup D)$ 和 α_S 由例 10.3定义, 则 $(A \Rightarrow B, 1)$ 可由 $\mathcal{L}$ 语义导出, 当且仅当满足 $\mathcal{L}$ 的 α_S 也满足 $(A \Rightarrow B, 1)$. 显然, 语义导出的概念泛化了决策蕴涵的相应概念.

例 10.5 若忽略 $A \subseteq C$ 和 $B \subseteq D$ 对决策蕴涵 $A \Rightarrow B$ 的限制, 可由定义 10.4重新定义文献 [133] 提出的标准冗余和文献 [130] 提出的平凡冗余. 以平凡冗余为例, 令 $L = [0,1]$, 定义

$$A_1 \Rightarrow B_1 \vdash A_0 \Rightarrow B_0 \text{ 当且仅当}(A_1 \Rightarrow B_1, x) \vdash (A_0 \Rightarrow B_0, x), \quad \forall x \in L$$

显然, $A_1 \Rightarrow B_1 \vdash A_0 \Rightarrow B_0$ 当且仅当对任意的 $x \in [0,1]$ 和可信度函数 α_T, 若 $x \leqslant \alpha_T(A_1, B_1)$, 则 $x \leqslant \alpha_T(A_0, B_0)$, 当且仅当 $\alpha_T(A_1, B_1) \leqslant \alpha_T(A_0, B_0)$, 当且仅当 $A_0 \Rightarrow B_0$ 的可信度大于等于 $A_1 \Rightarrow B_1$ 的可信度. 这正是文献 [130] 提出的平凡冗余的定义.

类似地, 令 $L = [0,1] \times [0,1]$, 也可得文献 [133] 提出的标准冗余的定义.

下面将可变决策蕴涵相对于可变决策蕴涵集 $\mathcal{L}$ 的有效度定义为该可变决策蕴涵从 $\mathcal{L}$ 语义导出的最大程度.

定义 10.5 令 $\mathcal{L}$ 为可变决策蕴涵集, 决策蕴涵 $A \Rightarrow B \in \mathcal{I}(C \cup D)$ 相对于 $\mathcal{L}$ 的有效度定义为

$$(A \Rightarrow B)_{\mathcal{L}} = \bigvee\{x|\mathcal{L} \vdash (A \Rightarrow B, x)\}$$

下面的引理说明, 确实可从 $\mathcal{L}$ 中以 $(A \Rightarrow B)_{\mathcal{L}}$ 的程度语义导出 $A \Rightarrow B$, 因此 $(A \Rightarrow B, (A \Rightarrow B)_{\mathcal{L}})$ 相对于 $\mathcal{L}$ 是成立的.

引理 10.3 $\mathcal{L}\vdash(A\Rightarrow B,(A\Rightarrow B)_{\mathcal{L}})$.

证明 假设 α_T 满足 $\mathcal{L}$, 若 $\mathcal{L}\vdash(A\Rightarrow B,x)$, 则 α_T 满足 $(A\Rightarrow B,x)$, 即 $x\leqslant\alpha_T(A,B)$. 因此

$$(A\Rightarrow B)_{\mathcal{L}}=\bigvee\{x|\mathcal{L}\vdash(A\Rightarrow B,x)\}\leqslant\alpha_T(A,B)$$

即 α_T 满足 $(A\Rightarrow B,(A\Rightarrow B)_{\mathcal{L}})$. 因此, $\mathcal{L}\vdash(A\Rightarrow B,(A\Rightarrow B)_{\mathcal{L}})$. □

容易验证下面的三个引理成立, 这些结论验证了 10.1.2节中相应推理规则的合理性.

引理 10.4 (有效度收缩推理规则的合理性) 若 $y\leqslant x$, 则 $(A\Rightarrow B,x)\vdash(A\Rightarrow B,y)$. 进一步, 若 $\mathcal{L}\vdash(A\Rightarrow B,x)$, 则 $\mathcal{L}\vdash(A\Rightarrow B,y)$.

引理 10.5 (有效度提升推理规则的合理性)

$$\{(A\Rightarrow B_1,x),(A\Rightarrow B_2,y)\}\vdash(A\Rightarrow B_1\cap B_2,x\vee y)$$

进一步, 若 $\mathcal{L}\vdash\{(A\Rightarrow B_1,x),(A\Rightarrow B_2,y)\}$, 则 $\mathcal{L}\vdash(A\Rightarrow B_1\cap B_2,x\vee y)$.

引理 10.6 (后件收缩推理规则的合理性) 若 $B_1\subseteq B_2$, 则 $(A\Rightarrow B_2,x)\vdash(A\Rightarrow B_1,x)$. 进一步, 若 $\mathcal{L}\vdash(A\Rightarrow B_2,x)$, 则 $\mathcal{L}\vdash(A\Rightarrow B_1,x)$.

上述结论的含义解释如下. 由引理 10.4, 我们可以任意收缩可变决策蕴涵的有效度. 由引理 10.5, 我们可以合并两条或多条 (重复应用该推理规则) 可变决策蕴涵并推导出一条新可变决策蕴涵. 由引理 10.6, 我们可以在保持有效度不变的情况下收缩一条可变决策蕴涵的后件.

定义 10.6 令 $\mathcal{L}$ 为一可变决策蕴涵集, $A\subseteq C$, $x\in L$, A 相对于 $\mathcal{L}$ 的闭包定义为

$$(A^x)_{\mathcal{L}}=\{B|\mathcal{L}\vdash(A\Rightarrow B,x)\text{ 且}\mathcal{L}\nvdash(A\Rightarrow B_1,x),\forall B\subset B_1\}$$

例 10.6 可能存在多个 B 满足 $(A^x)_{\mathcal{L}}$ 的条件. 令 $\mathcal{L}=\{(a\Rightarrow b,0.5),(a\Rightarrow c,0.5),(a\Rightarrow bc,0)\}$, $x=0.5$. 显然有 $\mathcal{L}\vdash(a\Rightarrow b,0.5)$, $\mathcal{L}\vdash(a\Rightarrow c,0.5)$, 因此有 $(a^{0.5})_{\mathcal{L}}=\{\{b\},\{c\}\}$.

下面的结论给出了语义导出和 $(A^x)_{\mathcal{L}}$ 的联系.

定理 10.2 可变决策蕴涵 $(A\Rightarrow B,x)$ 可从 $\mathcal{L}$ 语义导出, 当且仅当存在 $B_1\in(A^x)_{\mathcal{L}}$ 满足 $B\subseteq B_1$.

证明 **必要性.** 假设 $(A\Rightarrow B,x)$ 可从 $\mathcal{L}$ 语义导出. 若 $B\in(A^x)_{\mathcal{L}}$, 由 $B\subseteq B$ 可知结论成立; 否则, 必存在 $B_1\in(A^x)_{\mathcal{L}}$ 满足 $B\subseteq B_1$, 因此结论成立.

充分性. 因为存在 $B_1\in(A^x)_{\mathcal{L}}$ 满足 $B\subseteq B_1$, 所以由 $(A^x)_{\mathcal{L}}$ 的定义可知 $\mathcal{L}\vdash(A\Rightarrow B_1,x)$. 再由引理 10.6可知, $\mathcal{L}\vdash(A\Rightarrow B,x)$. □

定理 10.2泛化了定理 3.3, 如例 10.7所示.

例 10.7 令 $L=\{0,1\}$, $\mathcal{L}$ 为一确定的可变决策蕴涵集合, 即对任意的 $(A\Rightarrow B,x)\in\mathcal{L}$ 有 $x=1$. 令 $S\subseteq P(C\cup D)$, α_S 由例 10.3定义. 可以验证, 若 $\alpha_S\models(A\Rightarrow B_j,1)$, 则 $\alpha_S\models(A\Rightarrow\bigcup_j B_j,1)$. 因此有 $\mathcal{L}\vdash(A\Rightarrow\bigcup_{j\in J}B_j,1)$, 其中 $J=\{j|\mathcal{L}\vdash(A\Rightarrow B_j,1)\}$. 此时, $(A^x)_{\mathcal{L}}$ 退化为单子集, 即 $(A^x)_{\mathcal{L}}=\{\bigcup_{j\in J}B_j\}$. 由定理 10.2可知, $(A\Rightarrow B,1)$ 可由 $\mathcal{L}$ 语义导出, 当且仅当 $B\subseteq\bigcup_{j\in J}B_j$. 因此, 可变决策蕴涵的闭包泛化了决策蕴涵上的相应概念.

可变决策蕴涵的冗余性和完备性由以下定义给出.

定义 10.7 令 $\mathcal{L}$ 为可变决策蕴涵集. 称 $\mathcal{L}$ 是无冗余的, 若任意的 $(A\Rightarrow B,x)\in\mathcal{L}$ 均不能从 $\mathcal{L}\backslash\{(A\Rightarrow B,x)\}$ 中语义导出. 称 $\mathcal{L}$ 是封闭的, 若满足 $\mathcal{L}\vdash(A\Rightarrow B,x)$ 的 $(A\Rightarrow B,x)$ 皆在 $\mathcal{L}$ 中. 称可变决策蕴涵集 $\mathcal{D}$ 相对于 $\mathcal{L}$ 是完备的, 若对任意的 $A\Rightarrow B\in\mathcal{I}(C\cup D)$, 皆有 $(A\Rightarrow B)_{\mathcal{L}}=(A\Rightarrow B)_{\mathcal{D}}$.

例 10.8 令 $L=\{0,0.5,1\}$, $\mathcal{L}=\{(a\Rightarrow bc,0.5)\}$. 显然 $\mathcal{L}$ 并不是封闭的, 其相应的封闭集为

$$\overline{\mathcal{L}}=\{(a\Rightarrow\varnothing,0.5),(a\Rightarrow b,0.5),(a\Rightarrow c,0.5),(a\Rightarrow bc,0.5)\}$$

其中, 我们忽略了有效度为 0 的可变决策蕴涵, 如 $(a\Rightarrow b,0)$.

容易验证, $\mathcal{L}$ 相对于 $\overline{\mathcal{L}}$ 是完备的.

下面的定理是定理 10.2的一个推论.

定理 10.3 $\mathcal{L}$ 是无冗余的当且仅当对任意的 $(A\Rightarrow B,x)\in\mathcal{L}$, 不存在 $B_1\in(A^x)_{\mathcal{L}\backslash\{(A\Rightarrow B,x)\}}$ 满足 $B\subseteq B_1$.

下面的结论验证了语义导出、闭包和模型的等价性.

定理 10.4 令 $\mathcal{L}$ 为封闭的可变决策蕴涵集, $\mathcal{D}$ 为一可变决策蕴涵集, 下列结论等价.

(1) $\mathcal{D}$ 相对于 $\mathcal{L}$ 是完备的.

(2) $\mathcal{L}\vdash(A\Rightarrow B,x)$ 当且仅当 $\mathcal{D}\vdash(A\Rightarrow B,x)$, $\forall(A\Rightarrow B,x)$.

(3) $(A^x)_{\mathcal{L}}=(A^x)_{\mathcal{D}}$, $\forall x\in L,\forall A\subseteq C$.

(4) $\alpha_T\models\mathcal{L}$ 当且仅当 $\alpha_T\models\mathcal{D}$, $\forall\alpha_T$.

(5) $\alpha_{\mathcal{L}}=\alpha_{\mathcal{D}}$.

(6) $\mathcal{M}(\mathcal{L})=\mathcal{M}(\mathcal{D})$.

证明 (1)$\Longrightarrow$(2): 若 $\mathcal{L}\vdash(A\Rightarrow B,x)$, 则有 $x\leqslant(A\Rightarrow B)_{\mathcal{L}}$. 由引理 10.3可知, $\mathcal{D}\vdash(A\Rightarrow B,(A\Rightarrow B)_{\mathcal{D}})$. 因为 $\mathcal{D}$ 相对于 $\mathcal{L}$ 是完备的, 所以有 $(A\Rightarrow B)_{\mathcal{L}}=(A\Rightarrow B)_{\mathcal{D}}$, 即 $\mathcal{D}\vdash(A\Rightarrow B,(A\Rightarrow B)_{\mathcal{L}})$. 由引理 10.4有 $\mathcal{D}\vdash(A\Rightarrow B,x)$.

反过来, 假设 $\mathcal{D}\vdash(A\Rightarrow B,x)$, 类似有 $\mathcal{L}\vdash(A\Rightarrow B,(A\Rightarrow B)_{\mathcal{L}})$, $(A\Rightarrow B)_{\mathcal{L}}=(A\Rightarrow B)_{\mathcal{D}}$, 因此 $\mathcal{L}\vdash(A\Rightarrow B,(A\Rightarrow B)_{\mathcal{D}})$. 因为 $x\leqslant(A\Rightarrow B)_{\mathcal{D}}$, 所以 $\mathcal{L}\vdash(A\Rightarrow B,x)$.

(2)$\Longrightarrow$(3): 假设存在 $x \in L$ 和 $A \subseteq C$ 满足 $(A^x)_{\mathcal{L}} \neq (A^x)_{\mathcal{D}}$. 首先假设存在 $B \in (A^x)_{\mathcal{L}}$, 而 $B \notin (A^x)_{\mathcal{D}}$. 因为 $B \in (A^x)_{\mathcal{L}}$, 所以 $\mathcal{L} \vdash (A \Rightarrow B, x)$. 由条件 (2) 可知, $\mathcal{D} \vdash (A \Rightarrow B, x)$. 此时, 因为 $B \notin (A^x)_{\mathcal{D}}$, 所以存在 $B \subset B_1$ 满足 $\mathcal{D} \vdash (A \Rightarrow B_1, x)$ 和 $B_1 \in (A^x)_{\mathcal{D}}$. 再由条件 (2) 可知, $\mathcal{L} \vdash (A \Rightarrow B_1, x)$, 与 $B \in (A^x)_{\mathcal{L}}$ 矛盾.

假设存在 $B \in (A^x)_{\mathcal{D}}$, 而 $B \notin (A^x)_{\mathcal{L}}$. 类似地, 由 $B \in (A^x)_{\mathcal{D}}$ 可知, 对任意的 $B \subset B_1$, $\mathcal{D} \vdash (A \Rightarrow B, x)$ 成立, 但 $\mathcal{D} \nvdash (A \Rightarrow B_1, x)$. 因此, 由条件 (2) 可知, $\mathcal{L} \vdash (A \Rightarrow B, x)$, 且对任意的 $B \subset B_1$ 有 $\mathcal{L} \nvdash (A \Rightarrow B_1, x)$, 与 $B \notin (A^x)_{\mathcal{L}}$ 矛盾.

(3)$\Longrightarrow$(1): 如果可以证明 $\mathcal{L} \vdash (A \Rightarrow B, x)$ 当且仅当$\mathcal{D} \vdash (A \Rightarrow B, x)$, 对任意的 $A \Rightarrow B \in \mathcal{I}(C, D)$ 成立, 由 $(A \Rightarrow B)_{\mathcal{L}}$ 和 $(A \Rightarrow B)_{\mathcal{D}}$ 的定义可知, $(A \Rightarrow B)_{\mathcal{L}} = (A \Rightarrow B)_{\mathcal{D}}$, 即 $\mathcal{D}$ 相对于 $\mathcal{L}$ 是完备的. 下面证明这一结论.

因为 $(A^x)_{\mathcal{L}} = (A^x)_{\mathcal{D}}$, 所以对任意的 $B \in (A^x)_{\mathcal{L}} = (A^x)_{\mathcal{D}}$, 上述结论成立.

假设 $B \notin (A^x)_{\mathcal{L}} = (A^x)_{\mathcal{D}}$, 若 $\mathcal{L} \vdash (A \Rightarrow B, x)$, 则由 $B \notin (A^x)_{\mathcal{L}} = (A^x)_{\mathcal{D}}$, 可找到 $B \subset B_1 \in (A^x)_{\mathcal{L}}$, 且有 $\mathcal{L} \vdash (A \Rightarrow B_1, x)$. 由前述结论可得 $\mathcal{D} \vdash (A \Rightarrow B_1, x)$, 进而由引理 10.6可得 $\mathcal{D} \vdash (A \Rightarrow B, x)$.

反之, 假设 $B \notin (A^x)_{\mathcal{L}} = (A^x)_{\mathcal{D}}$, 若 $\mathcal{D} \vdash (A \Rightarrow B, x)$, 类似可找到 $B_1 \in (A^x)_{\mathcal{D}}$ 满足 $B \subset B_1$, 且有 $\mathcal{D} \vdash (A \Rightarrow B_1, x)$. 由前述结论可知, $\mathcal{L} \vdash (A \Rightarrow B_1, x)$, 进而由引理 10.6可得 $\mathcal{L} \vdash (A \Rightarrow B, x)$.

(2)$\Longrightarrow$(4): 令 $\alpha_T \models \mathcal{L}$, 若 $(A \Rightarrow B, x) \in \mathcal{D}$, 则 $\mathcal{D} \vdash (A \Rightarrow B, x)$, 由条件 (2) 可知 $\mathcal{L} \vdash (A \Rightarrow B, x)$. 由 $\alpha_T \models \mathcal{L}$ 可证 $\alpha_T \models (A \Rightarrow B, x)$, 因此 $\alpha_T \models \mathcal{D}$. 类似地, 由 $\alpha_T \models \mathcal{D}$ 可知 $\alpha_T \models \mathcal{L}$.

(4)$\Longrightarrow$(2): 假设 $\mathcal{L} \vdash (A \Rightarrow B, x)$ 且 $\alpha_T \models \mathcal{D}$, 因为 $\alpha_T \models \mathcal{D}$ 当且仅当 $\alpha_T \models \mathcal{L}$, 所以 $\alpha_T \models \mathcal{L}$, 可得 $\alpha_T \models (A \Rightarrow B, x)$, 因此有 $\mathcal{D} \vdash (A \Rightarrow B, x)$. 类似地, 若 $\mathcal{D} \vdash (A \Rightarrow B, x)$, 则有 $\mathcal{L} \vdash (A \Rightarrow B, x)$.

(5)$\Longleftrightarrow$(4) 和 (4)$\Longleftrightarrow$(6): 作为练习. □

显然, 定理 10.4的结论 (3) 泛化了决策蕴涵的相关结论 (定理 3.6).

下面给出一个完备无冗余的可变决策蕴涵集.

定理 10.5 给定封闭集 $\mathcal{L}$, 定义 $\overline{\mathcal{C}} = \{(A \Rightarrow B, x) | B \in (A^x)_{\mathcal{L}}\}$, $\mathcal{C} = \{(A \Rightarrow B, x) | (A \Rightarrow B, x) \in \overline{\mathcal{C}}$ 且 $x \neq (A \Rightarrow B)_{\mathcal{C}}\}$, 则 $\mathcal{C}$ 相对于 $\mathcal{L}$ 是完备且无冗余的.

证明 **完备性.** 首先证明 $\overline{\mathcal{C}}$ 相对于 $\mathcal{L}$ 是完备的. 由定理 10.4可知, 只需证明

$$\mathcal{L} \vdash (A \Rightarrow B, x) \text{当且仅当} \overline{\mathcal{C}} \vdash (A \Rightarrow B, x)$$

若 $\overline{\mathcal{C}} \vdash (A \Rightarrow B, x)$, 现证明 $\mathcal{L} \vdash (A \Rightarrow B, x)$. 假设 α_T 满足 $\mathcal{L}$, 由 $\overline{\mathcal{C}}$ 和 $(A^x)_{\mathcal{L}}$ 的定义可知, $\mathcal{L} \vdash \overline{\mathcal{C}}$ 成立, 因此 $\alpha_T \models \overline{\mathcal{C}}$. 因为 $\overline{\mathcal{C}} \vdash (A \Rightarrow B, x)$, 所以 $\alpha_T \models (A \Rightarrow B, x)$, 这意味着 $\mathcal{L} \vdash (A \Rightarrow B, x)$.

反过来, 若 $\mathcal{L} \vdash (A \Rightarrow B, x)$, 现需证明 $\overline{\mathcal{C}} \vdash (A \Rightarrow B, x)$. 假设 α_T 满足 $\overline{\mathcal{C}}$, 只需证明 $\alpha_T \models (A \Rightarrow B, x)$. 对于 $(A \Rightarrow B, x)$, 由 $\overline{\mathcal{C}}$ 的定义可知, 必存在 $B_1 \in (A^x)_{\mathcal{L}}$ 满足 $B \subseteq B_1$ 且 $(A \Rightarrow B_1, x) \in \overline{\mathcal{C}}$. 因此, $\alpha_T \models (A \Rightarrow B_1, x)$, 由引理 10.6可得 $\alpha_T \models (A \Rightarrow B, x)$.

要证明 $\mathcal{C}$ 是完备的, 只需证明 $\mathcal{C} \vdash \overline{\mathcal{C}}$ 即可, 即对任意的 $(A \Rightarrow B, x) \in \overline{\mathcal{C}} \backslash \mathcal{C}$, $\mathcal{C} \vdash (A \Rightarrow B, x)$ 成立. 因为 $(A \Rightarrow B, x) \notin \mathcal{C}$, 所以 $x = (A \Rightarrow B)_{\mathcal{C}}$, 由引理 10.3 可知 $\mathcal{C} \vdash (A \Rightarrow B, x)$.

无冗余性. 由 $\mathcal{C}$ 的定义容易看出, 对任意的 $(A \Rightarrow B, x) \in \mathcal{C}$, 我们有 $x \neq (A \Rightarrow B)_{\mathcal{C} \backslash \{(A \Rightarrow B, x)\}}$. 这意味着, $(A \Rightarrow B, x)$ 不能从 $\mathcal{C} \backslash \{(A \Rightarrow B, x)\}$ 语义导出, 即 $\mathcal{C}$ 是无冗余的. □

定理 10.5事实上也提供了生成完备无冗余可变决策蕴涵集的方法. 然而, 因为该方法的复杂度关于 $\mathcal{C}$ 的大小是指数级的, 所以在实践中难以应用. 事实上, 对于 $A \subseteq C$, 除非对任意的 $B \subseteq D$ 均有 $(A \Rightarrow B)_{\mathcal{L}} = 0$, 否则必存在可变决策蕴涵 $(A \Rightarrow B, x) \in \mathcal{C}$; 否则, 由 $\alpha_{\mathcal{L}} \models (A \Rightarrow B, (A \Rightarrow B)_{\mathcal{L}})$ 和 $\mathcal{C}$ 的完备性可知, $\alpha_{\mathcal{C}} \models (A \Rightarrow B, (A \Rightarrow B)_{\mathcal{L}})$. 由于不存在以 A 为前件的可变决策蕴涵, 因此由 $\alpha_{\mathcal{C}}$ 的定义可得 $\alpha_{\mathcal{C}}(A, B) = \bigvee\{y_i | (A \Rightarrow B_i, y_i) \in \mathcal{C} \text{ 且} B \subseteq B_i\} = 0$. 由 $\alpha_{\mathcal{C}} \models (A \Rightarrow B, (A \Rightarrow B)_{\mathcal{L}})$ 有 $(A \Rightarrow B)_{\mathcal{L}} \leqslant \alpha_{\mathcal{C}}(A, B) = 0$, 进而有 $(A \Rightarrow B)_{\mathcal{L}} = 0$. 因此, 一般来说, $\mathcal{C}$ 中至少包含 $2^{|C|}$ 个可变决策蕴涵. 进一步, 可以证明, 对于任意的可变决策蕴涵完备集 $\mathcal{D}$, 除非对任意的 $B \subseteq D$ 均有 $(A \Rightarrow B)_{\mathcal{L}} = 0$, 否则必存在可变决策蕴涵满足 $(A \Rightarrow B, x) \in \mathcal{D}$. 因此, 任意的完备可变决策蕴涵集中至少包含 $2^{|C|}$ 个可变决策蕴涵. 在具体应用时, 需要加更多的约束对可变决策蕴涵进行限制, 以产生更为紧凑的可变决策蕴涵集. 例如, 文献 [130] 中的方法事实上相当于忽略可变决策蕴涵的量度对可变决策蕴涵进行约简.

10.1.2　可变决策蕴涵的语构

类似于决策蕴涵和模糊决策蕴涵, 我们可以从一个可变决策蕴涵集和一些推理规则开始, 重复应用推理规则生成所有可以语义导出的可变决策蕴涵. 在此过程中, 需要考虑以下问题.

(1) 推理规则的合理性. 推理规则所推出的可变决策蕴涵是否为有效的可变决策蕴涵?

(2) 推理规则的完备性. 反复应用推理规则是否可以获得所有可能的可变决策蕴涵?

(3) 推理规则的冗余性. 推理规则能否从其他推理规则中推导出?

考虑以下推理规则.

(1) 有效度收缩推理规则为

$$\frac{y \leqslant x, (A \Rightarrow B, x)}{(A \Rightarrow B, y)}$$

(2) 后件收缩推理规则为

$$\frac{B_1 \subseteq B, (A \Rightarrow B, x)}{(A \Rightarrow B_1, x)}$$

(3) 有效度提升推理规则为

$$\frac{(A \Rightarrow B_1, x), (A \Rightarrow B_2, y)}{(A \Rightarrow B_1 \cap B_2, x \vee y)}$$

(4) 置空推理规则为

$$\frac{}{(A \Rightarrow B, 0)}$$

注记 10.1 推理规则已经被许多领域研究 [15,22,23,87,89,130,133]. 我们简单回顾一下相关领域的推理规则. 文献 [89] 使用扩增推理规则进行函数依赖分析, 即

$$\frac{A \Rightarrow B}{AC \Rightarrow B}$$

随后, 该推理规则被应用于决策蕴涵[15,23], 即

$$\frac{A_1 \to B_1, A_2 \subseteq C, B_2 \subseteq D}{A_1 \cup A_2 \to B_1 \cap B_2}$$

根据决策蕴涵函数的定义, 我们不能在保持有效度不变的同时改变前件, 因此在可变决策蕴涵中, 我们从收缩后件的角度引入后件收缩推理规则和有效度提升推理规则. 事实上, 后件收缩推理规则也是决策蕴涵中的推理规则, 而有效度收缩推理规则和置空推理规则是专用于可变决策蕴涵的推理规则.

引理 10.4∼ 引理 10.6验证了有效度收缩推理规则、后件收缩推理规则和有效度提升推理规则的合理性, 因此通过这些推理规则推导的可变决策蕴涵也是合理的. 同时, 也容易验证置空推理规则的合理性, 只需注意任何决策蕴涵函数均满足 $(A \Rightarrow B, 0)$ 即可.

引理 10.7 后件收缩推理规则是有效度提升推理规则和置空推理规则的特例.

证明 假设 $(A \Rightarrow B, x)$, 若 $B_1 \subseteq B$, 由置空推理规则可知 $(A \Rightarrow B_1, 0)$, 由有效度提升推理规则有 $(A \Rightarrow B \cap B_1, 0 \vee x) = (A \Rightarrow B_1, x)$. □

例 10.9　注意引理 10.7的逆命题并不成立. 令 $L=\{0,x,y,1\}$, 其中 $0\leqslant x,y\leqslant 1$. 假设可变决策蕴涵 $(a\Rightarrow bc,x)$ 且 $(a\Rightarrow cd,y)$ 成立, 则由有效度提升推理规则有 $(a\Rightarrow c,1)$. 然而, 其他推理规则 (包括后件收缩推理规则) 均不能生成 $(a\Rightarrow c,1)$. 当然, 若 L 为链, 如 $[0,1]$, 则有效度提升推理规则也是后件收缩推理规则的特例, 因为此时必有 $x=x\vee y$ 或 $y=x\vee y$.

下面的定理证明了有效度收缩推理规则、有效度提升推理规则和置空推理规则的完备性. 这三条推理规则的无冗余性是显然的.

定理 10.6　由有效度收缩推理规则、有效度提升推理规则和置空推理规则组成的推理规则集相对于可变决策蕴涵的语义是完备的. 换句话说, 给定封闭集 $\mathcal{L}$, 若 $\mathcal{D}$ 相对于 $\mathcal{L}$ 是完备的, 则可以交替重复应用这三条推理规则推导出 $\mathcal{L}$ 中的所有可变决策蕴涵.

证明　假设 $\mathcal{D}$ 相对于 $\mathcal{L}$ 是完备的, 且有 $(A\Rightarrow B,x)\in\mathcal{L}$. 下面应用推理规则从 $\mathcal{D}$ 中推导 $(A\Rightarrow B,x)$.

若 $(A\Rightarrow B,x)\in\mathcal{D}$, 则结论成立. 若 $(A\Rightarrow B,x)\notin\mathcal{D}$, 可以应用有效度提升推理规则到 $\mathcal{D}$ 中满足 $B\subset B_i$ 的所有可变决策蕴涵 $(A\Rightarrow B_i,y_i)\in\mathcal{D}$. 若此时不存在可变决策蕴涵满足该条件, 则由置空推理规则直接推得 $(A\Rightarrow B,0)$. 事实上, 因为 $\alpha_{\mathcal{D}}\models\mathcal{D}$, 所以由定理 10.4有 $\alpha_{\mathcal{D}}\models\mathcal{L}$. 若此时不存在可变决策蕴涵满足 $B\subset B_i$ 和 $(A\Rightarrow B_i,y_i)\in\mathcal{D}$, 则有 $\alpha_{\mathcal{D}}(A,B)=0$, 因此有 $x\leqslant\alpha_{\mathcal{D}}(A,B)=0$. 这说明, 由置空推理规则得到 $(A\Rightarrow B,0)$ 是合理的.

若此时存在可变决策蕴涵满足条件, 则可得到可变决策蕴涵, 即

$$\left(A\Rightarrow\bigcap\{B_i|(A\Rightarrow B_i,y_i)\in\mathcal{D}\text{ 且}B\subseteq B_i\},\bigvee\{y_i|(A\Rightarrow B_i,y_i)\in\mathcal{D}\text{ 且}B\subseteq B_i\}\right)$$

显然有 $B\subseteq\bigcap\{B_i|(A\Rightarrow B_i,y_i)\in\mathcal{D}\text{ 且}B\subseteq B_i\}$, 此时应用后件收缩推理规则可得

$$\left(A\Rightarrow B,\bigvee\{y_i|(A\Rightarrow B_i,y_i)\in\mathcal{D}\text{ 且}B\subseteq B_i\}\right)$$

此时, 若 $x\leqslant\bigvee\{y_i|(A\Rightarrow B_i,y_i)\in\mathcal{D}\text{ 且}B\subseteq B_i\}$, 则应用有效度收缩推理规则可得 $(A\Rightarrow B,x)$.

下面证明 $x\leqslant\bigvee\{y_i|(A\Rightarrow B_i,y_i)\in\mathcal{D}\text{ 且}B\subseteq B_i\}$. 由引理 10.2, 我们有 $\alpha_{\mathcal{L}}\models\mathcal{L}$, 再由 $\mathcal{L}\vdash(A\Rightarrow B,x)$ 可知, $\alpha_{\mathcal{L}}\models(A\Rightarrow B,x)$, 因此有

$$x\leqslant\alpha_{\mathcal{L}}(A,B)=\bigvee\{y_i|(A\Rightarrow B_i,y_i)\in\mathcal{D}\text{ 且}B\subseteq B_i\}$$

□

注记 10.2　由例 10.9可知, 若 L 为链, 则有效度收缩推理规则、后件收缩推理规则和置空推理规则相对于可变决策蕴涵的语义也是完备的.

例 10.10 令 $L=\{0,0.5,1\}\times\{0,0.5,1\}$, $\mathcal{L}=\{(a\Rightarrow bc,(0.5,1)),(a\Rightarrow cd,(1,0.5))\}$. 假设 L 中的元素为序偶 (可信度, 支持度), 下面应用推理规则从 $\mathcal{L}$ 推导出新的可变决策蕴涵. 首先, 应用置空推理规则到 $\mathcal{L}$ 可得

$$\begin{aligned}\mathcal{L}_1=\{&(\varnothing\Rightarrow\varnothing,(0,0)),(a\Rightarrow\varnothing,(0,0)),(\varnothing\Rightarrow b,(0,0)),(a\Rightarrow b,(0,0)),\\&(\varnothing\Rightarrow c,(0,0)),(a\Rightarrow c,(0,0)),(\varnothing\Rightarrow d,(0,0)),(a\Rightarrow d,(0,0)),\\&(\varnothing\Rightarrow bc,(0,0)),(a\Rightarrow bc,(0,0)),(\varnothing\Rightarrow cd,(0,0)),(a\Rightarrow cd,(0,0)),\\&(\varnothing\Rightarrow bd,(0,0)),(a\Rightarrow bd,(0,0)),(\varnothing\Rightarrow bcd,(0,0)),(a\Rightarrow bcd,(0,0))\}\end{aligned}$$

应用有效度提升推理规则到 $\mathcal{L}\cup\mathcal{L}_1$, 可得

$$\mathcal{L}_2=\{(a\Rightarrow\varnothing,(1,1)),(a\Rightarrow b,(0.5,1)),(a\Rightarrow c,(1,1)),(a\Rightarrow d,(1,0.5))\}$$

应用有效度收缩推理规则到 $\mathcal{L}\cup\mathcal{L}_1\cup\mathcal{L}_2$, 可得

$$\begin{aligned}\mathcal{L}_3=\{&(a\Rightarrow bc,(0.5,0.5)),(a\Rightarrow bc,(0.5,0)),(a\Rightarrow bc,(0,1)),(a\Rightarrow bc,(0,0.5)),\\&(a\Rightarrow cd,(0.5,0.5)),(a\Rightarrow cd,(0.5,0)),(a\Rightarrow cd,(1,0)),(a\Rightarrow cd,(0,0.5)),\\&(a\Rightarrow\varnothing,(0.5,1)),(a\Rightarrow\varnothing,(0.5,0.5)),(a\Rightarrow\varnothing,(0.5,0)),(a\Rightarrow\varnothing,(1,0.5)),\\&(a\Rightarrow\varnothing,(1,0)),(a\Rightarrow\varnothing,(0,1)),(a\Rightarrow\varnothing,(0,0.5)),(a\Rightarrow b,(0.5,0.5)),\\&(a\Rightarrow b,(0.5,0)),(a\Rightarrow b,(0,1)),(a\Rightarrow b,(0,0.5)),(a\Rightarrow c,(0.5,1)),\\&(a\Rightarrow c,(0.5,0.5)),(a\Rightarrow c,(0.5,0)),(a\Rightarrow c,(1,0.5)),(a\Rightarrow c,(1,0)),\\&(a\Rightarrow c,(0,1)),(a\Rightarrow c,(0,0.5)),(a\Rightarrow d,(0.5,0.5)),(a\Rightarrow d,(0.5,0)),\\&(a\Rightarrow d,(1,0)),(a\Rightarrow d,(0,0.5))\}\end{aligned}$$

因此, 可得封闭集 $\overline{\mathcal{L}}=\mathcal{L}\cup\mathcal{L}_1\cup\mathcal{L}_2\cup\mathcal{L}_3$.

需要注意的是, 合并可变决策蕴涵 $(a\Rightarrow bc,(0.5,1))$ 和 $(a\Rightarrow cd,(1,0.5))$ 可得 $(a\Rightarrow c,(1,1))$, 其中 $(1,1)=(0.5,1)\vee(1,0.5)$. 该结论是正确的, 这是因为由 $(a\Rightarrow bc,(0.5,1))$ 可知 $a\Rightarrow c$ 的支持度为 1, 而由 $(a\Rightarrow cd,(1,0.5))$ 可知 $a\Rightarrow c$ 的可信度为 1.

10.2 受限可变决策蕴涵

前面从逻辑角度对可变决策蕴涵和决策蕴涵进行了研究. 从研究基于的逻辑看，决策蕴涵使用非是即否的二值逻辑; 可变决策蕴涵将基于完备格的有效度附

加于决策蕴涵, 使用附加格运算 (有效度的运算方式) 的多值逻辑. 虽然无论从形式上还是逻辑上看, 决策蕴涵都是可变决策蕴涵的特例, 但是决策蕴涵的语义可能并不是可变决策蕴涵的特例.

从语构角度看, 可变决策蕴涵上的推理规则并不能对决策蕴涵前件进行处理 (决策蕴涵上的扩增推理规则可以对决策蕴涵前件进行处理), 因此决策蕴涵上的推理规则并非可变决策蕴涵上推理规则的特例; 反之, 决策蕴涵上的推理规则也不能处理可变决策蕴涵 (因为决策蕴涵上的推理规则无法处理有效度), 因此可变决策蕴涵上的推理规则也非决策蕴涵上推理规则的特例. 这说明, 决策蕴涵的语构与可变决策蕴涵的语构是不兼容的. 这个结论也说明, 决策蕴涵的语义并非是可变决策蕴涵的语义的特例, 因为决策蕴涵和可变决策蕴涵的语构都与其语义兼容, 而决策蕴涵与可变决策蕴涵语构的不兼容性恰恰说明决策蕴涵和可变决策蕴涵语义的不兼容性. 因此, 有必要进一步研究这两种决策蕴涵在语义和语构方面的联系和区别.

本节对可变决策蕴涵和决策蕴涵进行比较. 首先提出受限可变决策蕴涵的概念, 然后从语构层面研究受限可变决策蕴涵和决策蕴涵在推理规则上的关系, 并从语义层面为语构层面的区别提供解释, 研究可变决策蕴涵和决策蕴涵在封闭性、完备性和无冗余性等性质上的关系.

10.2.1　受限可变决策蕴涵的语义

将可变决策蕴涵不确定性剥离, 才能对可变决策蕴涵和决策蕴涵进行比较, 因此本节首先将有效度限制到集合 $L=\{0,1\}$.

定义 10.8　令 $L=\{0,1\}$, $x\in L$, 称可变决策蕴涵 $(A\Rightarrow B,x)$ 为受限可变决策蕴涵.

由定义 10.8可知, 若有效度为 1, 可变决策蕴涵 $(A\Rightarrow B,1)$ 成立; 若有效度为 0, 可变决策蕴涵 $(A\Rightarrow B,0)$ 不成立. 为了防止混淆, 将受限可变决策蕴涵集记为 $\mathcal{L}_v$.

根据决策蕴涵函数的定义, 可以定义受限决策蕴涵函数.

定义 10.9　令 $L=\{0,1\}$, $T\subseteq P(C\cup D)$, 定义受限决策蕴涵函数为 $\alpha_{T_v}:2^C\times 2^D\mapsto L$, 满足对于任意 $B_1,B_2\in 2^D$, 若 $B_1\subseteq B_2$, 则 $\alpha_{T_v}(A,B_1)\geqslant\alpha_{T_v}(A,B_2)$.

由受限决策蕴涵函数定义可知, 当 $L=\{0,1\}$ 时, 结论 $\alpha_{T_v}(A,B_1)\geqslant\alpha_{T_v}(A,B_2)$ 有三种情况.

(1) $\alpha_{T_v}(A,B_1)=\alpha_{T_v}(A,B_2)=1$.

(2) $\alpha_{T_v}(A,B_1)=1$ 且 $\alpha_{T_v}(A,B_2)=0$.

(3) $\alpha_{T_v}(A,B_1)=\alpha_{T_v}(A,B_2)=0$.

定义 10.10　令 $L=\{0,1\}$, $x\in L$, $(A\Rightarrow B,x)$ 为受限可变决策蕴涵, α_T

为受限决策蕴涵函数, $\mathcal{L}_v$ 为受限可变决策蕴涵集. 若 $\alpha_T(A,B) \geqslant x$, 称 α_T 满足 $(A \Rightarrow B, x)$, 记为 $\alpha_{T_v} \models (A \Rightarrow B, x)$. 若 α_T 满足 $\mathcal{L}_v$ 中的任意可变决策蕴涵, 称 α_T 满足 $\mathcal{L}_v$, 记为 $\alpha_T \models \mathcal{L}_v$.

显然, 对于有效度为 0 的可变决策蕴涵 $(A \Rightarrow B, 0)$, 必然有 $\alpha_{T_v}(A,B) \geqslant 0$, 因此有 $\alpha_T \models (A \Rightarrow B, 0)$; 对于有效度为 1 的可变决策蕴涵 $(A \Rightarrow B, 1)$, $\alpha_T \models (A \Rightarrow B, 1)$ 当且仅当 $\alpha_T(A,B) = 1$.

定义 10.11 令 $L = \{0,1\}$, $x \in L$, $(A \Rightarrow, x)$ 为受限可变决策蕴涵, α_T 为受限决策蕴涵函数, $\mathcal{L}_v$ 为受限可变决策蕴涵集.

(1) 若对任意的 α_T, $\alpha_T \vDash \mathcal{L}_v$ 蕴含 $\alpha_T \vDash (A \Rightarrow B, x)$, 则称 $(A \Rightarrow B, x)$ 可以从 $\mathcal{L}_v$ 语义导出, 记为 $\mathcal{L}_v \vdash (A \Rightarrow B, x)$. 若对任意的 $(A \Rightarrow B, x) \in \mathcal{L}_1$, 都有 $\mathcal{L}_v \vdash (A \Rightarrow B, x)$, 则称 $\mathcal{L}_1$ 可由 $\mathcal{L}_v$ 语义导出, 记为 $\mathcal{L}_v \vdash \mathcal{L}_1$.

(2) 若对任意满足 $\mathcal{L}_v \vdash (A \Rightarrow B, x)$ 的受限可变决策蕴涵 $(A \Rightarrow B, x)$ 都有 $(A \Rightarrow B, x) \in \mathcal{L}_v$, 则称 $\mathcal{L}_v$ 是封闭的.

(3) 若任意的 $(A \Rightarrow B, x) \in \mathcal{L}_v$ 不能由 $\mathcal{L}_v \setminus \{(A \Rightarrow B, x)\}$ 语义导出, 则称 $\mathcal{L}_v$ 是无冗余的.

(4) 对于封闭的可变决策蕴涵集 $\overline{\mathcal{L}}_v$, 若 $\mathcal{D}_v \subseteq \overline{\mathcal{L}}_v$ 且 $\mathcal{D}_v \vdash \overline{\mathcal{L}}_v$, 则称 $\mathcal{D}_v$ 相对于 $\overline{\mathcal{L}}_v$ 是完备的.

与可变决策蕴涵的语义导出相比, 受限可变决策蕴涵集 $\mathcal{L}_v$ 仅能语义导出有效度为 1 或 0 的可变决策蕴涵. 事实上, 对于任意有效度为 0 的可变决策蕴涵 $(A \Rightarrow B, 0)$, 因为 $\alpha_{T_v} \models (A \Rightarrow B, 0)$, 所以 $\mathcal{L}_v \vdash (A \Rightarrow B, 0)$, 即 $\mathcal{L}_v$ 可以语义导出任意有效度为 0 的可变决策蕴涵 $(A \Rightarrow B, 0)$.

类似地, 若受限可变决策蕴涵集 $\mathcal{L}_v$ 同时包括所有有效度为 0 的可变决策蕴涵和可以由 $\mathcal{L}_v$ 语义导出的有效度为 1 的可变决策蕴涵, 则 $\mathcal{L}_v$ 是封闭的. 若 $\mathcal{D}_v$ 可以语义导出封闭集 $\overline{\mathcal{L}}_v$ 中所有有效度为 1 的可变决策蕴涵, 则 $\mathcal{D}_v$ 相对于 $\overline{\mathcal{L}}_v$ 是完备的. 进一步, 若集合 $\mathcal{L}_v$ 含有有效度为 0 的可变决策蕴涵, 则 $\mathcal{L}_v$ 必然是冗余的. 因此, $\mathcal{L}_v$ 是无冗余的, 当且仅当 $\mathcal{L}_v$ 中任意有效度为 1 的可变决策蕴涵 $(A \Rightarrow B, 1)$ 都不能由其他有效度为 1 的受限可变决策蕴涵语义导出.

性质 10.1 令 $L = \{0,1\}$, 设 $\mathcal{L}_v$ 为受限可变决策蕴涵集, 若 $\overline{\mathcal{L}}_v$ 是 $\mathcal{L}_v$ 的封闭集, 则 $\mathcal{L}_v \vdash \overline{\mathcal{L}}_v$.

引理 10.8 令 $L = \{0,1\}$, $\mathcal{L}_v$ 为受限可变决策蕴涵集. 定义受限决策蕴涵函数 $\alpha_{\mathcal{L}_v}(A,B) = \vee\{1 \mid (A \Rightarrow B_i, 1) \in \mathcal{L}_v 且 B \subseteq B_i\}$, 则有 $\alpha_{\mathcal{L}_v} \models \mathcal{L}_v$.

证明 若 $(A \Rightarrow B, 0) \in \mathcal{L}_v$, 显然有 $\alpha_{\mathcal{L}_v} \models (A \Rightarrow B, 0)$. 若 $(A \Rightarrow B, 1) \in \mathcal{L}_v$, 由 $\alpha_{\mathcal{L}_v}(A,B)$ 定义可知, 有 $\alpha_{\mathcal{L}_v}(A,B) \geqslant 1$, 因此 $\alpha_{\mathcal{L}_v} \models (A \Rightarrow B, 1)$. □

由性质 10.2 可得受限可变决策蕴涵 $(A \Rightarrow B, 1)$ 能够被 $\mathcal{L}_v$ 语义导出时, $\mathcal{L}_v$ 应具有的条件.

性质 10.2 令 $L=\{0,1\}$, $\mathcal{L}_v$ 为受限可变决策蕴涵集, 则 $\mathcal{L}_v \vdash (A \Rightarrow B, 1)$, 当且仅当存在 $B \subseteq B'$ 满足 $(A \Rightarrow B', 1) \in \mathcal{L}_v$.

证明 **必要性.** 由引理 10.8有 $\alpha_{\mathcal{L}_v} \vDash \mathcal{L}_v$, 因此 $\alpha_{\mathcal{L}_v} \vDash (A \Rightarrow B, 1)$, 即 $\alpha_{\mathcal{L}_v}(A,B) \geqslant 1$. 由 $\alpha_{\mathcal{L}_v}$ 的定义有

$$\alpha_{\mathcal{L}_v}(A,B)=\vee\{1 \mid (A \Rightarrow B_i, 1) \in \mathcal{L}_v \text{且} B \subseteq B_i\}=1$$

因此, 必存在 $B \subseteq B_i$ 满足 $(A \Rightarrow B_i, 1) \in \mathcal{L}_v$. 令 $B'=B_i$, 结论成立.

充分性. 由 $(A \Rightarrow B', 1) \in \mathcal{L}_v$ 和定义 10.11可知, $\mathcal{L}_v \vdash (A \Rightarrow B', 1)$. 假设 $\alpha_{T_v} \models \mathcal{L}_v$, 则 $\alpha_{T_v} \models (A \Rightarrow B', 1)$, 因此 $\alpha_{T_v}(A,B') \geqslant 1$. 由 $B \subseteq B'$ 和可变决策蕴涵函数的定义有 $\alpha_{T_v}(A,B) \geqslant \alpha_{T_v}(A,B') \geqslant 1$, 因此 $\alpha_{T_v} \models (A \Rightarrow B, 1)$, 即 $\mathcal{L}_v \vdash (A \Rightarrow B, 1)$. □

需要注意的是, 性质 10.2仅在剥离不确定性情况下成立, 对于一般的可变决策蕴涵不成立, 如例 10.11所示.

例 10.11 令 $L=[0,1]\times[0,1]$, 可变决策蕴涵集 $\mathcal{L}_v=\{(a \Rightarrow b_1b_2,(1,0.5)), (a \Rightarrow b_2b_3,(0.5,1))\}$, 应用有效度提升推理规则到 $\mathcal{L}_v$, 可得 $(a \Rightarrow b_2,(1,1))$, 即 $\mathcal{L}_v \vdash (a \Rightarrow b_2,(1,1))$. 然而, $\mathcal{L}_v$ 中并不存在 $\{b_2\} \subseteq B'$ 满足 $(a \Rightarrow B',(1,1)) \in \mathcal{L}_v$.

可以看出, 性质 10.2对于可变决策蕴涵不成立的原因源于真值结构 L 的不可比性或非链性. 换句话说, 若 L 为链, 则性质 10.2对可变决策蕴涵成立.

性质 10.3 令 $L=[0,1]$, $\mathcal{L}$ 为可变决策蕴涵集, 则 $\mathcal{L} \vdash (A \Rightarrow B, 1)$ 当且仅当存在 $B \subseteq B'$ 满足 $(A \Rightarrow B', 1) \in \mathcal{L}$.

证明 **必要性.** 由引理 10.2可知, $\alpha_{\mathcal{L}} \models \mathcal{L}$. 设 $\mathcal{L} \vdash (A \Rightarrow B, 1)$, 因此 $\alpha_{\mathcal{L}} \models (A \Rightarrow B, 1)$, 即 $\alpha_{\mathcal{L}}(A,B) \geqslant 1$. 由 $\alpha_{\mathcal{L}}$ 的定义可知, $\vee\{y_i|(A \Rightarrow B_i, y_i) \in \mathcal{L} \text{ 且} B \subseteq B_i\}=1$, 即存在 B_i 和 y_i 满足 $(A \Rightarrow B_i, y_i) \in \mathcal{L}$, $B' \subseteq B_i$ 且 y_i=1. 令 $B=B_i$, 结论成立.

充分性. 假设存在 $B \subseteq B'$ 满足 $(A \Rightarrow B', 1) \in \mathcal{L}$, 则由定义 10.4可知, $\mathcal{L} \vdash (A \Rightarrow B', 1)$. 假设 $\alpha_T \models \mathcal{L}$, 则有 $\alpha_T \models (A \Rightarrow B', 1)$, 即 $\alpha_T(A,B') \geqslant 1$. 由 $B \subseteq B'$ 和定义 10.2可知, $\alpha_T(A,B) \geqslant 1$, 因此 $\alpha_T \models (A \Rightarrow B, 1)$, 即 $\mathcal{L} \vdash (A \Rightarrow B, 1)$. □

10.2.2 受限可变决策蕴涵的语构

通过分析可知, 应用有效度收缩推理规则到 $(A \Rightarrow B, 1)$ 只能推导出 $(A \Rightarrow B, 1)$, 因此该推理规则在这种情况下失效. 应用有效度提升推理规则可得到以下推理规则.

有效度提升推理规则 1, 即

$$\frac{(A \Rightarrow B, 1),(A \Rightarrow B_1, 1)}{(A \Rightarrow B \cap B_1, 1)}$$

有效度提升推理规则 2, 即

$$\frac{(A \Rightarrow B,1),(A \Rightarrow B_1,0)}{(A \Rightarrow B \cap B_1,1)}$$

对于 $(A \Rightarrow B,0)$ 和 $(A \Rightarrow B_1,0)$, 应用有效度提升推理规则只能得到 $(A \Rightarrow B \cap B_1,0)$, 因此有效度提升推理规则在这种情况失效, 这是因为当可变决策蕴涵的有效度为 0 时, 该可变决策蕴涵不成立, 因此不是有效的决策知识. 可以看出, 有效度提升推理规则 1 的作用是缩减成立的可变决策蕴涵 $(A \Rightarrow B,1)$ 或 $(A \Rightarrow B_1,1)$ 的后件为 $B \cap B_1$; 有效度提升推理规则 2 的作用是缩减成立的可变决策蕴涵 $(A \Rightarrow B_1,1)$ 的后件. 由有效度提升推理规则 1 和有效度提升推理规则 2 可知, 无论 $A \Rightarrow B_1$ 的有效度等于 1 还是 0 都可以得出 $(A \Rightarrow B \cap B_1,1)$, 因此可变决策蕴涵 $(A \Rightarrow B \cap B_1,1)$ 的成立与 $A \Rightarrow B_1$ 的有效度没有关系. 换句话说, 有效度提升推理规则 1 和有效度提升推理规则 2 可以合并为 C-有效度提升推理规则, 即

$$\frac{(A \Rightarrow B,1), B_1 \subseteq D}{(A \Rightarrow B \cap B_1,1)}$$

应用后件收缩推理规则可得 C-后件收缩推理规则, 即

$$\frac{(A \Rightarrow B,1), B_1 \subseteq B}{(A \Rightarrow B_1,1)}$$

性质 10.4 说明, C-有效度提升推理规则和 C-后件收缩推理规则是等价的.

性质 10.4 *C-有效度提升推理规则和 C-后件收缩推理规则等价.*

证明 首先证明 C-有效度提升推理规则能够推出 C-后件收缩推理规则的推理结果. 当 $(A \Rightarrow B,1)$ 成立且 $B_1 \subseteq B$ 时, 有 $B \cap B_1 = B_1$, 应用 C-有效度提升推理规则有 $(A \Rightarrow B \cap B_1,1) = (A \Rightarrow B_1,1)$. 反过来, 当 $(A \Rightarrow B,1)$ 成立且 $B_1 \subseteq D$ 时, 由 $B \cap B_1 \subseteq B$ 和 C-后件收缩推理规则有 $(A \Rightarrow B \cap B_1,1)$. □

与其他推理规则不同, 虽然置空推理规则只能推导出不成立的可变决策蕴涵, 但是该推理规则对于受限可变决策蕴涵的完备性是必要的. 其原因在于, 无论对于决策蕴涵还是可变决策蕴涵 (或模糊决策蕴涵), 推理过程都是一个动态过程, 是将某条决策蕴涵为真的程度提升的过程. 对于决策蕴涵, 推理过程是推导出成立决策蕴涵的过程, 也是将该决策蕴涵为真的程度由 0 提升为 1 的过程. 对于可变决策蕴涵, 推理过程是将可变决策蕴涵的有效度提升的过程. 因此, 对于受限可变决策蕴涵来说, 类似于决策蕴涵, 推理过程是将该受限可变决策蕴涵的有效度由 0 提升为 1 的过程. 换句话说, 我们首先需要假设该受限可变决策蕴涵的有效度为 0 才能进行进一步的推理, 这就是置空推理规则在推理过程中的作用. 其次, 由受限可变决策蕴涵的语义可知, 任意有效度为 0 的可变决策蕴涵均可由任意受限可变决策蕴涵集语义推出, 因此包含在该受限可变决策蕴涵集导出的封闭集中. 为

了满足该语义要求, 需要使用置空推理规则导出这些受限可变决策蕴涵. 换句话说, 对于有效度为 1 的受限可变决策蕴涵来说, 置空推理规则提供了推理的起点; 对于有效度为 0 的受限可变决策蕴涵来说, 置空推理规则提供了推理的终点.

因此, 在剥离不确定性后, 可变决策蕴涵上只有置空和 C-后件收缩推理规则两条推理规则.

定理 10.7 验证了上述分析的正确性.

定理 10.7　令 $L=\{0,1\}$, $\mathcal{L}_v$ 为封闭的受限可变决策蕴涵, 则置空推理规则和 C-后件收缩推理规则相对于受限可变决策蕴涵的语义是完备的, 即对 $\mathcal{L}_v$ 的完备集 $\mathcal{D}_v\subseteq\mathcal{L}_v$, $(A\Rightarrow B,x)\in\mathcal{L}_v$ 当且仅当 $(A\Rightarrow B,x)$ 可以使用置空推理规则和 C-后件收缩推理规则从 $\mathcal{D}_v$ 推出.

证明　**必要性.** 若 $(A\Rightarrow B,0)\in\mathcal{L}_v$, 则该受限可变决策蕴涵可由置空推理规则得到. 若 $(A\Rightarrow B,1)\in\mathcal{L}_v$, 由 $\mathcal{D}_v$ 是 $\mathcal{L}_v$ 的完备集可知, $\mathcal{D}_v\vdash\mathcal{L}_v$, 因此 $\mathcal{D}_v\vdash(A\Rightarrow B,1)$. 此时, 由性质 10.2可知, 存在 B' 满足 $B\subseteq B'$, $(A\Rightarrow B',1)\in\mathcal{D}_v$, 应用 C-后件收缩推理规则到 $(A\Rightarrow B',1)$ 即可得到 $(A\Rightarrow B,1)$.

充分性.　由置空推理规则和 C-后件收缩推理规则的合理性可知结论成立. □

由定理 10.7 可以看出, 受限可变决策蕴涵上的推理规则仅仅是决策蕴涵上推理规则的特殊情形. 具体来说, C-后件收缩推理规则仅是扩增推理规则的一个特例, 而从推理过程来看, 置空推理规则事实上也是决策蕴涵上的推理规则. 事实上, 如果只关注有效度为 1 的可变决策蕴涵, C-后件收缩推理规则也可以保证推出所有可以语义导出的有效度为 1 的受限可变决策蕴涵.

推论 10.1　令 $L=\{0,1\}$, $\mathcal{L}_v$ 为封闭的受限可变决策蕴涵, $\mathcal{L}_v^1$ 为 $\mathcal{L}_v$ 中有效度为 1 的受限可变决策蕴涵集. 对 $\mathcal{L}_v$ 的完备集 $\mathcal{D}_v\subseteq\mathcal{L}_v$, $(A\Rightarrow B,1)\in\mathcal{L}_v^1$ 当且仅当 $(A\Rightarrow B,1)$ 可以使用 C-后件收缩推理规则从 $\mathcal{D}_v$ 推出.

10.2.3　受限可变决策蕴涵和决策蕴涵

可变决策蕴涵是处理有效度为 $[0,1]$ 情形的决策类型. 决策蕴涵是处理经典情形 $\{0,1\}$ 的决策类型. 从处理类型看, 似乎可以得出决策蕴涵是可变决策蕴涵的特例, 但从语构角度看, 受限可变决策蕴涵上的推理规则仅仅是决策蕴涵上扩增推理规则的一个特例. 因此, 决策蕴涵并不是可变决策蕴涵的特例, 相反, 受限可变决策蕴涵的推理规则仅仅是决策蕴涵推理规则的特殊情形. 下面从语义的角度论述该结论产生的原因.

如前所述, 若 $(A\Rightarrow B,0)\in\mathcal{L}_v$, 则有 $\mathcal{L}_v^1\vdash\mathcal{L}_v$, 即删除 $\mathcal{L}_v$ 中的受限可变决策蕴涵 $(A\Rightarrow B,0)$ 并不损失 $\mathcal{L}_v$ 所含的决策信息. 因此, 本节只考虑不包含有效度为 0 的受限可变决策蕴涵集 $\mathcal{L}_v$. 进一步, 为了避免混淆, 我们将成立的可变决

策蕴涵记为 $(A \Rightarrow B, 1)$, 成立的决策蕴涵记为 $A \Rightarrow B$. 对于受限可变决策蕴涵集 $\mathcal{L}_v$, 对应的决策蕴涵集记为 $\mathcal{L} = \{A \Rightarrow B \mid (A \Rightarrow B, 1) \in \mathcal{L}_v\}$; 反之, 对于决策蕴涵集 $\mathcal{L}$, 对应的受限可变决策蕴涵集记为 $\mathcal{L}_v = \{(A \Rightarrow B, 1) \mid A \Rightarrow B \in \mathcal{L}\}$.

下面的定理说明, 如果受限可变决策蕴涵集 $\mathcal{L}_v$ 可以语义导出某些受限可变决策蕴涵, 则该受限可变决策蕴涵对应的决策蕴涵也可以被相应的决策蕴涵集 $\mathcal{L}$ 语义导出.

定理 10.8 令 $L = \{0, 1\}$, $\mathcal{L}_v$ 为受限可变决策蕴涵集, $\mathcal{L}$ 为 $\mathcal{L}_v$ 对应的决策蕴涵集. 若 $\mathcal{L}_v \vdash (A \Rightarrow B, 1)$, 则 $\mathcal{L} \vdash A \Rightarrow B$.

证明 由 $\mathcal{L}_v \vdash (A \Rightarrow B, 1)$ 和性质 10.2可知, 存在 $B \subseteq B'$ 满足 $(A \Rightarrow B', 1) \in \mathcal{L}_v$, 因此有 $A \Rightarrow B' \in \mathcal{L}$, 进而 $\mathcal{L} \vdash A \Rightarrow B'$. 此时, 假设 $T \models \mathcal{L}$, 则 $T \models A \Rightarrow B'$, 因此当 $A \subseteq T \cap C$ 时, 有 $B' \subseteq T \cap D$. 由 $B \subseteq B'$ 可知, 当 $A \subseteq T \cap C$ 时, 有 $B \subseteq B' \subseteq T \cap D$, 因此 $T \models A \Rightarrow B$, 进而 $\mathcal{L} \vdash A \Rightarrow B$. □

需要注意的是, 定理 10.8 的逆并不成立, 如例 10.12 所示.

例 10.12 令 $\mathcal{L}_v = \{(a_1 \Rightarrow b_1, 1), (a_2 \Rightarrow b_1 b_2, 1)\}$, 则 $\mathcal{L} = \{a_1 \Rightarrow b_1, a_2 \Rightarrow b_1 b_2\}$. 应用扩增推理规则到 $a_1 \Rightarrow b_1$ 有 $a_1 \Rightarrow b_1 \vdash a_1 a_2 \Rightarrow b_1$. 显然, 此时并不存在 $\{b_1\} \subseteq B'$ 满足 $(a_1 a_2 \Rightarrow B', 1) \in \mathcal{L}_v$. 由性质 10.2可知, $(a_1 a_2 \Rightarrow b_1, 1)$ 并不能由 $\mathcal{L}_v$ 语义导出.

例 10.12说明, 可以由决策蕴涵集 $\mathcal{L}$ 推导出的决策蕴涵不一定可以由 $\mathcal{L}_v$ 推导出来. 换句话说, 可变决策蕴涵在受限的情况下, 推理能力弱于决策蕴涵. 该结论事实上验证了语构推理的正确性, 即受限可变决策蕴涵的推理规则一方面仅能推导出后件缩小的可变决策蕴涵 (如 $a_2 \Rightarrow b_2$), 推导不出前件扩大的可变决策蕴涵 (如 $a_1 a_2 \Rightarrow b_1$); 另一方面, 受限可变决策蕴涵的推理规则仅能应用于单个可变决策蕴涵, 无法像合并推理规则一样应用于两个或两个以上的可变决策蕴涵, 因此难以推导出合并推理规则可以推导出的决策知识. 例如, 例 10.12 应用合并推理规则到 $\mathcal{L}$ 可以推导出决策蕴涵 $a_1 a_2 \Rightarrow b_1 b_2$, 但该决策蕴涵无法由置空推理规则和 C-后件收缩推理规则推出.

在语义方面, 受限可变决策蕴涵较弱的推理能力会导致难以生成更为紧凑的决策知识集.

定理 10.9 令 $L = \{0, 1\}$, $\mathcal{L}_v$ 为受限可变决策蕴涵集, $\mathcal{L}$ 为对应的决策蕴涵集. 若 $\mathcal{L}_v$ 是冗余的, 则 $\mathcal{L}$ 必是冗余的.

证明 假设 $\mathcal{L}_v$ 是冗余的, 则存在 $(A \Rightarrow B, 1)$ 满足 $\mathcal{L}_v \setminus (A \Rightarrow B, 1) \vdash (A \Rightarrow B, 1)$. 由性质 10.2可知, 必存在 $B \subset B'$ 满足 $(A \Rightarrow B', 1) \in \mathcal{L}_v \setminus (A \Rightarrow B, 1)$. 显然有 $A \Rightarrow B' \in \mathcal{L} \setminus \{A \Rightarrow B\}$, 因此 $\mathcal{L} \setminus \{A \Rightarrow B\} \vdash A \Rightarrow B'$. 假设 $T \models \mathcal{L} \setminus \{A \Rightarrow B\}$, 则 $T \models A \Rightarrow B'$, 因此当 $A \subseteq T \cap C$ 时, 有 $B' \subseteq T \cap D$. 由 $B \subset B'$ 可知, 当 $A \subseteq T \cap C$ 时, 有 $B \subset B' \subseteq T \cap D$, 因此 $T \models A \Rightarrow B$, 进而 $\mathcal{L} \setminus \{A \Rightarrow B\} \vdash A \Rightarrow B$.

因此, $\mathcal{L}$ 必是冗余的. □

定理 10.9 的逆命题并不成立, 如例 10.13 所示.

例 10.13　令 $\mathcal{L}_v = \{(a_1 \Rightarrow b_1, 1), (a_3 \Rightarrow b_3, 1), (a_1a_2 \Rightarrow b_1, 1), (a_1a_3 \Rightarrow b_1b_3, 1)\}$, 则 $\mathcal{L} = \{a_1 \Rightarrow b_1, a_3 \Rightarrow b_3, a_1a_2 \Rightarrow b_1, a_1a_3 \Rightarrow b_1b_3\}$. 可以验证, 对任意 $(A \Rightarrow B, 1) \in \mathcal{L}_v$, 都有 $\mathcal{L}_v \setminus (A \Rightarrow B, 1) \nvdash (A \Rightarrow B, 1)$, 因此 $\mathcal{L}_v$ 是无冗余的. 对于 $\mathcal{L}$, $a_1a_2 \Rightarrow b_1$ 可由 $a_1 \Rightarrow b_1$ 应用扩增推理规则推出, $a_1a_3 \Rightarrow b_1b_3$ 可由 $a_1 \Rightarrow b_1$ 和 $a_3 \Rightarrow b_3$ 应用合并推理规则推出.

定理 10.9 和例 10.13 说明, 若 $\mathcal{L}_v$ 是冗余的, 则 $\mathcal{L}$ 必是冗余的. 换句话说, 若 $\mathcal{L}$ 是无冗余的, 则 $\mathcal{L}_v$ 必是无冗余的. 因此, $\mathcal{L}$ 比 $\mathcal{L}_v$ 更容易冗余, 所以更需要简化, 也可以更加紧凑. 同样以例 10.13为例, 因为决策蕴涵 $a_1a_2 \Rightarrow b_1$ 和 $a_1a_2 \Rightarrow b_1b_2$ 在 $\mathcal{L}$ 中是冗余的, 所以可以简化, 即 $\mathcal{L}' = \{a_1 \Rightarrow b_1, a_3 \Rightarrow b_3\}$ 可以保持 $\mathcal{L}$ 的所有决策知识, 但比 $\mathcal{L}$ 更加精简. 相较而言, 在受限可变决策蕴涵框架下, $\mathcal{L}_v$ 是无冗余的, 因此不能进一步精简. 在决策蕴涵框架下, 其中的受限可变决策蕴涵 $(a_1a_2 \Rightarrow b_1, 1)$ 和 $(a_1a_3 \Rightarrow b_1b_3, 1)$ 事实上是可以精简的.

本节基于已有的决策蕴涵和可变决策蕴涵知识表示框架, 分析受限可变决策蕴涵的语义特征和语构特征, 并将不确定性剥离后的可变决策蕴涵与决策蕴涵进行比较研究.

研究结果表明, 受限可变决策蕴涵上的推理规则只存在置空推理规则和 C-后件收缩推理规则, 其中置空推理规则并无实际价值, C-后件收缩推理规则只是扩增推理规则的一个特例; 受限可变决策蕴涵的知识推理能力弱于决策蕴涵; 相对于受限可变决策蕴涵, 决策蕴涵的知识表示形式更加精简.

虽然受限可变决策蕴涵只是可变决策蕴涵的特例, 但无论在语义上还是在语构上都有其独有的特征. 主要体现在以下方面.

(1) 语义上, 受限可变决策蕴涵不但允许取值为 1, 而且允许取值为格中的最大元 (如 (1,1)), 因此受限可变决策蕴涵的语义更为宽泛.

(2) 语构上, 受限可变决策蕴涵上的推理规则为决策蕴涵的特例, 但这些推理规则值得进一步研究. 一方面, 这种研究可以进一步揭示推理规则间的联系, 对决策蕴涵来说, 有助于发现最优的推理规则. 另一方面, 受限可变决策蕴涵上的推理规则为决策蕴涵的特例事实上说明这些推理规则更为简洁, 因此基于受限可变决策蕴涵的推理更加高效.

10.3　案 例 分 析

本节通过分析 All Electronics 分公司的销售记录[129] 演示可变决策蕴涵. 数据如表 10.1 所示, 其中 $G = \{\mathrm{T100}, \mathrm{T200}, \cdots, \mathrm{T900}\}$, $C = \{\mathrm{I1}, \mathrm{I4}, \mathrm{I5}\}$, $D =$

$\{I2, I3\}$.

表 10.1 All Electronics 分公司的销售数据

事务 ID	C			D	
	I1	I4	I5	I2	I3
T100	×		×	×	
T200		×		×	
T300				×	×
T400	×	×		×	
T500	×				×
T600				×	×
T700	×				×
T800	×		×	×	×
T900	×			×	×

本案例同时考虑支持度和可信度, 因此令 $L = [0,1] \times [0,1]$. 表 10.1 中的所有可变决策蕴涵如表 10.2 所示.

表 10.2 表 10.1 的可变决策蕴涵

决策蕴涵	(支持度, 可信度)	决策蕴涵	(支持度, 可信度)
$\varnothing \Rightarrow \varnothing$	(1,1)	$\{I1, I4\} \Rightarrow \varnothing$	(1/9, 1)
$\varnothing \Rightarrow \{I2\}$	(7/9,7/9)	$\{I1, I4\} \Rightarrow \{I2\}$	(1/9, 1)
$\varnothing \Rightarrow \{I3\}$	(6/9,6/9)	$\{I1, I4\} \Rightarrow \{I3\}$	(0, 0)
$\varnothing \Rightarrow \{I2, I3\}$	(4/9,4/9)	$\{I1, I4\} \Rightarrow \{I2, I3\}$	(0, 0)
$\{I1\} \Rightarrow \varnothing$	(6/9,1)	$\{I1, I5\} \Rightarrow \varnothing$	(2/9, 1)
$\{I1\} \Rightarrow \{I2\}$	(4/9,6/9)	$\{I1, I5\} \Rightarrow \{I2\}$	(2/9, 1)
$\{I1\} \Rightarrow \{I3\}$	(4/9,6/9)	$\{I1, I5\} \Rightarrow \{I3\}$	(1/9, 0.5)
$\{I1\} \Rightarrow \{I2, I3\}$	(2/9,3/9)	$\{I1, I5\} \Rightarrow \{I2, I3\}$	(1/9, 0.5)
$\{I4\} \Rightarrow \varnothing$	(2/9,1)	$\{I4, I5\} \Rightarrow \varnothing$	(0, 0)
$\{I4\} \Rightarrow \{I2\}$	(2/9,1)	$\{I4, I5\} \Rightarrow \{I2, I3\}$	(0, 0)
$\{I4\} \Rightarrow \{I3\}$	(0,0)	$\{I4, I5\} \Rightarrow \{I2\}$	(0, 0)
$\{I4\} \Rightarrow \{I2, I3\}$	(0,0)	$\{I4, I5\} \Rightarrow \{I3\}$	(0, 0)
$\{I5\} \Rightarrow \varnothing$	(2/9,1)	$\{I1, I4, I5\} \Rightarrow \varnothing$	(0, 0)
$\{I5\} \Rightarrow \{I2\}$	(2/9,1)	$\{I1, I4, I5\} \Rightarrow \{I2, I3\}$	(0, 0)
$\{I5\} \Rightarrow \{I3\}$	(1/9,0.5)	$\{I1, I4, I5\} \Rightarrow \{I2\}$	(0, 0)
$\{I5\} \Rightarrow \{I2, I3\}$	(1/9,0.5)	$\{I1, I4, I5\} \Rightarrow \{I3\}$	(0, 0)

事实上, 表 10.2 中可变决策蕴涵的有效度均为最大有效度. 例如, 对于$(\{I1\} \Rightarrow \{I3\}, (4/9, 6/9))$, 所有满足 $a \leqslant (4/9, 6/9)$ 的 $(\{I1\} \Rightarrow \{I3\}, a)$ 均为合理的可变决策蕴涵. 因此, 该结果事实上表明, 关联规则中的度量 (包括支持度和可信度) 均

为最大的可能值.

为了从表 10.2 中移除冗余的可变决策蕴涵, 我们首先应用置空推理规则删除所有有效度为 $(0,0)$ 的可变决策蕴涵; 然后应用有效度提升推理规则删除以下可变决策蕴涵, 即

$$(\{\text{I4}\} \Rightarrow \varnothing, (2/9, 1)) \qquad (\{\text{I5}\} \Rightarrow \varnothing, (2/9, 1))$$

$$(\{\text{I5}\} \Rightarrow \{\text{I3}\}, (1/9, 0.5)) \qquad (\{\text{I1}, \text{I4}\} \Rightarrow \varnothing, (1/9, 1))$$

$$(\{\text{I1}, \text{I5}\} \Rightarrow \varnothing, (2/9, 1)) \qquad (\{\text{I1}, \text{I5}\} \Rightarrow \{\text{I3}\}, (1/9, 0.5))$$

其余的可变决策蕴涵如表 10.3 所示. 容易验证, 表 10.3 中的可变决策蕴涵均是无冗余的, 因为没有可变决策蕴涵可以使用三条推理规则从其余可变决策蕴涵中推出.

表 10.3　表 10.1 中无冗余的可变决策蕴涵

决策蕴涵	(支持度, 可信度)	决策蕴涵	(支持度, 可信度)
$\varnothing \Rightarrow \varnothing$	(1,1)	$\{\text{I1}\} \Rightarrow \{\text{I2}, \text{I3}\}$	(2/9,3/9)
$\varnothing \Rightarrow \{\text{I2}\}$	(7/9,7/9)	$\{\text{I4}\} \Rightarrow \{\text{I2}\}$	(2/9,1)
$\varnothing \Rightarrow \{\text{I3}\}$	(6/9,6/9)	$\{\text{I5}\} \Rightarrow \{\text{I2}\}$	(2/9,1)
$\varnothing \Rightarrow \{\text{I2}, \text{I3}\}$	(4/9,4/9)	$\{\text{I5}\} \Rightarrow \{\text{I2}, \text{I3}\}$	(1/9,0.5)
$\{\text{I1}\} \Rightarrow \varnothing$	(6/9,1)	$\{\text{I1}, \text{I4}\} \Rightarrow \{\text{I2}\}$	(1/9, 1)
$\{\text{I1}\} \Rightarrow \{\text{I2}\}$	(4/9,6/9)	$\{\text{I1}, \text{I5}\} \Rightarrow \{\text{I2}\}$	(2/9, 1)
$\{\text{I1}\} \Rightarrow \{\text{I3}\}$	(4/9,6/9)	$\{\text{I1}, \text{I5}\} \Rightarrow \{\text{I2}, \text{I3}\}$	(1/9, 0.5)

另外, 在表 10.3 中, 某些前件或后件为空集的可变决策蕴涵是无冗余的. 例如, $(\{\text{I1}\} \Rightarrow \varnothing, (6/9, 1))$, 但另外一些前件或后件为空集的可变决策蕴涵却是冗余的. 例如 $(\{\text{I4}\} \Rightarrow \varnothing, (2/9, 1))$. 为了说明这些可变决策蕴涵的无冗余性, 需要考察定义 10.7和定义 10.4, 其中确定 $(A \Rightarrow B, x)$ 相对于 $\mathcal{L}$ 是否冗余需要考虑所有满足 $\mathcal{L}$ 的决策蕴涵函数 α_T. 在本例中, $(\{\text{I4}\} \Rightarrow \varnothing, (2/9, 1))$ 相对于 $(\{\text{I4}\} \Rightarrow \{\text{I2}\}, (2/9, 1))$ 是冗余的 (应用后件收缩推理规则可得). 这意味着, 若 α_T 满足 $(\{\text{I4}\} \Rightarrow \{\text{I2}\}, (2/9, 1))$, 则 α_T 也满足 $(\{\text{I4}\} \Rightarrow \varnothing, (2/9, 1))$. 事实上, 因为 α_T 满足 $(\{\text{I4}\} \Rightarrow \{\text{I2}\}, (2/9, 1))$, 所以 $(2/9, 1) \leqslant \alpha_T(\{\text{I4}\}, \{\text{I2}\})$, 因此可得 $(2/9, 1) \leqslant \alpha_T(\{\text{I4}\}, \{\text{I2}\}) \leqslant \alpha_T(\{\text{I4}\}, \varnothing)$. 这意味着, α_T 满足 $(\{\text{I4}\} \Rightarrow \varnothing, (2/9, 1))$.

类似地, $(\{\text{I1}\} \Rightarrow \varnothing, (6/9, 1))$ 相对于表 10.3 中的可变决策蕴涵是无冗余的. 这意味着, 存在决策蕴涵函数 α_T 满足表 10.3 中所有的可变决策蕴涵, 但不满足 $(\{\text{I1}\} \Rightarrow \varnothing, (6/9, 1))$. 换句话说, 这意味着可以找到一个数据集 T 及其决策蕴涵函数 α_T, 满足表 10.3 中的所有可变决策蕴涵, 但不满足 $(\{\text{I1}\} \Rightarrow \varnothing, (6/9, 1))$, 如表 10.4 所示.

表 10.4 事务数据

事务 ID	C			D	
	I1	I4	I5	I2	I3
T100	×	×	×	×	×
T200	×	×	×	×	×
T300	×	×	×	×	×
T400	×	×	×	×	×
T500	×	×	×	×	×
T600		×	×	×	×
T700		×	×	×	×
T800		×	×	×	×
T900		×	×	×	×

显然, 表 10.3 中所有前件不包含 {I1} 的可变决策蕴涵均为表 10.4 中的可变决策蕴涵. 例如, 可变决策蕴涵 $(\{\text{I4}\} \Rightarrow \{\text{I2}\}, (2/9, 1))$ 为表 10.4 中的可变决策蕴涵, 这是因为 $(\{\text{I4}\} \Rightarrow \{\text{I2}\}, (1, 1))$ 为合理的可变决策蕴涵, 而前者可由后者导出. 表 10.3 中前件包含 {I1} 的可变决策蕴涵, 除 $(\{\text{I1}\} \Rightarrow \varnothing, (6/9, 1))$ 外, 均以有效度 $(5/9, 1)$ 为表 10.4 中的可变决策蕴涵. 可变决策蕴涵 $(\{\text{I1}\} \Rightarrow \varnothing, (6/9, 1))$ 并不是表 10.4 中的可变决策蕴涵. 事实上, 只有满足 $a \leqslant (5/9, 1)$ 的可变决策蕴涵 $(\{\text{I1}\} \Rightarrow \varnothing, a)$ 才是表 10.4 中的可变决策蕴涵.

这也说明, 增大可变决策蕴涵的前件对有效度的影响是不确定的. 例如, 增加可变决策蕴涵 $(\{\text{I1}\} \Rightarrow \{\text{I2}\}, (4/9, 6/9))$ 的前件为 {I1, I4}, 可生成可变决策蕴涵 $(\{\text{I1}, \text{I4}\} \Rightarrow \{\text{I2}\}, (1/9, 1))$, 其支持度从 4/9 降到 1/9, 其可信度从 6/9 增加到 1, 而最终的有效度 $(1/9, 1)$ 与初始的有效度 $(4/9, 6/9)$ 并不是可比较的.

值得指出的是, 决策蕴涵框架并不能处理表 10.1 所示的决策背景, 因为该决策背景是不协调的决策背景. 例如, 在表 10.1 中, 事务 T700 和 T900 并不是协调的, 因为在事务 T900 中, 顾客购买 I1 的同时也购买了 I2, 然而在事务 T700 中的情况并非如此. 因此, 难以确定顾客购买 I1 时是否会购买 I2.

10.4 小 结

本章将决策蕴涵扩展到不确定情形, 提出可变决策蕴涵的概念, 研究可变决策蕴涵的语义和语构特征. 在语义方面, 类似于决策蕴涵和模糊决策蕴涵, 研究可变决策蕴涵的模型、语义推理、封闭性、完备性和无冗余性, 给出判定完备性的几个充要条件. 在语构方面, 提出有效度收缩推理规则、后件收缩推理规则、有效度提升推理规则和置空推理规则. 同时, 研究后件收缩推理规则相对于有效度提升推理规则和置空推理规则的冗余性, 得出有效度收缩推理规则、有效度提升推理规则和置空推理规则相对于可变决策蕴涵语义的完备性.

同时, 本章的工作也为进一步发展模糊属性蕴涵和模糊决策蕴涵提供了启示. 模糊属性蕴涵在一定程度上也是不确定性决策蕴涵, 因为在语构推理时, 模糊决策蕴涵的推理是以序偶对 $\langle A \Rightarrow B, a \rangle$ 进行的. 因此, 将本章工作体现的不确定性 (很大程度是由决策蕴涵函数体现的随机不确定性, 其中也包括模糊不确定性) 与模糊属性蕴涵[39] 和模糊决策蕴涵[22] 体现的不确定性 (很大程度上是由模糊性体现的模糊不确定性) 结合起来, 可能为不确定性推理提供一个更为有用的框架.

另外, 如何结合文献 [130] 给出的多种冗余性 (包括基于闭包的冗余性) 对可变决策蕴涵进行约简, 同时考虑应用方面对可变决策蕴涵的需求, 可以为可变决策蕴涵的进一步发展提供应用基础.

参 考 文 献

[1] Wille R. Restructuring lattice theory: an approach based on hierarchies of concepts// Rival I. Ordered Sets. Dordrecht: D. Reidel Publishing Company, 1982: 445-470.

[2] Ganter B, Wille R. Formal Concept Analysis: Mathematical Foundations. Berlin: Springer-Verlag, 1999.

[3] Carpineto C, Romano G. Concept Data Analysis: Theory and Applications. Chichester: John Wiley & Sons, 2004.

[4] 徐伟华, 李金海, 魏玲, 等. 形式概念分析理论与应用. 北京: 科学出版社, 2016.

[5] 祁建军, 魏玲, 姚一豫. 三支概念分析与决策. 北京: 科学出版社, 2019.

[6] 魏玲, 万青, 任睿思, 等. 粗糙集与概念格基础. 西安: 西北大学出版社, 2021.

[7] Ganter B. Two basic algorithms in concept analysis// Formal Concept Analysis, 8th International Conference, Berlin, 2010: 312-340.

[8] Godin R, Missaoui R, Alaoui H. Incremental concept formation algorithms based on Galois (concept) lattices. Computational Intelligence, 1995, 11(2):246-267.

[9] Stumme G, Taouil R, Bastide Y, et al. Computing iceberg concept lattices with TITANIC. Data and Knowledge Engineering, 2002, 42(2):189-222.

[10] Gajdoš P, Moravec P, Snásel V. Concept lattice generation by singular value decomposition// Proceedings of the CLA 2004 International Workshop on Concept Lattices and their Applications, Ostrava, 2004: 102-110.

[11] Snásel V, Polovincak M, Abdulla H M D. Concept lattice reduction by singular value decomposition// Proceedings of the SYRCoDIS 2007 Colloquium on Databases and Information Systems, Moscow, 2007.

[12] Snásel V, Abdulla H M D, Polovincak M. Using nonnegative matrix factorization and concept lattice reduction to visualizing data//The 2008 First International Conference on the Applications of Digital Information and Web Technologies, Ostrava, 2008: 296-301.

[13] Snásel V, Abdulla H M D, Polovincak M. Behavior of the concept lattice reduction to visualizing data after using matrix decompositions// Proceedings of 4th International Conference on Innovations in Information Technology, Dubai, 2007: 392-396.

[14] Kumar C A, Srinivas S. Concept lattice reduction using fuzzy K-means clustering. Expert Systems with Applications, 2010, 37:2696-2704.

[15] Qu K, Zhai Y, Liang J, et al. Study of decision implications based on formal concept analysis. International Journal of General Systems, 2007, 36(2):147-156.

[16] Li J, Mei C, Lv Y. A heuristic knowledge-reduction method for decision formal contexts. Computers & Mathematics with Applications, 2011, 61(4):1096-1106.

[17] Li J, Mei C, Lv Y. Knowledge reduction in decision formal contexts. Knowledge-Based Systems, 2011, 24:709-715.

[18] Li J, Mei C, Lv Y. Knowledge reduction in formal decision contexts based on an order-preserving mapping. International Journal of General Systems, 2012, 41(2): 143-161.

[19] Li J, Mei C, Lv Y. Knowledge reduction in real decision formal contexts. Information Sciences, 2012, 189:191-207.

[20] Li J, Mei C, Kumar C A, et al. On rule acquisition in decision formal contexts. International Journal of Machine Learning and Cybernetics, 2013, 4(6):721-731.

[21] Zhai Y, Li D, Qu K. Decision implication canonical basis: a logical perspective. Journal of Computer and System Sciences, 2015, 81(1):208-218.

[22] Zhai Y, Li D, Qu K. Fuzzy decision implications. Knowledge-Based Systems, 2013, 37:230-236.

[23] Zhai Y, Li D, Qu K. Decision implications: a logical point of view. International Journal of Machine Learning and Cybernetics, 2014, 5(4):509-516.

[24] 翟岩慧, 李德玉, 曲开社. 决策蕴涵规范基. 电子学报, 2015, 43(1):18-23.

[25] Zhai Y, Li D, Qu K. Fuzzy decision implication canonical basis. International Journal of Machine Learning and Cybernetics, 2018, 9(11):1909-1917.

[26] Zhai Y, Li D, Zhang J. Variable decision knowledge representation: a logical description. Journal of Computational Science, 2018, 25:161-169.

[27] Zhang S, Li D, Zhai Y, et al. A comparative study of decision implication, concept rule and granular rule. Information Sciences, 2020, 508:33-49.

[28] Burusco A, Fuentes-González R. The study of the L-fuzzy concept lattice. Mathware and Soft Computing, 1994, 3:209-218.

[29] Burusco A, Fuentes-González R. Construction of the L-fuzzy concept lattice. Fuzzy Sets and Systems, 1998, 97(1):109-114.

[30] Bělohlávek R. Fuzzy Relational Systems: Foundations and Principles. New York: Kluwer Academic Publishers, 2002.

[31] Bělohlávek R, Tatana F, Vychodil V. Galois connections with hedges//Proceedings of the Eleventh International Fuzzy Systems Association World Congress, Beijing, 2005: 1250-1255.

[32] Bělohlávek R, Vychodil V. Fuzzy concept lattices constrained by hedges. Journal of Advanced Computational Intelligence and Intelligent Informatics, 2007, 11(6): 536-545.

[33] Bělohlávek R, Outrata J, Vychodil V. Thresholds and shifted attributes in formal concept analysis of data with fuzzy attributes//Conceptual Structures: Inspiration

and Application, 14th International Conference on Conceptual Structures, Aalborg, 2006: 117-130.

[34] Zhang W, Ma J, Fan S. Variable threshold concept lattices. Information Sciences, 2007, 177:4883-4892.

[35] Elloumi S, Jaam J M, Hasnah A, et al. A multi-level conceptual data reduction approach based on the Lukasiewicz implication. Information Sciences, 2004, 163: 253-262.

[36] Li L, Zhang J. Attribute reduction in fuzzy concept lattices based on the T implication. Knowledge-Based Systems, 2010, 23:497-503.

[37] 刘宗田, 强宇, 周文, 等. 一种模糊概念格模型及其渐进式构造算法. 计算机学报, 2007, 30(2):184-188.

[38] Bělohlávek R, Vychodil V. Fuzzy Equational Logic. Berlin: Springer-Verlag, 2005.

[39] Bělohlávek R, Vychodil V. Attribute implications in a fuzzy setting// Formal Concept Analysis, 4th International Conference, Dresden, 2006: 45-60.

[40] Bělohlávek R, Vychodil V. Fuzzy attribute logic: attribute implications, their validity, entailment, and non-redundant basis//Proceedings of the Eleventh International Fuzzy Systems Association World Congress, Beijing, 2005: 622-627.

[41] Medina J, Ojeda-Aciego M. On multi-adjoint concept lattices based on heterogeneous conjunctors. Fuzzy Sets and Systems, 2012, 208:95-110.

[42] Medina J. Multi-adjoint property-oriented and object-oriented concept lattices. Information Sciences, 2012, 190:95-106.

[43] Yao Y. The superiority of three-way decisions in probabilistic rough set models. Information Sciences, 2011, 181(6):1080-1096.

[44] Yao Y. An outline of a theory of three-way decisions// Rough Sets and Current Trends in Computing 8th International Conference, Chengdu, 2012: 1-17.

[45] Qi J, Wei L, Yao Y. Three-way formal concept analysis// Rough Sets and Knowledge Technology 9th International Conference, Shanghai, 2014: 732-741.

[46] Qi J, Qian T, Wei L. The connections between three-way and classical concept lattices. Knowledge-Based Systems, 2016, 91:143-151.

[47] Ren R, Wei L. The attribute reductions of three-way concept lattices. Knowledge-Based Systems, 2016, 99(C):92-102.

[48] Qian T, Wei L, Qi J. Constructing three-way concept lattices based on apposition and subposition of formal contexts. Knowledge-Based Systems, 2017, 116:39-48.

[49] Yao Y. Interval sets and three-way concept analysis in incomplete contexts. International Journal of Machine Learning and Cybernetics, 2017, 8(1):3-20.

[50] Ren R, Wei L, Yao Y. An analysis of three types of partially-known formal concepts. International Journal of Machine Learning and Cybernetics, 2018, 9(11):1767-1783.

[51] He X, Wei L, She Y. L-fuzzy concept analysis for three-way decisions: basic definitions and fuzzy inference mechanisms. International Journal of Machine Learning and Cybernetics, 2018, 9(11):1857-1867.

[52] Yu H, Li Q, Cai M. Characteristics of three-way concept lattices and three-way rough concept lattices. Knowledge-Based Systems, 2018, 146:181-189.

[53] Zhi H, Qi J, Qian T, et al. Three-way dual concept analysis. International Journal of Approximate Reasoning, 2019, 114:151-165.

[54] Qian T, Wei L, Qi J. A theoretical study on the object (property) oriented concept lattices based on three-way decisions. Soft Computing, 2019, 23(19):9477-9489.

[55] Wei L, Liu L, Qi J, et al. Rules acquisition of formal decision contexts based on three-way concept lattices. Information Sciences, 2020, 516:529-544.

[56] Long B, Xu W, Zhang X, et al. The dynamic update method of attribute-induced three-way granular concept in formal contexts. International Journal of Approximate Reasoning, 2020, 126:228-248.

[57] Zhi H, Qi J, Qian T, et al. Conflict analysis under one-vote veto based on approximate three-way concept lattice. Information Sciences, 2020, 516:316-330.

[58] Subramanian C M, Cherukuri A K, Chelliah C. Role based access control design using three-way formal concept analysis. International Journal of Machine Learning and Cybernetics, 2018, 9(11):1807-1837.

[59] Chen X, Qi J, Zhu X, et al. Unlabelled text mining methods based on two extension models of concept lattices. International Journal of Machine Learning and Cybernetics, 2020, 11(12):475-490.

[60] Hao F, Yang Y, Min G, et al. Incremental construction of three-way concept lattice for knowledge discovery in social networks. Information Sciences, 2021, 578:257-280.

[61] Huang C, Li J, Mei C, et al. Three-way concept learning based on cognitive operators: An information fusion viewpoint. International Journal of Approximate Reasoning, 2017, 83:218-242.

[62] Shivhare R, Cherukuri A K. Three-way conceptual approach for cognitive memory functionalities. International Journal of Machine Learning and Cybernetics, 2017, 8(1):21-34.

[63] Li J, Huang C, Qi J, et al. Three-way cognitive concept learning via multi-granularity. Information Sciences, 2017, 378:244-263.

[64] Hu J, Chen D, Liang P. A novel interval three-way concept lattice model with its application in medical diagnosis. Mathematics, 2019, 7(1):103.

[65] 张文修, 魏玲, 祁建军. 概念格的属性约简理论与方法. 中国科学 E 辑, 2005, 35(6): 628-639.

[66] 杨彬, 徐宝文. 分布式概念格的属性约简研究. 计算机研究与发展, 2008, 45(7):1169-1176.

[67] Wu W, Leung Y, Mi J. Granular computing and knowledge reduction in formal contexts. IEEE Transactions on Knowledge and Data Engineering, 2009, 21:1461-1474.

[68] Mi J, Leung Y, Wu W. Approaches to attribute reduction in concept lattices induced by axialities. Knowledge-Based Systems, 2010, 23:504-511.

[69] Wang J, Liang J, Qian Y. A heuristic method to attribute reduction for concept lattice//International Conference on Machine Learning and Cybernetics, Qingdao, 2010: 483-487.

[70] Wei L, Qi J J. Relation between concept lattice reduction and rough set reduction. Knowledge-Based Systems, 2010, 23:934-938.

[71] 魏玲, 祁建军, 张文修. 决策形式背景的概念格属性约简. 中国科学 E 辑, 2008, 38(2): 195-208.

[72] Zhai Y, Li D. Knowledge structure preserving fuzzy attribute reduction in fuzzy formal context. International Journal of Approximate Reasoning, 2019, 115:209-220.

[73] Beydoun G. Formal concept analysis for an e-learning semantic web. Expert Systems with Applications, 2009, 36:10952-10961.

[74] Kang X, Li D, Wang S. A multi-instance ensemble learning model based on concept lattice. Knowledge-Based Systems, 2011, 24:1203-1213.

[75] 师智斌, 黄厚宽. 基于形式概念分析的约简数据立方体研究. 计算机研究与发展, 2009, 46(11):1956-1962.

[76] 姜峰, 范玉顺. 基于扩展概念格的 web 关系挖掘. 软件学报, 2010, 21(10):2432-2444.

[77] 邢军, 韩敏. 基于两层向量空间模型和模糊 FCA 本体学习方法. 计算机研究与发展, 2008, 46(3):443-451.

[78] 许佳卿, 彭鑫, 赵文耘. 一种基于模糊概念格和代码分析的软件演化分析方法. 计算机学报, 2009, 32(9):1832-1844.

[79] 许佳卿, 彭鑫, 赵文耘. 一种基于模糊形式概念分析的程序聚类方法. 计算机研究与发展, 2009, 46(9):1556-1566.

[80] Xu W, Li W. Granular computing approach to two-way learning based on formal concept analysis in fuzzy datasets. IEEE Transactions on Cybernetics, 2016, 46(2): 366-379.

[81] Xu W, Pang J, Luo S. A novel cognitive system model and approach to transformation of information granules. International Journal of Approximate Reasoning, 2014, 55 (3):853-866.

[82] Li J, Mei C, Xu W, et al. Concept learning via granular computing: a cognitive viewpoint. Information Sciences, 2015, 298: 447-467.

[83] Zhi H, Li J. Granule description based on formal concept analysis. Knowledge-Based Systems, 2016, 104:62-73.

[84] Ishigure H, Mutoh A, Matsui T, et al. Concept lattice reduction using attribute inference// IEEE 4th Global Conference on Consumer Electronics, Osaka, 2015: 108-111.

[85] Li J, Mei C, Lv Y. Incomplete decision contexts: approximate concept construction, rule acquisition and knowledge reduction. International Journal of Approximate Reasoning, 2013, 54(1):149-165.

[86] Davey B A, Priestley H A. Introduction to Lattices and Order. 2nd ed. Cambridge: Cambridge University Press, 2002.

[87] Zaki M J, Ogihara M. Theoretical foundations of association rules//The 3rd ACM SIGMOD Workshop on Research Issues in Data Mining and Knowledge Discovery, Seattle, 1998.

[88] Stumme G, Taouil R, Bastide Y, et al. Fast computation of concept lattices using data mining techniques// Proceedings of the 7th International Workshop on Knowledge Representation meets Databases, Berlin, 2000: 129-139.

[89] Maier D. The Theory of Relational Databases. Rockville: Computer Science Press, 1983.

[90] 陈波. 逻辑哲学研究. 北京: 中国人民大学出版社, 2014.

[91] 翟岩慧, 李德玉, 曲开社. 形式概念分析的逆向研究. 计算机科学与探索, 2014, 8(12): 1511-1516.

[92] Pawlak Z. Rough Sets: Theoretical Aspects of Reasoning about Data. Dordrecht: Springer-Verlag, 1991.

[93] Qu K, Zhai Y. Generating complete set of implications for formal contexts. Knowledge-Based Systems, 2008, 21:429-433.

[94] Duquenne V, Louis G J. Famille minimale d'implications informatives résultant d'un tableau de données binaires. Mathématiques et Sciences Humaines, 1986, 24(95): 5-18.

[95] Kuznetsov S O. On the intractability of computing the Duquenne-Guigues base. Journal of Universal Computer Science, 2004, 10(8):927-933.

[96] Sertkaya B. Towards the complexity of recognizing pseudo-intents// Conceptual Structures: Leveraging Semantic Technologies, 17th International Conference on Conceptual Structures, Moscow, 2009: 284-292.

[97] Valtchev P, Duquenne V. On the merge of factor canonical bases// Formal Concept Analysis, 6th International Conference, Montreal, 2008: 182-198.

[98] Kuznetsov S O, Obiedkov S A. Counting pseudo-intents and #P-completeness// Formal Concept Analysis, 4th International Conference, Dresden, 2006: 306-308.

[99] Priss U. Some open problems in formal concept analysis// Formal Concept Analysis, 4th International Conference, Dresden, 2006: 13-17.

[100] Babin M, Kuznetsov S O. Recognizing pseudo-intent is coNP-complete// Proceedings of the 7th International Conference on Concept Lattices and Their Applications, Sevilla, 2010: 294-301.

[101] Frambourg C, Valtchev P, Godin R. Merge-based computation of minimal generators// Conceptual Structures: Common Semantics for Sharing Knowledge, 13th International Conference on Conceptual Structures, Kassel, 2005: 181-194.

[102] Li D, Zhang S, Zhai Y. Method for generating decision implication canonical basis based on true premises. International Journal of Machine Learning and Cybernetics, 2017, 8(1):57-67.

[103] 强宇, 刘宗田, 林炜, 等. 模糊概念格在知识发现的应用及一种构造算法. 电子学报, 2005, 33(2):350-353.

[104] Fan S, Zhang W, Xu W. Fuzzy inference based on fuzzy concept lattice. Fuzzy Sets and Systems, 2006, 157:3177-3187.

[105] Djouadi Y, Prade H. Interval-valued fuzzy formal concept analysis// Foundations of Intelligent Systems, 18th International Symposium, Prague, 2009: 592-601.

[106] Djouadi Y, Prade H. Interval-valued fuzzy Galois connections: algebraic requirements and concept lattice construction. Fundamenta Informaticae, 2010, 99:169-186.

[107] Djouadi Y, Prade H. Possibility-theoretic extension of derivation operators in formal concept analysis over fuzzy lattices. Fuzzy Optimization and Decision Making, 2011, 10:287-309.

[108] Bělohlávek R, Vychodil V. Reducing attribute implications from data tables with fuzzy attributes to tables with binary attributes//The 8th Joint Conference on Information Sciences, Salt Lake City, 2005: 82-85.

[109] Bělohlávek R, Vychodil V. Fuzzy attribute logic: syntactic entailment and completeness//The 8th Joint Conference on Information Sciences, Salt Lake City, 2005: 78-81.

[110] Bělohlávek R, Vychodil V. Fuzzy attribute implications: computing non-redundant bases using maximal independent sets// Advances in Artificial Intelligence, 18th Australian Joint Conference on Artificial Intelligence, Berlin, 2005: 1126-1129.

[111] Bělohlávek R, Vychodil V. Pavelka-style fuzzy logic for attribute implications// Proceedings of the 2006 Joint Conference on Information Sciences, Kaohsiung, 2006: 8-11.

[112] Bělohlávek R, Vychodil V. Axiomatization of fuzzy attribute logic over complete residuated lattices//Proceedings of the 2006 Joint Conference on Information Sciences, Kaohsiung, 2006.

[113] Bělohlávek R, Vychodil V. Functional dependencies of data tables over domains with similarity relations//Proceedings of the 2nd Indian International Conference on Artificial Intelligence, Pune, 2005: 2486-2504.

[114] Armstrong W W. Dependency structures of data base relationships// Information Processing, Proceedings of the 6th IFIP Congress, Stockholm, 1974: 580-583.

[115] Pavelka J. On fuzzy logic I. many-valued rules of inference. Mathematical Logic Quarterly, 1979, 25(3-6): 45-52.

[116] Pavelka J. On fuzzy logic II. enriched residuated lattices and semantics of propositional calculi. Mathematical Logic Quarterly, 1979, 25(7-12):119-134.

[117] Pavelka J. On fuzzy logic III. semantical completeness of some many-valued propositional calculi. Mathematical Logic Quarterly, 1979, 25(25-29):447-464.

[118] Hájek P. Metamathematics of Fuzzy Logic. Dordrecht: Springer-Verlag, 1998.

[119] 王国俊. 非经典数理逻辑与近似推理. 北京: 科学出版社, 2000.

[120] Hájek P. On very true. Fuzzy Sets and Systems, 2001, 124(3):329-333.

[121] Baczynski M, Jayaram B. Fuzzy Implications. Berlin: Springer-Verlag, 2008.

[122] Qian Y, Liang J, Pedrycz W, et al. Positive approximation: an accelerator for attribute reduction in rough set theory. Artificial Intelligence, 2010, 174:597-618.

[123] Zhang W, Wei L, Qi J. Attribute reduction theory and approach to concept lattice. Science in China Series F: Information Sciences, 2005, 48:713-726.

[124] Liu M, Shao M, Zhang W, et al. Reduction method for concept lattices based on rough set theory and its application. Computers & Mathematics with Applications, 2007, 53:1390-1410.

[125] Chen D, Zhang L, Zhao S, et al. A novel algorithm for finding reducts with fuzzy rough sets. IEEE Transactions on Fuzzy Systems, 2012, 20(2):385-389.

[126] Li K, Shao M, Wu W. A data reduction method in formal fuzzy contexts. International Journal of Machine Learning and Cybernetics, 2017, 8(4):1145-1155.

[127] Medina J. Relating attribute reduction in formal, object-oriented and property-oriented concept lattices. Computers & Mathematics with Applications, 2012, 64(6):1992-2002.

[128] Bělohlávek R, Vychodil V. Fuzzy attribute logic over complete residuated lattices. Journal of Experimental & Theoretical Artificial Intelligence, 2006, 18(4):471-480.

[129] Han J, Kamber M, Pei J. Data Mining: Concepts and Techniques. 3rd ed. Amsterdam: Elsevier, 2012.

[130] Balcazar J L. Redundancy, deduction schemes, and minimum-size bases for association rules. Logical Methods in Computer Science, 2010, 6(2-3):1-33.

[131] Ceglar A, Roddick J F. Association mining. ACM Computing Surveys, 2006, 38(2): 1-42.

[132] Kryszkiewicz M. Representative association rules// Research and Development in Knowledge Discovery and Data Mining, Second Pacific-Asia Conference, Melbourne, 1998: 198-209.

[133] Aggarwal C C, Yu P S. A new approach to online generation of association rules. IEEE Transactions on Knowledge and Data Engineering, 2001, 13(4):527-540.